De que é feito o Universo?

Richard Panek

De que é feito o Universo?

Tradução:
Alexandre Cherman

ZAHAR

Para Meg, com amor.

Tradução autorizada da primeira edição norte-americana, publicada em 2011 por Houghton Mifflin Harcourt, de Nova York, Estados Unidos

Grafia atualizada segundo o Acordo Ortográfico da Língua Portuguesa de 1990, que entrou em vigor no Brasil em 2009.

Título original
The 4 Percent Universe: Dark Matter, Dark Energy, and the Race to Discover the Rest of Reality

Capa
Sérgio Campante

Foto da capa
© Michele Falzone / Getty Images

Preparação
Angela Ramalho Vianna

Revisão
Eduardo Monteiro
Eduardo Farias

Indexação
Gabriella Russano

CIP-Brasil. Catalogação na publicação
Sindicato Nacional dos Editores de Livros, RJ

Panek, Richard
P218d De que é feito o Universo? / Richard Panek; tradução de Alexandre Cherman. — 1ª ed. — Rio de Janeiro: Zahar, 2014.

Tradução de: The 4 Percent Universe: Dark Matter, Dark Energy, and the Race to Discover the Rest of Reality.
Inclui bibliografia e índice
ISBN 978-85-378-1191-7

1. Cosmologia. 2. Universo. I. Título.

CDD: 523.1
14-08758 CDU: 524

EDITORA SCHWARCZ S.A.
Praça Floriano, 19, sala 3001 — Cinelândia
20031-050 — Rio de Janeiro — RJ
Telefone: (21) 3993-7510
www.companhiadasletras.com.br
www.blogdacompanhia.com.br
facebook.com / editorazahar
instagram.com / editorazahar
twitter.com / editorazahar

Sumário

– Eu sei – disse Nick.

– Você não sabe – disse o pai.

ERNEST HEMINGWAY

Prefácio

TINHA CHEGADO A HORA de olhar dentro da caixa.[1] No dia 5 de novembro de 2009, cientistas de dezesseis instituições de todo o mundo sentaram-se diante de seus computadores e esperaram pelo início do show: dois programas de computador, rodando simultaneamente, sob o comando de dois estudantes de pós-graduação – um da Universidade de Minnesota, outro do Instituto de Tecnologia da Califórnia (conhecido como Caltech). Por quinze minutos, os dois programas iriam analisar dados que haviam sido coletados bem longe dali, nos subterrâneos de uma mina de ferro abandonada no norte de Minnesota. Durante o ano anterior, trinta detectores ultrassensíveis – cavidades geladas do tamanho de refrigeradores, protegidas dos raios cósmicos por quase 1 quilômetro de solo rochoso e por mantas de chumbo, com o interior resfriado até quase zero absoluto, cada qual contendo um núcleo de átomos de germânio – procuraram um pedaço específico do Universo. Os dados obtidos foram transmitidos para computadores longe dali, onde, seguindo um método do duplo-cego, ficaram em uma "caixa", inacessíveis. Logo depois das 9h da manhã, horário central,* a "festa de descerramento" começou.

Em seu escritório na Universidade Metodista do Sul, Jodi Cooley mantinha o olhar fixo na tela. Como coordenadora de análise de dados para o experimento, ela se certificara de que os pesquisadores haviam feito dois programas separadamente, usando dois métodos independentes, garantindo que não haveria abordagem tendenciosa. Também coordenara tudo para que todos os colaboradores do projeto – físicos em Stanford, Berkeley, Brown, na Flórida, no Texas, em Ohio e na Suíça – estivessem sentados diante de seus computadores ao mesmo tempo. Juntos, eles iriam testemunhar os resultados à medida que surgissem em suas telas, um gráfico por detector, duas versões de cada gráfico.

* Central Time: fuso horário utilizado na região central dos Estados Unidos. (N.T.)

Depois de alguns instantes, os gráficos começaram a aparecer. Nada. Nada. Nada.

De repente, três ou quatro minutos depois do início do processo, uma detecção surgiu, em ambos os gráficos, nos dois programas. Um ponto no gráfico. Um ponto localizado numa faixa estreita e desejável do gráfico. Uma faixa onde nenhum outro ponto aparecia.

Alguns minutos depois, outro par de pontos, em outro par de gráficos, surgiu na mesma faixa estreita.

Mais alguns minutos depois, os programas haviam terminado de rodar. Era aquilo, então. Duas detecções.

"Uau!", pensou Cooley.

"Uau", tipo: eles tinham achado alguma coisa, quando esperavam obter o mesmo resultado atingido da outra vez em que olharam para dentro de uma "caixa" com dados diferentes, quase dois anos atrás – nada.

"Uau", tipo: se você for obter detecções, duas é um número frustrante – estatisticamente não é desprezível, mas insuficiente para se anunciar uma descoberta.

Mas, sobretudo, "Uau", tipo: talvez eles tivessem detectado, pela primeira vez, a matéria escura – um pedaço do nosso Universo que, até pouco tempo atrás, nós nem sabíamos que devíamos procurar; porque até recentemente não sabíamos que o nosso Universo era quase todo feito de algo que nem sabemos o que é.

NÃO SERIA A PRIMEIRA VEZ que a maior parte do Universo estava oculta para nós. Em 1610, Galileu anunciou ao mundo que, ao observar o céu usando um novo instrumento – o que hoje chamamos de telescópio –, descobrira que o Universo era composto por muito mais do que podia ser visto. As quinhentas cópias do panfleto anunciando os resultados logo se esgotaram; quando uma cópia chegou a Florença, uma multidão se aglomerou ao redor do destinatário e exigiu que ele a lesse em voz alta. Porque, desde que nossos antepassados começaram a olhar para cima, observando o céu noturno, nós sempre presumimos que o que víamos era o que existia. Mas então Galileu descobriu montanhas na Lua, satélites em Júpiter, centenas de estrelas. De repente, tínhamos um novo Universo a ser explorado, um Universo onde astrônomos iriam acrescentar, nos próximos quatrocentos anos, novas luas ao redor de outros planetas, novos planetas ao redor do Sol, centenas de planetas ao redor de outras estrelas, 100 bilhões de estrelas em nossa galáxia, centenas de bilhões de galáxias além da nossa.

Mas na primeira década do século XXI os astrônomos já sabiam que mesmo esse rico recenseamento do Universo estava tão defasado quanto o modelo de cinco planetas que Galileu herdara da Antiguidade. O novo Universo é feito apenas de uma pequena parte daquilo que sempre achamos que o compusesse – a matéria que constitui você e eu, meu computador e todas aquelas luas, planetas, estrelas e galáxias. O resto – a parte esmagadora do Universo – é… Quem sabe?

Os cosmólogos dizem "escuro", nesta que pode ser a maior covardia semântica da história. Não é "escuro" porque é distante ou invisível. Não é "escuro" como os buracos negros ou o espaço profundo. É "escuro" no sentido de que por enquanto é desconhecido para nós, e pode ser para sempre: 23% de algo misterioso que eles chamam de matéria escura, 73% de algo ainda mais misterioso que eles chamam de energia escura. Sobram apenas 4% de coisas como nós. Como um teórico gosta de dizer em suas palestras para o público: "Somos apenas um pouco de poluição."[2] Se nos livrarmos de tudo o que pensávamos ser o Universo até pouco tempo atrás, muito pouco mudaria. "Somos completamente irrelevantes", ele acrescenta, com um sorriso.

Muito bem. A astronomia é rica em "lições de humildade". Mas essas "aulas de insignificância" sempre vieram acompanhadas de maior entendimento do Universo. Quanto mais observássemos, mais saberíamos. E quanto menos observássemos? O que acontece com nosso entendimento do Universo nesse caso? Que repercussões inimagináveis essa limitação, e nossa capacidade de superá-la ou não, trazem para nossas leis físicas e para nossa filosofia – os pilares gêmeos que sustentam nossa relação com o Universo?

Os astrônomos estão descobrindo. A "derradeira revolução copernicana", como muitos a chamam, está acontecendo agora. Está acontecendo em minas subterrâneas, onde detectores ultrassensíveis aguardam o bip de uma partícula hipotética que pode já estar aqui ou talvez nunca apareça, e está acontecendo em torres de marfim, onde conversas na hora do cafezinho criam multiversos a partir da fumaça dos expressos. Está acontecendo no Polo Sul, onde telescópios observam a radiação fóssil do big bang; em Estocolmo, onde ganhadores do Nobel já são reconhecidos por suas descobertas sobre o lado escuro do Universo; nos computadores dos pós-doutorandos ao redor do mundo, à medida que os pesquisadores observam em tempo real a autoaniquilação de estrelas, a bilhões de anos-luz de distância, confortavelmente sentados em seus sofás. Está acontecendo por meio de saudáveis colaborações e, como o Universo é fundamentalmente darwiniano, de disputas que ameaçam a carreira de alguns pesquisadores.

Os astrônomos que se viram liderando essa revolução não planejaram isso. Como Galileu, não tinham motivo algum para suspeitar que iriam descobrir novos fenômenos. Eles não estavam procurando a matéria escura. Não estavam procurando a energia escura. E quando descobriram evidências tanto de uma quanto da outra, não acreditaram. Contudo, à medida que as evidências se tornavam mais numerosas e sólidas, eles e seus colegas chegaram a um consenso: o Universo que pensávamos conhecer desde que a humanidade observa o céu noturno é apenas uma sombra do que verdadeiramente existe. Estivemos cegos para o Universo verdadeiro porque ele é feito de algo aquém do que a vista alcança. *Esse* Universo é o nosso Universo – um Universo que estamos apenas começando a explorar.

Estamos em 1610 novamente.

PARTE I

Além do que a vista alcança

1. Faça-se a luz!

No início – que aqui significa 1965 – o Universo era simples. Ele surgiu em uma hora de almoço, no começo daquele ano, durante uma conversa telefônica. Jim Peebles estava sentado no escritório de seu orientador e assíduo colaborador, o físico Robert Dicke, de Princeton, com outros dois colegas. O telefone tocou, Dicke atendeu. Dicke tinha uma ocupação paralela: era um dos responsáveis por uma empresa de pesquisa e desenvolvimento, e ele mesmo detentor de diversas patentes.[1] Ao longo desses almoços semanais no escritório, algumas vezes ele recebia telefonemas carregados do vocabulário técnico e esotérico que Peebles não reconhecia.[2] Esse telefonema, no entanto, tinha termos técnicos e esotéricos que Peebles conhecia intimamente – conceitos que os quatro físicos debatiam naquele exato momento. Emissor frio, por exemplo: dispositivo necessário para calibrar a antena corneta – outro termo que Peebles havia identificado – que usariam para detectar um sinal específico do espaço. Os três físicos ficaram em silêncio, fitando Dicke. Este agradeceu a seu interlocutor e desligou; virou-se para os colegas e disse: "Bom, rapazes, puxaram nosso tapete."[3]

O interlocutor era um astrônomo dos Laboratórios Bell que coletara dados curiosos, mas não fazia ideia do que eles significavam. Peebles e Dicke haviam desenvolvido uma ideia interessante, mas não havia dados que a apoiassem. Os outros dois físicos naquele almoço estavam construindo uma antena para detectar um sinal que corroborasse a ideia, mas agora Dicke dizia que uma dupla de astrônomos dos Laboratórios Bell provavelmente havia detectado o primeiro sinal – e nem sabiam que haviam feito isso.

O clima no escritório de Dicke não era de frustração ou desapontamento.[4] Se alguém realmente tinha "puxado o tapete" deles, ao menos eles podiam ficar aliviados. Se o interlocutor estava certo, então eles também estavam certos, ou no mínimo caminhavam na direção cientificamente correta.[5] No mínimo podiam se vangloriar de serem as primeiras pessoas na história do mundo a entender a história do Universo.

Mas antes de concluir qualquer coisa, eles teriam de conferir os dados. Dicke e os dois físicos de Princeton logo foram para a cidade de Holmdel, em Nova Jersey, a cerca de 45 quilômetros de distância, onde ficava o centro de pesquisa dos Laboratórios Bell. Os astrônomos de lá – Arno Penzias, que ligara para Dicke, e seu colaborador Robert Wilson – levaram-nos para ver a antena. Era uma antena do tipo corneta, grande como um vagão de trem, localizada à margem de uma estrada particular no alto de Monte Crawford, o ponto mais alto da região. Depois que os cinco se espremeram dentro da unidade de comando, ombros se esfregando contra tubos de vácuo e painéis de instrumentos, os astrônomos dos Laboratórios Bell explicaram a física aos físicos.[6]

Os Laboratórios Bell haviam construído a antena em 1960, para receber sinais de uma costa à outra, refletidos pelo satélite de comunicação Echo, um balão com alto poder de reflexão, de cerca de 30 metros de diâmetro.[7] Quando a missão Echo acabou, a antena passou a ser usada com o satélite Telstar.[8] Quando essa outra missão também terminou, Penzias e Wilson tomaram posse dela para estudar ondas de rádio vindas dos confins de nossa galáxia, a Via Láctea.[9] As medições teriam de ser muito mais sensíveis do que para a missão Echo, de modo que Penzias construiu um emissor frio, instrumento que emite um sinal específico, que ele e Wilson usariam para comparar com as medições da antena, a fim de ter certeza de que ela não detectava algum ruído em excesso.[10] E o emissor frio funcionou, mas não do jeito que eles esperavam. Excluindo-se o ruído dos elétrons da atmosfera e do próprio instrumento, Penzias e Wilson encontraram um chiado persistente e inexplicável.

Durante grande parte do ano, eles tentaram determinar a fonte do ruído. Apontaram a antena para Nova York, a menos de 80 quilômetros dali.[11] A estática era desprezível. Apontaram para todas as direções do horizonte. Mesmo resultado. Conferiram o sinal vindo das estrelas para ver se havia alguma diferença em relação ao que já haviam incluído em seus cálculos. Nada. As fases da Lua?[12] Alterações na temperatura atmosférica ao longo do ano? Não e não. Naquela primavera, eles haviam concentrado atenção na própria antena. Passaram fita adesiva em todos os rebites de alumínio[13] – nada –, desmontaram o tubo da antena,[14] remontaram-no em seguida – nada –, e até tomaram o cuidado de remover os excrementos de um casal de pombos que estava morando na antena. (Eles capturaram os pombos e os enviaram para o prédio da Bell em Whippany, Nova Jersey, a mais de 60 quilômetros de distância; os pombos se mostraram excelentes navegadores, e estavam de volta em poucos dias.[15]) Nada – nada a não ser o ruído.

Os cinco cientistas seguiram para uma sala de conferências em Monte Crawford,[16] e agora os físicos explicavam a astronomia para os astrônomos. Dicke começou escrevendo no quadro. Se o modelo do big bang era uma interpretação correta da história do Universo, explicou, então o cosmo surgiu de uma explosão de energia incrivelmente condensada, absurdamente quente. Tudo que algum dia faria parte do Universo já estava ali, se afastando entre si em uma onda de choque espacial, continuando a crescer e a evoluir no que é hoje o Universo. À medida que se expandiu, ele esfriou. Um dos membros da equipe de Princeton – Jim Peebles, o colega que não estava presente – havia estimado qual teria sido o nível inicial da energia, e a partir disso calculou qual seria o nível atual de energia após bilhões de anos de expansão e resfriamento. Essa energia remanescente – presumindo-se que ela existe e que o modelo do big bang esteja correto – seria mensurável. E agora, aparentemente, Penzias e Wilson a *haviam medido*. A antena captara um eco, eles sabiam, mas dessa vez não era de uma fonte de rádio da Costa Oeste. Era o nascimento do Universo.

Penzias e Wilson escutaram tudo educadamente. O próprio Dicke não acreditava cem por cento em tudo o que dizia – pelo menos ainda não. Ele e os outros dois físicos de Princeton estavam satisfeitos porque Penzias e Wilson tinham realizado um experimento correto. Voltaram a Princeton e transmitiram a Peebles o que haviam descoberto.[17] Ele também não acreditou em tudo. Estava cauteloso, mas Peebles era sempre cauteloso.

Os quatro colaboradores concordaram que os resultados científicos precisavam ser replicados, que eles necessitavam de uma segunda opinião – no caso, a deles próprios. Continuariam a construir a antena no telhado do edifício Guyot, em Princeton, e veriam se as medições feitas seriam semelhantes às da antena dos Laboratórios Bell. Mesmo que fossem, sabiam que ainda assim deveriam ter cautela. Afinal, não é todo dia que se descobre uma nova visão do Universo...

O ESCRITOR AMERICANO Flannery O'Connor certa vez disse que toda história tem "começo, meio e fim, mas não necessariamente nessa ordem".[18] Nos anos 1960, os cientistas que quisessem contar a história do Universo – cosmólogos, por definição – fariam isso partindo do pressuposto de que conheciam o meio da narrativa. Eles tinham acesso à então mais recente versão de um dos personagens mais duradouros da história, o Universo – nesse caso, um Universo em expansão. Agora eles podiam se perguntar: como nosso protagonista chegou até aqui?

A capacidade narrativa, até onde sabemos, é exclusividade de nossa espécie, porque nós, também até onde sabemos, somos os únicos a possuir autoconsciência. Nós nos enxergamos. Não apenas existimos, mas pensamos sobre nossa existência. Nós nos vemos num contexto – ou, em termos narrativos, num cenário: um lugar e um momento. Enxergar a si mesmo num lugar específico e num momento particular sugere que você já existiu e existirá em outros lugares e em outros momentos. Você sabe que nasceu. Você imagina o que irá acontecer quando morrer.

Mas não imagina só sobre você mesmo. Você anda por aí e olha as estrelas, e como sabe que está andando por aí e olhando as estrelas, você entende que está entrando em uma história já em andamento. E indaga-se como tudo chegou até aqui. A resposta que você inventa pode incluir luz, trevas, água, fogo, sêmen, óvulos, deuses ou Deus, tartarugas, árvores, trutas. Quando você tiver construído uma resposta suficientemente satisfatória, aí se perguntará, naturalmente, como isso tudo – incluindo você – vai acabar. Uma explosão? Um suspiro? O paraíso? Nada?

Esses questionamentos parecem jazer para além do domínio da física, e antes de 1965 a maioria dos cientistas acreditava que a cosmologia era isso mesmo: metafísica. Era para a cosmologia que os velhos astrônomos se voltavam no fim da vida. Ela era mais filosofia que física, mais especulação que investigação. O quarto membro da equipe de Princeton – aquele que não tinha ido aos Laboratórios Bell – havia se incluído na categoria dos céticos quanto à cosmologia.

Phillip James Edwin Peebles – Jim para todo mundo – era um sujeito anguloso. Alto e magro, se expressava com os ombros e os joelhos. Costumava abrir os braços, como para abarcar todas as possibilidades, e depois apertá-los contra as pernas, como para conservar a energia e manter o foco – maneirismos consistentes com um sujeito em conflito, maneira como Jim Peebles enxergava a si mesmo. Politicamente, ele se autointitulava "extremista liberal",[19] mas do ponto de vista científico se considerava "muito conservador", "reacionário" até. Havia aprendido com seu mentor, Bob Dicke, que uma teoria pode ser tão especulativa quanto se desejar; contudo, se ela não sugere nenhum experimento no futuro próximo, de que adianta? Certa vez (antes de saber das coisas) Peebles mencionou que tentaria conciliar as duas grandes teorias físicas do século XX, a relatividade geral e a mecânica quântica. "Saia em busca do seu Prêmio Nobel", respondeu Dicke. "Mas depois volte para fazer física de verdade."[20]

Cosmologia, para Peebles, não era física de verdade. Era um retorno à maneira como se fazia ciência 2 mil anos atrás, antes de existir ciência e cientistas tais como os conhecemos. Os astrônomos antigos chamavam esse método de "salvar os fenômenos"; os cientistas modernos talvez dissessem que "estavam fazendo o melhor possível em circunstâncias impossíveis". Quando, no século IV AEC (antes da Era Comum), Platão desafiou seus discípulos a descrever os movimentos dos corpos celestes usando a geometria, ele não esperava que as respostas escritas representassem o que realmente acontecia no céu. Aquilo era incognoscível, porque inatingível; não se podia subir ao céu e examinar os objetos. O que Platão buscava era uma *aproximação* do conhecimento.[21] Ele não queria que seus alunos obtivessem a matemática que descrevia os fatos, mas as aparências.

Um dos discípulos, Eudoxo, chegou a uma resposta que, de uma maneira ou de outra, sobreviveu por 2 mil anos. Inspirado na matemática, ele imaginou o céu composto por um conjunto de esferas transparentes e concêntricas. Algumas dessas esferas continham os corpos celestes. Outras interagiam com elas, acelerando ou retardando seus movimentos, explicando a percepção que temos de que os objetos aceleram e freiam em suas órbitas. Eudoxo atribui três esferas ao Sol e três à Lua. Para cada um dos cinco planetas (Mercúrio, Vênus, Marte, Júpiter e Saturno), sugeriu a existência de uma esfera adicional, para explicar o aparente movimento retrógrado que eles realizam em relação às estrelas de fundo, movendo-se de leste para oeste durante a noite, e não de oeste para leste.* Além disso, ele acrescentou uma esfera para as estrelas. Finalizado, seu sistema tinha 27 esferas.

Outro aluno de Platão, Aristóteles, incrementou esse sistema. Ele pressupôs que as esferas não eram meras construções matemáticas, mas existiam de fato; para explicar a mecânica do intrincado sistema, acrescentou esferas que giravam em sentido oposto. Total: 56 esferas. Por volta do ano 150, Cláudio Ptolomeu, de Alexandria, se impôs a tarefa de compilar a sabedoria astronômica da época, simplificando-a, e foi bem-sucedido.[22] Sua explicação para o céu precisava apenas de quarenta esferas. A matemática ainda não esclarecia completamente as observações, mas a aproximação era boa o bastante – a melhor jamais concebida.

Hoje, uma publicação de 1543, *Sobre a revolução dos orbes celestes*, do astrônomo polonês Nicolau Copérnico, significa a invenção de um novo Universo: a revolução copernicana. Ela se tornou um símbolo contra os ensinamentos da Igreja. Mas foi a própria Igreja que pediu a Copérnico que criasse uma nova matemática descrevendo os movimentos celestes, e o fez por razões práticas: as aparências precisavam ser salvas mais uma vez.

Ao longo dos séculos, as pequenas inconsistências do modelo ptolomaico – em que a matemática não concordava com a realidade – haviam

* Hoje sabemos que essa retrogradação é resultado da conjunção do movimento da Terra com o do planeta em questão.

provocado uma defasagem no calendário,* fazendo com que o início das estações do ano divergisse em semanas das datas tradicionais. O trabalho de Copérnico permitiu que a Igreja reformasse o calendário em 1582, incorporando a nova matemática, mas deixando de lado o modelo heliocêntrico. Como os antigos, tanto física quanto filosoficamente, Copérnico não propunha um novo Universo. Ele estava, isso sim, formulando uma nova maneira de "salvar os fenômenos" do Universo existente. Os verdadeiros movimentos do Universo, no entanto, estavam, sempre estiveram e sempre estariam além da compreensão humana.

Até que não estavam mais. Em 1609, o matemático italiano Galileu Galilei descobriu novas informações sobre o Universo – graças à invenção de um telescópio primitivo. "Vejam", ele disse, conduzindo as autoridades de Veneza pelas escadas do campanário, na praça São Marcos, em agosto de 1609, para demonstrar os benefícios de se encaixarem lentes em um tubo: enxergar mais longe. "Vejam", ele disse menos de seis meses depois, em seu folheto *Mensageiro das estrelas*, anunciando uma nova lição: enxergar mais longe não significa apenas ver melhor as coisas conhecidas – a frota mercante rival ou as velas dos navios inimigos –, mas enxergar mais, ponto-final. Naquele outono, ele apontara um tubo com lentes para o céu noturno, dando início a um longo período de descobertas de objetos celestes como ninguém antes havia feito: montanhas na Lua, centenas de estrelas, manchas no Sol, satélites de Júpiter, as fases de Vênus. A invenção do telescópio – o primeiro instrumento da história a aprimorar um dos cinco sentidos humanos – mudou não só as distâncias que podíamos ver através do espaço, mudou a precisão de como as enxergamos. Ela transformou nosso conhecimento sobre o que existia lá fora. Mudou as aparências.

Aqui estavam evidências que corroboravam a questão central da matemática de Copérnico: a Terra era um planeta, ela e os demais planetas orbitavam o Sol. E, o que era mais importante, havia *evidência* – a ferramenta do método científico. Enxergar mais longe não precisava ser sinônimo de

* Essa afirmação é errada; consequentemente, também a conclusão seguinte. Do ponto de vista do calendário, o modelo de Ptolomeu era mais preciso que o de Copérnico! (N.T.)

ver mais coisas. O céu noturno não precisava ter mais objetos do que já víamos a olho nu. E ainda nem podíamos ir ao espaço e observar como funcionavam os movimentos... Podíamos, porém, examinar o céu com detalhes o suficiente para vermos não só as aparências, mas também os fatos.* E fatos não precisam ser salvos, mas explicados.

Em 1687, o matemático inglês Isaac Newton apresentou duas explicações em *Princípios matemáticos da filosofia natural*, conhecido como *Principia*. Ele argumentava que, se a Terra é um planeta, então as regras que funcionam no domínio terrestre também devem operar no domínio celeste. Baseando-se no trabalho matemático de Johannes Kepler e nas observações de Galileu e seus sucessores, na astronomia, ele concluiu que os movimentos celestes exigiam não dúzias de esferas, mas uma única lei: a gravitação. Em 1705, seu amigo e patrocinador Edmond Halley aplicou a lei de Newton a observações anteriores de cometas avistados em 1531, 1607 e 1682 para afirmar que eram todos o mesmo cometa, e que ele** retornaria em 1758, bem depois da própria morte de Halley. E o cometa voltou. A matemática não tinha mais de se adequar aos movimentos celestes. O céu é que precisava respeitar a matemática. Pegue a lei de Newton, aplique-a às observações cada vez mais precisas obtidas com os telescópios, e você terá um Universo ordeiro, previsível e, em geral, imutável – um cosmo que funciona, segundo a mais comum das metáforas, como um relógio.

Nos mais de 350 anos que se passaram entre a demonstração de Galileu no campanário e o telefonema de Monte Crawford, o inventário do que o Universo contém parecia crescer a cada novo aprimoramento dos telescópios: mais luas ao redor dos planetas; mais planetas ao redor do Sol; mais estrelas. No começo do século XX, os astrônomos acreditavam que todas as estrelas que vemos à noite, a olho nu ou com telescópio, faziam parte de uma imensa coleção de estrelas, alcançando a cifra de dezenas de bilhões que há muito tínhamos batizado de Via Láctea, porque ela parece leite derramado no céu noturno. Haveria outras coleções de estrelas além

* E foi essa distinção que acabou por criar problemas entre Galileu e a Igreja.
** Sim, é ele, o cometa Halley!

da Via Láctea, cada qual com dezenas de bilhões de estrelas? Uma simples extrapolação do padrão de descobertas passadas sugeria essa possibilidade. E os astrônomos já possuíam até um candidato, uma classe de objetos que se poderiam enquadrar como "universos-ilhas".

Em 1781, o astrônomo francês Charles Messier publicou um catálogo que continha 103 borrões celestes – objetos difusos que, segundo ele, atrapalhariam a busca de novos cometas. Os astrônomos podiam ver que muitos daqueles 103 borrões eram grupos de estrelas. Quanto aos demais, isso permanecia um mistério, mesmo com a melhoria da qualidade dos telescópios. Esses objetos nebulosos seriam nuvens de gás que dariam origem a novas estrelas em nossa coleção? Ou seriam imensas coleções de dezenas de bilhões de estrelas separadas da nossa, mas de mesma natureza? A comunidade astronômica estava dividida, e em 1920 dois preeminentes astrônomos participaram do famoso Grande Debate, no Museu de História Natural, em Washington, D.C., para apresentar os prós e os contras de cada lado.

Três anos depois, o astrônomo americano Edwin Hubble fez o que nenhum debate poderia realizar: resolveu a questão com provas empíricas. Em 4 de outubro de 1923, usando o maior telescópio do mundo – o novo telescópio de 2,54 metros* de Monte Wilson, nas cercanias de Pasadena –, ele tirou uma foto da grande nebulosa de Andrômeda, ou M31, no catálogo de Messier. Hubble achou que tinha visto uma nova estrela, então apontou o telescópio para o mesmo alvo na noite seguinte e fez uma nova fotografia do mesmo braço espiral. Quando voltou à sua sala, começou a comparar as novas imagens com fotografias de arquivo da nebulosa, tiradas em diferentes datas, e descobriu que a estrela nova, na verdade, era uma estrela variável, um tipo de estrela que, como diz o nome, varia de brilho: ela pulsa, ficando mais ou menos brilhante, com regularidade. Mais importante: era uma variável cefeida, do tipo que muda de brilho em intervalos regulares. Aquele padrão, como Hubble sabia, poderia encerrar o debate.

---

* Num telescópio, essa medida corresponde ao diâmetro da superfície que coleta a luz.

Em 1908, Henrietta Swan Leavitt, astrônoma de Harvard, havia descoberto uma relação de proporcionalidade entre o período de pulsação das variáveis cefeidas e seu brilho intrínseco: quanto mais longo o período, mais brilhante a estrela. Os astrônomos poderiam então medir o brilho aparente e usá-lo em outra relação quantificável, entre brilho aparente e distância: uma fonte luminosa que está duas vezes mais longe que outra idêntica parece ter apenas ¼ do brilho desta; se estiver três vezes mais distante, seu brilho será de 1/9; quatro vezes mais distante, o brilho será de 1/16; e assim por diante. Se você sabe o período de pulsação da variável, então sabe qual é o brilho real; se compara isso com o brilho aparente, sabe qual a distância da estrela. Quando Hubble mediu o período de pulsação daquela variável cefeida em M31, ele concluiu que ela (e, consequentemente, toda a nebulosa M31) estava muito além dos limites do "universo-ilha" – ou, como agora deveríamos pensar, do *nosso* universo-ilha.

Hubble voltou à H335H, a placa fotográfica que havia obtido em 5 de outubro, e, num tom de vermelho radiante, para a posteridade, marcou a estrela variável com uma seta, junto com uma celebração por escrito "VAR!" (de "variável"). Ele concluiu que M31 era um universo-ilha próprio, e ao fazê-lo acrescentou ao cânone cósmico mais *outro* conceito: galáxias.

O Universo perfeito de Newton começou a se desfazer em 1929. Depois de sua descoberta "VAR!", Hubble continuou a investigar "universos-ilhas", em particular alguns resultados inexplicáveis que os astrônomos já estavam obtendo havia mais de dez anos. Em 1912, o americano Vesto Slipher começou a examinar as nebulosas com um espectrógrafo, instrumento que registra os comprimentos de onda de uma fonte luminosa. Do mesmo modo que as ondas sonoras do apito de um trem quando ele chega e vai embora da estação, as ondas de luz se comprimem ou se distendem – elas se concentram ou se afastam –, caso a fonte luminosa se aproxime ou se afaste do observador. A *velocidade* da luz não se altera, permanece 299.792 quilômetros por segundo. O que muda é o *comprimento* das ondas. Como o comprimento das ondas luminosas determina a cor que nossos olhos percebem, a cor da fonte de luz aparentemente muda. Se a fonte luminosa está vindo em sua direção, as ondas se espremem, e o espectrômetro registra um desvio para o lado azul do espectro. Se a fonte luminosa está se afastando, as ondas se descomprimem, e o espectrômetro registra um desvio para o lado vermelho do espectro. À medida que a velocidade de afastamento ou aproximação aumenta, aumentará o desvio para o vermelho ou para o azul – quanto maior a velocidade, maior o desvio. Slipher e outros astrônomos haviam mostrado que algumas das nebulosas apresentavam desvios significativos para o vermelho, dando a entender que elas se afastavam de nós a grande velocidade. Agora que sabia que as nebulosas eram galáxias, Hubble se perguntou o que significaria esse movimento. Quando comparou as velocidades de dezoito das nebulosas com suas distâncias, descobriu que as duas medidas pareciam diretamente proporcionais entre si – quanto mais longe estivesse uma galáxia, maior era sua velocidade de recessão. Em outras palavras, o Universo parecia se expandir.

De repente o Universo tinha uma história para contar. Em vez de ser estático, ele era dinâmico. Como em qualquer narrativa, a história do Universo não tinha só um meio – o presente, um enxame de galáxias se afastando umas das outras –, mas havia a sugestão de um começo.

Precisamente – *precisamente* – nesse momento, pelo menos do ponto de vista filosoficamente cuidadoso de alguém como Jim Peebles, a cosmologia se afastou da ciência, abandonando a matemática e abraçando o mito. Você não poderia saber como o Universo começou, pois as evidências estavam fora de seu alcance, do mesmo jeito que estiveram fora do alcance de Aristóteles, Ptolomeu e Copérnico. Eles não podiam atravessar o espaço para buscá-la; não podiam ir ao passado. Tudo que se podia fazer era observar os fenômenos do presente – essas galáxias com desvio para o vermelho – e tentar encontrar uma matemática que desse conta do movimento. Tudo que se podia fazer era salvar os fenômenos, se fosse esse o conceito de fazer ciência.

O próprio Hubble, como observador, acumulando evidências e deixando a teoria para os teóricos, preferiu não se comprometer com nenhuma explicação – se o Universo estava realmente se expandindo ou se havia outro motivo para a aparente correlação. Mas alguns teóricos não conseguiram resistir à tentação de rebobinar a fita. O sacerdote belga Georges Lemaître, físico e astrônomo, imaginou a expansão de trás para diante, o Universo encolheria, ficaria cada vez menor, as galáxias se aproximariam cada vez mais depressa, até que toda a matéria se concentrasse num estado que ele chamou de "átomo primordial", e que outros astrônomos eventualmente chamariam de "singularidade": um abismo de densidade infinita, com massa e energia incalculáveis.

Mas palavras como "infinito" e "incalculável" não são muito úteis para matemáticos, físicos e outros cientistas. "A possibilidade irrestrita de repetição de qualquer experimento é o axioma fundamental da ciência física", escreveram Hermann Bondi e Thomas Gold, dois expatriados austríacos que moravam na Inglaterra, na abertura de um artigo apresentado em julho de 1948, que mostrava uma alternativa à teoria de Lemaître.[23] No mês seguinte, o amigo deles Fred Hoyle, astrônomo britânico, apresentou sua própria variação sobre o tema. Em vez de big bang – o termo foi cunhado por Hoyle durante um programa na rádio BBC em março de 1949, para se referir a um Universo que se expande* a partir de, como ele escreveu no artigo, "causas desconhecidas pela ciência" –, eles postularam um estado contínuo.** Através de "contínua criação de matéria", Hoyle escreveu, "é possível termos um Universo em expansão onde a densidade de matéria permaneça constante".[24] Ao longo da história cósmica, a criação até mesmo da mais infinitesimal quantidade de matéria poderia ser cumulativamente significativa. Esse Universo não teria um início ou um fim; ele apenas *seria*.

Para muitos astrônomos, porém, a "criação contínua" não era mais agradável que a "singularidade". Tanto a teoria do big bang quanto a do Universo estacionário exigiam um salto de fé, e como a fé não faz parte do método científico, não se podia aprofundar a discussão.

MAS E SE *houvesse* evidências de uma ou de outra teoria?

Bob Dicke perguntou isso a Jim Peebles numa noite abafada de 1964. Peebles chegara a Princeton como estudante de pós-graduação seis anos

* Tecnicamente, o termo se aplica à expansão – a tudo o que aconteceu depois da singularidade –, mas, pelo uso comum recorrente, também se refere à própria singularidade.
** *Steady state*, estado contínuo (ou estável), é traduzido como "Universo estacionário" no âmbito da cosmologia. (N.T.)

antes. Na Universidade de Manitoba, ele fora o melhor aluno de física, recebendo várias honrarias acadêmicas.[25] Em Princeton, ficou chocado ao descobrir o quanto da física ainda não sabia. Dedicou o primeiro ano a recuperar o tempo perdido, e um belo dia alguns amigos[26] o convidaram para uma reunião social que Dicke promovia quase todas as noites de sexta-feira,[27] no mezanino do Laboratório de Física Palmer.[28] O Grupo da Gravidade era um conjunto informal de mais ou menos uma dúzia de alunos de graduação, pós-graduação, pós-docs e professores – "os pássaros de Dicke", como chamavam a si mesmos.[29] Peebles foi uma vez e depois foi de novo. Ele começou a entender que ali, num ambiente por vezes sufocante, em horário inconveniente, tinha muito a aprender, comendo pizza, bebendo cerveja e tentando reabilitar a relatividade geral.

A relatividade geral já existia havia quase meio século; Einstein chegara às suas equações no final de 1915. Enquanto Newton pensava a gravidade como uma *força* que atuava *através* do espaço, as equações de Einstein apresentavam a gravidade como uma *propriedade do* espaço. Na física newtoniana, o espaço era passivo, palco para a atuação de uma misteriosa força entre massas. Na física de Einstein, o espaço era ativo, colaborando com a matéria para produzir o que percebemos como efeitos da gravidade. John Archibald Wheeler, físico de Princeton, criou possivelmente a mais incisiva descrição dessa codependência: "A matéria diz ao espaço como se curvar. O espaço diz à matéria como se mover." Einstein, para todos os efeitos, reinventou a física. Ainda assim, em 1940, Dicke podia perguntar a um professor seu na Universidade de Rochester por que o currículo de pós-graduação em física não contemplava a relatividade geral, e a resposta era que uma coisa não tinha nada a ver com a outra.

Einstein talvez concordasse com isso. Uma teoria sólida precisa fazer pelo menos uma previsão específica. A relatividade geral fez duas. Uma delas tinha a ver com um problema famoso na época de Einstein. A órbita de Mercúrio parecia estar ligeiramente errada em relação às leis de Newton. As diferenças observáveis entre as versões de Newton e Einstein para a gravidade eram desprezíveis – exceto em circunstâncias que envolvessem os casos mais extremos, como por exemplo um pequeno planeta girando ao redor de uma gigantesca estrela. As equações de Newton previam determinado movimento para Mercúrio. As observações mostravam outra coisa. E as equações de Einstein descreviam exatamente a diferença.

Outra previsão falava sobre o efeito da gravidade sobre a luz. Um eclipse total do Sol permitiria aos astrônomos comparar a posição aparente de estrelas próximas à borda do Sol eclipsado com a posição que elas assumem quando o Sol não está em eclipse. Segundo a relatividade geral, a luz das estrelas ao fundo deveria "se curvar" com certa intensidade, em resposta ao grande puxão gravitacional do Sol. (Na verdade, na teoria de Einstein, é o próprio espaço que se curva, a luz apenas pega carona nisso.) Em 1919, o astrônomo britânico Arthur Eddington organizou duas expedições para observar a posição das estrelas durante um eclipse, em 29 de maio; uma expedição se encaminhou para a ilha do Príncipe, na costa oeste da África, e a outra veio ao Nordeste do Brasil, à cidade cearense de Sobral. O anúncio, em novembro de 1919, de que os resultados dos experimentos validavam a teoria transformaram Einstein e a relatividade geral em celebridades internacionais.*

Mas o próprio Einstein minimizou o poder de predição de "pequenos efeitos observáveis" de sua teoria – sua influência na física. Ele preferia enfatizar "a simplicidade de suas fundações e sua consistência" – sua beleza matemática.[30] Os matemáticos em geral concordavam, e também os físicos, como o professor de física de Dicke na Universidade de Rochester. Os efeitos conhecidos da relatividade geral no Universo – a anomalia na órbita de um planeta, o desvio de um raio de luz – eram extremamente obscuros; seus efeitos desconhecidos na história do Universo – a cosmologia – eram muito especulativos. E mais, Einstein reconhecia que, se a teoria fizesse uma previsão refutada pelas observações, então, como vale para qualquer teoria sob as regras do método científico, a ciência deveria reformular ou descartar a teoria.

---

* Einstein acreditava que sua teoria havia feito uma terceira previsão, sobre o desvio para o vermelho ou para o azul de um raio de luz sob efeito da gravidade, mas ela não é exclusiva da relatividade geral.

Quando Dicke entrou para o corpo docente de Princeton, nos anos 1940, depois da guerra, Einstein era uma presença espectral ali, como também sua teoria no campo da física experimental. Vez por outra um homem com aparência de sem-teto surgia numa festa de professores, e os mais jovens precisavam de um tempo para reconhecer os cabelos despenteados e os olhos caídos.[31] Durante o ano acadêmico de 1954-55, Dicke tirou um ano sabático em Harvard e se viu de volta ao assunto da relatividade geral. Como cientista que se sentia igualmente confortável projetando equipamentos ou elaborando teorias, ele percebeu que poderia fazer o que gerações passadas não tinham conseguido, por falta de tecnologia. Quando ele retornou a Princeton, resolveu testar as ideias de Einstein.

Seus experimentos desenvolvidos nos anos seguintes usavam discos opacos para ocultar o Sol e precisar sua forma – que afeta sua influência gravitacional sobre os objetos do sistema solar, incluindo Mercúrio; empregavam também raios laser refletidos na superfície da Lua, e a viagem de ida e volta cronometrada com precisão para medir a distância entre a Terra e seu satélite, o que mostraria se a órbita lunar obedecia à matemática de Einstein do mesmo jeito que a de Mercúrio; e recorriam à composição química das estrelas para obter idades e estágios evolutivos, o que era importante para obter a idade e o estágio evolutivo do Universo como um todo; isso, por sua vez, levaria à tentativa de detectar a radiação remanescente do átomo primordial, da bola de fogo cósmica, do big bang, ou qualquer nome de sua preferência. Dicke se perguntava se uma teoria do Universo poderia evitar não só uma singularidade do tipo big bang, mas também a criação espontânea de matéria do Universo estacionário, e sugeriu um meio-termo: um Universo oscilante.

Esse Universo se alternaria para sempre entre expansão e contração, sem nunca atingir o colapso total, ou, entre os colapsos, sem chegar à expansão infinita. Durante a fase de expansão do Universo, as galáxias se apresentariam com desvios para o vermelho consistentes com o que os astrônomos já estavam observando. Em determinado momento, a expansão diminuiria, pela ação da gravidade, e seria revertida. Na fase de contração, as galáxias apresentariam desvios para o azul, à medida que se aproximassem umas das outras. Em determinado momento, a contração chegaria a um estágio tal de compressão que o Universo explodiria novamente, antes que as leis da física perdessem o sentido. Assim, o Universo oscilante de Dicke não teria surgido de uma singularidade nem a ela voltaria, ainda que os primeiros estágios da expansão atual se assemelhassem a um big bang. Durante uma reunião do Grupo da Gravidade,[32] Dicke encerrou uma discussão sobre essa teoria falando para dois de seus "pássaros", Peter Roll e David Todd Wilkinson: "Por que vocês não tentam fazer uma observação?"[33] Eles poderiam construir uma antena de rádio para detectar a radiação oriunda do big bang mais recente. E voltou-se para um estudante de pós-doutorado de 29 anos e disse: "Por que você não vai pensar sobre as consequências teóricas disso?"[34]

Jim Peebles já se obrigara a aprender cosmologia. Como aluno de pós-graduação de Princeton,[35] teve que passar no exame geral do Departamento de Física; quando estudara para as provas dos anos anteriores,[36] viu que sempre havia perguntas sobre relatividade geral e cosmologia. Então estudou os textos-padrão da época, *Classical Theory of Fields*, de Lev Landau e Evgeny Lifschitz, de 1951, e *Relativity, Thermodynamics, and Cosmology*, de Richard C. Tolman, de 1934.[37] Ambos os livros cheiravam a formol; eles apresentavam uma cosmologia embalsamada por verdades antigas.[38] Quanto mais Peebles estudava cosmologia, menos confiava nela. A relatividade geral em si o deixava animado;[39] ele era um membro fiel e entusiasmado do Grupo da Gravidade. O que o perturbava eram os pressupostos que os teóricos forçavam sobre a relatividade geral para construir suas cosmologias.[40]

O problema, segundo o entendimento de Peebles, começara com Einstein. Em 1917, dois anos após ter concluído a teoria da relatividade geral, Einstein publicou um artigo que explorava suas "considerações cosmológicas".[41] O que a relatividade geral tinha a dizer sobre a forma do Universo? Para simplificar a matemática, ele partiu de um pressuposto: a distribuição de matéria no Universo era homogênea – isto é, uniforme em grande escala. Ela parecia a mesma, não importava onde você estivesse. Calculando as consequências da teoria de Einstein, Georges Lemaître e, de forma independente, o matemático russo Aleksandr Friedman adotaram o mesmo pressuposto, acrescido de outro: o Universo era isotrópico – uniforme em todas as direções. Ele parece igual independentemente da direção em que você olhe. O modelo de Universo estacionário acrescentou mais um pressuposto: o Universo é homogêneo e isotrópico não só no espaço, mas também no tempo. Ele parece igual em todas as direções independentemente de onde você esteja e de quando você esteja.

Peebles tentou ser justo; compareceu à palestra sobre o Universo estacionário. Mas no final ele já estava pensando: "Eles inventaram tudo isso!"[42] Para Peebles, um Universo homogêneo no espaço, no tempo ou em ambos não era um modelo sério. O livro de Tolman dizia isso com todas as letras: teóricos pressupõem a homogeneidade "basicamente para assegurar um modelo matemático relativamente simples, e não uma correspondência com a realidade".[43] Essa abordagem lembrava a Peebles a simplificação exagerada das provas de física: "Calcule a aceleração de um elefante, sem atrito, num plano inclinado."[44]

"Cara, isso é bobagem!", pensou Peebles.[45] Por que, ele se indagou, alguém imaginaria que o Universo, entre todas as qualidades de que pudesse dispor, era *simples*? Sim, os cientistas gostam de seguir o princípio da "navalha de Ockham", sugerido no século XIV pelo frade franciscano Guilherme de Ockham: primeiro tente a hipótese mais simples e vá acrescentando complicações apenas se for necessário. O pressuposto de Einstein, um Universo homogêneo, tinha certa lógica, um legado a apoiá-lo, mas não o suficiente para ser a base de uma ciência que fizesse previsões confrontáveis à observação.

No entanto, quando Dicke sugeriu a Peebles que investigasse qual teria sido a temperatura do mais recente big bang num Universo oscilante, este imediatamente aceitou o desafio. Primeiro, porque o pedido havia sido feito por Bob Dicke, e era preciso confiar em seus instintos. Além disso, Peebles compartilhava não apenas o entusiasmo de seu mentor para explorar a relatividade geral, mas também suas ressalvas em relação à cosmologia. Apenas um ano antes, em 1963, num artigo sobre cosmologia e relatividade publicado no *American Journal of Physics*, Dicke escrevera:

"Com suas raízes nas especulações filosóficas, a cosmologia evoluiu gradualmente para uma ciência física, mas uma ciência com tão pouca base observacional que considerações filosóficas ainda são parte crucial (se não dominante) dela."[46]

O que atraiu Peebles para a tarefa foi a oportunidade de fortalecer a tal "base observacional" – as consequências empíricas. Foi a possibilidade de que seus cálculos levassem a uma medição real, aquela que Roll e Wilkinson deveriam fazer usando a antena que Dicke havia encomendado. Eles estariam fazendo cosmologia pelo método científico: os fenômenos deveriam corroborar a matemática de Jim Peebles.

A primeira indicação de que as ondas de rádio poderiam nos fornecer uma nova maneira de enxergar o Universo veio nos anos 1930 – e novamente por uma descoberta acidental, nos Laboratórios Bell. Em 1932, um engenheiro que tentava eliminar ruídos misteriosos nas transmissões transatlânticas de radiotelefonia descobriu que a interferência vinha das estrelas da Via Láctea. A notícia foi manchete do *New York Times*, mas acabou caindo no esquecimento. Até os astrônomos consideraram aquilo um exagero. Somente depois da Segunda Guerra Mundial o uso de ondas de rádio se tornou comum na astronomia.

A radioastronomia consistiu em parte de um movimento mais amplo de conscientização, entre os astrônomos, de que o espectro eletromagnético – além da estreita faixa do visível – poderia conter informações úteis. Os comprimentos de onda captados pelo olho humano variam de 0,00007 centímetros (vermelho) a 0,00004 centímetros (violeta). Para ambos os lados dessa faixa estreita os comprimentos de onda crescem ou diminuem num fator de aproximadamente 1 quatrilhão, ou 1.000.000.000.000.000. O experimento de Princeton se concentraria em alguns dos mais longos comprimentos de onda porque eles teriam as menores energias – energia típica de uma radiação que estivesse se resfriando desde aproximadamente os primórdios do tempo.

Peebles partiu da constituição atual do Universo para deduzir de forma retroativa a constituição primordial. O Universo atual é feito, aproximadamente, de 75% de hidrogênio, o elemento mais leve; seu número atômico é 1, o que quer dizer que ele tem um próton. Para que haja essa abundância de hidrogênio hoje, as condições iniciais devem incluir uma radiação intensa, porque somente um ambiente extraordinariamente quente poderia ter agitado os núcleos atômicos de forma intensa o suficiente para impedir que aqueles prótons isolados se unissem a outras partículas subatômicas para formar o hélio e outros elementos mais pesados. À medida que o Universo se expandiu – e seu volume cresceu –, sua temperatura caiu. Deduza, a partir da quantidade atual de hidrogênio, quão intensa era a radiação primordial; calcule como o volume do Universo cresceu desde aquela época até hoje, e você descobrirá qual deve ser a temperatura dessa radiação no presente.

Uma antena de rádio, no entanto, não mede temperatura, ou ao menos não faz isso de forma direta.[47] A temperatura de um objeto determina como seus elétrons se moverão – quanto maior a temperatura, mais intensos são os movimentos. O movimento dos elétrons, por sua vez, é que provoca a radioestática – quanto mais intenso o movimento, maior o ruído. A intensidade da estática captada por uma antena, portanto, nos diz muito sobre o movimento dos elétrons da fonte emissora e, consequentemente, sobre sua temperatura – o que os engenheiros chamam de "temperatura equivalente" do ruído de rádio. Em uma caixa com paredes opacas, a única fonte de ruído será o movimento dos elétrons das paredes. Se você colocar um receptor dentro da caixa que é o nosso Universo, então a intensidade do ruído nos dará a temperatura equivalente das paredes do Universo: a radiação primordial.

Em 1964, Peebles concluiu sua previsão inicial sobre a temperatura da radiação primordial – a temperatura equivalente da estática que uma antena precisaria detectar. Enquanto isso, seus colegas Roll e Wilkinson começaram a trabalhar na antena – rigorosamente, um radiômetro de Dicke, aparelho inventado por Dicke para aprimorar a sensibilidade dos radares durante a Segunda Guerra Mundial, quando ele trabalhava no Laboratório de Radiação do Instituto de Tecnologia de Massachusetts (MIT, na sigla em inglês de Massachusetts Institute of Technology). No começo de 1965, Peebles recebeu um convite do Laboratório de Física Aplicada da Universidade Johns Hopkins para dar uma palestra, e ele perguntou a Wilkinson se havia algum problema em mencionar publicamente o radiômetro.

"Tudo bem", disse Wilkinson. "Ninguém pode nos alcançar agora."[48]

O que aconteceu em seguida foi muito rápido. Peebles deu sua palestra em 19 de fevereiro.[49] Na plateia estava um amigo de Peebles, de seus tempos de pós-graduação (outro "pássaro de Dicke"[50]), Kenneth Turner, radioastrônomo do Departamento de Magnetismo Terrestre (DTM, na sigla em inglês de Department of Terrestrial Magnetism) da Carnegie Institution, em Washington.[51] O experimento impressionou Turner, e um ou dois dias depois ele o mencionou a outro radioastrônomo do DTM, Bernard Burke.[52] Após um ou dois dias, num almoço coletivo, Burke recebeu o telefonema de um radioastrônomo dos Laboratórios Bell, a quem conhecera em dezembro, num voo a Montreal para a reunião da Sociedade Americana de Astronomia (AAS, na sigla em inglês de American Astronomical Society).[53] Burke foi até a copa atender ao telefone. Após uma rápida conversa, ele perguntou: "Como anda aquele seu experimento maluco?"[54]

No voo para Montreal, Arno Penzias descrevera para Burke o trabalho que ele e Bob Wilson estavam fazendo em Monte Crawford.[55] Ele dissera a Burke que tinham esperança de estudar as ondas de rádio das estrelas, mas não no grande bojo da Via Láctea, mas em outra direção, na borda do halo da Via Láctea. Mas agora, confessava a Burke, eles tinham problemas antes mesmo de começar as observações.

"Tem algo que não entendemos", disse Penzias. Ele explicou que Wilson e ele não conseguiam eliminar um ruído equivalente a uma temperatura próxima do zero absoluto.[56] Quando Penzias terminou de descrever todos os seus esforços e suas frustrações, Burke falou: "Você devia ligar para Bob Dicke, em Princeton."

O big bang é um mito de criação, mas em 1965 era um mito de criação com algo a mais: ele continha uma previsão. Quando finalmente Penzias ligou para Dicke, os cálculos de Peebles indicavam uma temperatura de 10°C acima do zero absoluto, ou 10 Kelvin.* Com sua antena, Penzias e Wilson

* O zero absoluto, em princípio a menor temperatura possível, corresponde a −459,67°F ou −273,15°C. Por convenção, os cientistas chamam essa temperatura de 0 Kelvin; todas

haviam feito uma medição de 3,5K (mais ou menos 1K). Como os cálculos de Peebles eram iniciais, e as medições de Penzias e Wilson haviam sido feitas por acaso, a conexão entre teoria e observação não era imediata. Ainda assim, os valores eram muito próximos para serem ignorados.

No mínimo, valia um registro para a posteridade. Depois da reunião em Monte Crawford e de outra em Princeton,[57] os dois grupos de pesquisadores concordaram que cada um iria escrever um artigo,[58] e que os dois seriam publicados no *Astrophysical Journal*. Os "Quatro de Princeton" falariam primeiro, discutindo a possível implicação cosmológica da descoberta. Só então a dupla do Bell concentraria o debate na medição em si, para que ela não ficasse necessariamente atrelada àquela interpretação inusitada, ou, como disse Wilson, "para que sobrevivesse a ela".[59]

Em 21 de maio de 1965, antes mesmo de os artigos saírem, o *New York Times* já dava a manchete: "Medições sugerem um 'Universo' big bang!"[60] (O repórter mantinha contato com o *Astrophysical Journal* sobre outro artigo que estava para sair quando se inteirou daqueles dois.[61]) A dimensão da cobertura jornalística – manchete de primeira página com direito a uma foto do telescópio dos Laboratórios Bell – fez com que alguns cientistas de ambos os grupos percebessem o potencial impacto da (possível) descoberta. Peebles, porém, não precisava da mídia para lhe dizer que eles estavam próximos de algo impactante. Tudo que precisava era olhar para Dicke, que podia ser bem-humorado e simples, mas nunca quando o assunto era física. Porém, nas últimas semanas, ele claramente encarava o trabalho de forma diferente. Depois de conversar com Dicke, um astrônomo experiente de Princeton relatou a seus colegas que Bob Dicke estava "fervendo de tanta agitação".[62]

Uma pesquisa na bibliografia anterior revelou outras previsões e pelo menos uma detecção.[63] Em 1948, o físico George Gamow havia publicado um artigo na *Nature* prevendo a existência "do mais antigo documento arqueológico pertencente à história do Universo".[64] Ele errou nos deta-

---

as outras temperatura são medidas a partir dela, sempre positivamente, em incrementos idênticos aos da escala Celsius. Assim, 10°C acima do zero absoluto é a mesma coisa que 10K.

lhes, mas estava certo quanto à ideia principal: o Universo jovem devia ser muito quente para que o hidrogênio existente não desse origem a elementos mais pesados. Naquele mesmo ano, os físicos (e colaboradores eventuais de Gamow) Ralph Alpher e Robert Herman publicaram seus cálculos de que a "temperatura do Universo"[65] deveria agora ser de 5K, mas os astrônomos da época lhes garantiram que a medição era impossível com a tecnologia existente. (Em retrospecto, Wilson achava que eles poderiam ter feito isso com a tecnologia da época da Segunda Guerra, desde que conectassem a antena à carga fria.[66]) Em artigo de 1961 no *Bell System Technical Journal*, um engenheiro de Monte Crawford escreveu que a antena Echo estava captando um ruído em 3K;[67] mas a medição caía na margem de erro,[68] a discrepância não afetaria diretamente seus objetivos, e então ele decidiu ignorá-la. Em 1964, o luminar do Universo estacionário, Fred Hoyle, trabalhando com o astrônomo britânico Roger J. Tayler, estudou o modelo de Universo oscilante e fez cálculos parecidos com os de Alpher e Herman. Ainda em 1964, enquanto Penzias e Wilson apontavam a antena para pontos quaisquer do horizonte, numa tentativa inútil de encontrar a fonte do ruído, dois cientistas russos publicaram um artigo[69] afirmando que era possível a detecção da radiação cósmica de fundo (CMB, de Cosmic Microwave Background)[70] – e que o instrumento ideal era uma deteminada antena do tipo corneta, no topo de um morro na localidade de Holmdel, em Nova Jersey.

Jim Peebles tinha um metabolismo célere; ele podia comer o que bem entendesse e nunca engordava.[71] Essa "hiperatividade inata" se estendia à sua vida intelectual. Ele adorava descobrir qual seria o próximo grande problema, resolvê-lo, ver aonde isso o levaria, descobrir *aquele* grande problema, resolvê-lo, ver aonde isso o levaria, numa corrida desvairada rumo ao futuro. (Peebles era experiente esquiador da modalidade *downhill*.[72]) Até a descrição de seu desconforto intelectual, que ele fez para um jornalista, era desconcertante: "Uma caminhada aleatória, não, uma caminhada sem rumo, não, na verdade, uma caminhada localmente guiada: a cada passo que você dá, decide que direção terá o próximo passo."[73] No entanto, a parte bibliográfica do processo intelectual,[74] a pesquisa inicial, o mergulho nas pilhas de livros e artigos, isso talvez não o entediasse, mas decerto não o atraía. De qualquer forma, ele não havia feito a lição de casa.[75]

O artigo inicial de Peebles sobre a temperatura do Universo – Dicke havia mandado uma cópia para Penzias depois do telefonema sobre as medições feitas nos Laboratórios Bell – fora devolvido várias vezes pelo parecerista da *Physical Review* porque reproduzia cálculos já feitos por Alpher, Herman, Gamow e outros.[76] Peebles finalmente desistiu do artigo em junho de 1965.[77] Ele consertou algumas coisas para o texto que escreveu com Dicke, Roll e Wilkinson sobre a radiação cósmica de fundo. Mas mesmo naquele artigo havia referência apenas ao texto de Gamow sobre a criação primordial dos elementos, mas não a seu trabalho sobre a temperatura do fundo cósmico. Gamow enviou uma mensagem enfurecida a Penzias, enumerando alguns de seus artigos do passado, e concluiu: "Veja você que o mundo já existia antes do Poderoso Dicke."[78]

A ignorância acerca de toda a bibliografia pregressa era um reflexo da indiferença que muitos cientistas demonstravam em relação à cosmologia e à relatividade geral. Mas isso estava para acabar. Em dezembro de 1965, Roll e Wilkinson tinham montado a antena no telhado do edifício Guyot e haviam obtido os mesmos resultados que Penzias e Wilson. Em poucos meses, dois outros experimentos (um deles feito por Penzias e Wilson) haviam encontrado o que exige uma previsão científica séria: recorrência de resultados – nesse caso, a detecção do que já estava sendo chamado de "a radiação 3-K".

Se você fosse astrônomo ou físico, dava para sentir a mudança. Tanto o modelo do Universo estacionário quanto o do big bang se apoiavam não somente na matemática e nas observações, mas também em especulações. Eles eram contrapartidas modernas da tentativa feita por Copérnico para salvar os fenômenos; eram teorias em busca de evidências. Do mesmo modo como Galileu, com o auxílio do telescópio, observou fenômenos celestes que nos ajudaram a escolher entre os modelos geocêntrico e heliocêntrico, nos obrigando a repensar o Universo, agora os radioastrônomos, com o auxílio de um novo tipo de telescópio, obtinham evidências que nos permitiriam decidir entre o Universo estacionário e o big bang – levando-nos novamente a repensar o Universo.

Enxergar além da parte visível do espectro eletromagnético não precisava significar "ver mais". O céu não necessitava de mais informações além daquelas que vemos com nossos olhos, mesmo com a ajuda de telescópios. O surgimento da radioastronomia poderia ter mantido intacta a visão newtoniana do Universo. Mas ver além do espectro visível nos permitiu enxergar novos fenômenos, nos obrigando a incorporar outras ideias aos nossos modelos. Esse novo Universo ainda funcionaria como um relógio; as leis que surgiram a partir das observações de Galileu e dos cálculos de Newton ainda valiam. Agora, porém, tínhamos também as observações de Hubble e os cálculos de Einstein. No novo contexto, o movimento do Universo não era cíclico, mas linear; esse Universo não era exatamente um relógio de bolso, com ponteiros e engrenagens em giro eterno, mas sempre voltando à mesma posição; ele era um calendário, com páginas sucessivas preservando o passado, registrando o presente e vislumbrando o futuro.

Talvez, pensou Peebles, construir teorias sobre o Universo não fosse tão bobo, afinal. Não que o sempre cauteloso Peebles agora aceitasse a teoria do big bang. Mas a uniformidade da radiação de fundo que ele previra e que Penzias e Wilson haviam detectado certamente correspondia a um Universo que parece o mesmo nas maiores escalas possíveis, não importando onde esteja o observador. Einstein havia colocado o elefante na ladeira, e acabou que o Universo era isso: homogêneo.

"O que é algo espetacular", pensou Peebles. "Mas aí está: o Universo é simples."[79]

2. O que há lá fora

O QUE O UNIVERSO PODERIA SER, ou deveria ser, isso não lhe dizia respeito. Ela não era teórica. Era astrônoma – uma observadora. O Universo era o que era. E o que ele era, em todas as direções que se olhasse, estava em movimento.

Bom, ela *ainda* não era astrônoma. Nunca fizera observações, exceto quando criança, usando um telescópio que seu pai a ajudara a montar,[1] com uma lente que ela havia encomendado pelo correio e um tubo de papelão que conseguira de graça numa loja no centro de Washington.[2] E aquele telescópio nem funcionava direito. Ela não podia tirar fotos das estrelas, pois o instrumento não compensava o movimento delas – ou, mais precisamente, seu movimento aparente, já que a rotação da Terra é que produz a ilusão de que as estrelas cruzam o céu noturno.

Ela devia ter imaginado que a câmera não ia funcionar. O movimento das estrelas era parte do que a atraíra para a astronomia. A janela de seu quarto, no segundo andar[3] – exatamente acima de sua cama –, dava para o norte, e lá pelos dez anos ela percebeu que as estrelas pareciam traçar um círculo ao redor de um ponto no céu,[4] e que ao longo das estações as próprias estrelas pareciam mudar. Desde então decidira que preferia acompanhar o movimento das estrelas a dormir. Ela decorava o traçado dos meteoros e na manhã seguinte registrava tudo num caderno.[5] Depois, já no ensino médio, sempre que precisava escrever uma monografia, o tema escolhido era alguma coisa ligada à astronomia – telescópios refletores (aqueles com espelhos) ou refratores (com lentes).[6] Às vezes, à noite, sua mãe gritava lá de baixo: "Vera, não vá passar a noite inteira com a cabeça para fora da janela!" Mas ela passava, e seus pais não se importavam muito com isso.[7]

Sua visão do Universo, de certa forma, era newtoniana: matéria em movimento; padrões previsíveis; objetos celestes (e a Terra era um deles, se você parasse para pensar) que, apesar de todas as peregrinações, voltavam invariavelmente ao ponto de partida. Mas Vera Cooper nasceu em 1928, três anos depois de Edwin Hubble anunciar que nossa galáxia, a Via Láctea, dificilmente era única, e um ano antes de ele apresentar provas de que as galáxias se afastavam umas das outras – quanto mais distantes, mais rápido era o afastamento. O único Universo que ela conhecia era repleto de galáxias, e todas as galáxias estavam em movimento.

Então, como estudante de pós-graduação em Cornell, quando precisou decidir o tema de sua dissertação de mestrado, Vera tentou modernizar a velha visão do Universo como relógio, incorporando-lhe a expansão. Vera argumentava que, como a Terra gira ao redor de si mesma, e o sistema solar gira, e a galáxia gira, então talvez o Universo também tivesse um eixo. Talvez todo o Universo girasse.

A premissa parecia razoável. Seu marido, Robert Rubin, doutorando em física na Universidade de Cornell,[8] lhe mostrara um curto artigo especulativo da autoria de George Gamow, na *Nature*, "Rotating Universe?" (O Universo gira?).[9] Depois ela ouviu falar que Kurt Gödel, em Princeton, estava trabalhando na teoria de um Universo com rotação.[10]

A abordagem de Vera também era razoável. Ela reuniu dados das 108 galáxias em que os astrônomos já haviam detectado um desvio para o vermelho.[11] Então isolou o movimento que seria causado pela expansão do Universo – o que os astrônomos chamam de recessão. Os demais movimentos – os movimentos próprios – apresentavam um padrão? Ela os distribuiu sobre uma esfera e viu que sim.[12] Em dezembro de 1950, aos 22 anos, um ano antes de obter seu diploma de mestrado, Vera Cooper Rubin apresentou essa hipótese numa reunião da AAS, em Haverford, Pensilvânia.

Vera Rubin nunca sofrera de insegurança. Quando o encarregado das matrículas no Swarthmore College lhe disse que, como a astronomia era sua escolha profissional e a pintura era seu hobby, ela deveria pensar em se tornar artista especializada em paisagens cósmicas, Vera riu e se matriculou em Vassar.[13] Quando conseguiu a bolsa no Vassar College e um professor do ensino médio lhe disse, "Desde que fique longe da ciência, você vai se dar bem", ela deu de ombros e obteve o bacharelado em astronomia (com muitos créditos em filosofia da ciência, em paralelo). Quando um professor de Cornell[14] lhe disse que, como ela tinha um filho de apenas um mês, ele iria em seu lugar à reunião da AAS em Haverford e apresentaria o trabalho como coautor, ela falou "Oh, eu posso ir", e foi – amamentando o recém-nascido.[15]

A conclusão da plateia na reunião da AAS, quando Vera apresentou seu trabalho, foi quase unânime: a premissa era estranha, os dados eram frágeis, a conclusão não convencia nem um pouco. As críticas continuaram até que o astrônomo Martin Schwarzschild pôs fim à discussão ao se levantar e dizer, com uma voz aguda: "Foi muito interessante você propor isso." O moderador encerrou a sessão e Vera Rubin foi embora.

Ela mesma não achava que seu artigo fosse extraordinário; era uma dissertação de mestrado, afinal.[16] Ainda assim, acreditava que, para o nível médio das teses de mestrado, estava muito bom. Ela pegara uma pilha de números e os tratara com todo o rigor, por isso o resultado merecia ser mostrado. Acreditava que havia se apresentado muito bem, da melhor forma possível. Obrigou-se a lembrar de que aquela fora sua primeira participação numa reunião da AAS, que ela nem conhecia muitos astrônomos profissionais. Talvez fosse aquele o comportamento-padrão deles. Vera decidiu arquivar as críticas na mesma categoria dos comentários feitos pelo responsável pelas matrículas e por seus professores. No dia seguinte, o jornal de sua cidade, o *Washington Post*, trazia um artigo com a seguinte manchete: "Jovem mãe descobre o centro da criação pelo movimento das estrelas."[17] Ela se consolou com o fato de que os astrônomos pelo menos saberiam quem ela era (ou, por um erro de digitação, que ela era "Vera Hubin").

Ainda assim, aquilo lhe ensinou algo importante: ela era tão inexperiente que não sabia como estava longe do *mainstream*.[18] Não sabia que Gamow encontrava-se praticamente sozinho entre os astrônomos e Gödel, entre os teóricos, ao considerar seriamente a hipótese de um Universo dotado de rotação. Gamow admitira, no artigo da *Nature*, que a ideia de um Universo com rotação era "à primeira vista fantástica"[19] – e à primeira vista era mesmo. Mas e se você não confiasse nesse "à primeira vista"? À primeira vista – as evidências obtidas sem auxílio de tecnologia – a Terra parece estacionária, o Sol parece girar ao redor da Terra; Júpiter não tem luas e Saturno não tem anéis; as estrelas não têm movimento e estão a maior distância possível. Gamow queria transmitir a ideia de que os astrônomos precisam ir além da primeira vista, porque agora deviam considerar o Universo numa nova escala.

Dizer que todos os bilhões de estrelas que vemos são parte da nossa galáxia e que existem bilhões de galáxias além da nossa não correspondia nem a começar a descrever a escala do Universo. Assim como nossos olhos não precisaram evoluir para captar ondas de rádio a fim de que pudéssemos sobreviver, talvez nosso cérebro não tenha precisado evoluir para entender os números que os astrônomos agora incorporavam a uma nova forma de pensar o Universo. Assim como culturas que contam "um, dois, três, mais que três", nós costumamos pensar na escala do Universo – quando pensamos – como "Terra, planetas, Sol e muito longe".

Pense: quanto tempo você levaria para contar até 1 milhão respeitando a velocidade de um número por segundo? Onze dias – ou, para ser mais exato, 11 dias, 13 horas, 46 minutos e 40 segundos. E se agora você tivesse que contar até 1 bilhão? Um bilhão é mil milhões – isso quer dizer contar até 1 milhão mil vezes seguidas. Isso daria 31 anos mais oito meses e meio. Para chegar a 1 trilhão, você precisaria contar mil vezes até 1 bilhão, ou 31 anos mil vezes seguidas, ou seja, 31 mil anos. Um ano-luz – a distância que a luz percorre em um ano – tem um pouco menos que 10 trilhões de quilômetros. Para contar até 10 trilhões, você precisaria de 310 mil anos!

As primeiras gerações de astrônomos tiveram de aprender a pensar diferente para incorporar as sucessivas descobertas sobre as novas escalas do Universo: o Sol está a 150 milhões de quilômetros de distância; a estrela mais próxima está a 4,3 anos-luz de distância, ou 40 trilhões de quilômetros (voltando à ideia de contarmos esse número, isso demoraria mais de 1 bilhão de anos); nosso "universo-ilha" é composto por bilhões de estrelas que guardam distâncias parecidas entre si; o diâmetro desse universo-ilha, de uma ponta da espiral até a outra, é de aproximadamente 100 mil anos-luz (de anos para contar, o que não quer dizer muita coisa se você não entende o que significa 1 bilhão).

Nesse contexto, não importa quão inatingível ou absurdo, o termo "bilhões de galáxias" pelo menos dá uma ideia da diferença de escala entre o universo-ilha que Hubble herdou e o Universo que deixou para as próximas gerações. Seu Universo estava saturado de galáxias "até onde a vista alcança" – e a "vista", no caso, poderia ser o imenso Telescópio Hooker, de 2,5 metros, que fica em Monte Wilson, ou seu sucessor, o Telescópio Hale de 5 metros, em Monte Palomar, inaugurado em 1949 e que prometia aos astrônomos acesso às galáxias com desvios para o vermelho cada vez maiores. Quem saberia aonde iriam nos levar esses novos conceitos de Universo? Astrônomos de meados do século XX que quisessem trabalhar com o Universo de Hubble teriam de se preocupar com sua história e sua estrutura na maior escala imaginável. Eles teriam de estudar cosmologia.

Não que Rubin achasse que era cosmóloga. Ela nem se considerava astrônoma, mas não porque jamais tivesse feito observações com um telescópio profissional.[20] Seis meses depois daquela reunião da AAS, obtivera o título de mestre, e seu marido, o de doutor, e os dois se mudaram para as redondezas de Washington, por causa do trabalho dele. O filho ainda não tinha um ano, e eles faziam planos de ter outro bebê; mesmo que o marido a encorajasse a fazer doutorado, Vera sentia que sua vida já estava complicada demais. Então, foi opção dela não se tornar logo astrônoma, ainda ficar um tempo na dúvida. Ainda assim, nada a preparara para esse tipo de vida: morar no subúrbio, ficar em casa com o filho enquanto o marido ia trabalhar, chorar sempre que chegava uma nova edição de *Astrophysical Journal* – ela não cancelara a assinatura.

Então, um dia, o telefone tocou. Era George Gamow.

Vera estava à janela de seu apartamento.[21] O telefone ficava sobre a mesa. O sofá estava longe. Não havia onde sentar. O fio do telefone era longo? Não importava. Aquele era o tipo de conversa que você prefere ter de pé. Então ela ficou de pé, olhando pela janela, ouvindo George Gamow lhe perguntar sobre a pesquisa.

O marido de Vera dividia uma sala com Ralph Alpher, no Laboratório de Física Aplicada da Universidade Johns Hopkins, em Silver Spring, Maryland. A sala de Robert Herman era no mesmo corredor.[22] Gamow prestava consultoria ao laboratório, e Alpher e Herman frequentemente trabalhavam com ele. Foram os dois que falaram a Gamow sobre a tese. Gamow disse a Vera que queria conhecer o trabalho sobre a rotação do Universo, para uma palestra que ia dar no laboratório. (Ela não poderia ir, esposas não eram convidadas.[23])

Robert Rubin havia aceitado o emprego no Laboratório de Física Aplicada porque a proximidade de Washington poderia trazer para a esposa boas oportunidades profissionais e de formação na área da astronomia – oportunidades que ela ainda não havia explorado.[24] Depois do telefonema de Gamow, Vera começou a levar o *Astrophysical Journal* para o parquinho, e em fevereiro de 1952, grávida do segundo filho, já cursava algumas matérias na Universidade Georgetown, a única instituição na região de Washington que tinha um programa de doutorado em astronomia. Lá, graças a um acordo com a Universidade George Washington, ela trabalharia sob a supervisão do professor George Gamow.

Na primavera,* ela finalmente conheceu Gamow. Ele tinha sugerido que se encontrassem na biblioteca do DTM, na Carnegie Institution, campus modesto numa área remota do parque Rock Creek, na parte noroeste de Washington. O DTM era um prédio comum de tijolos, que ficava num lugar inusitado. No topo do morro, no fim de uma longa e sinuosa rua, em meio a uma vizinhança residencial, ali poderia ficar um hospital ou um asilo. Em vez disso, desde a primeira década do século XX, ali se instalara o quartel-general de expedições mundiais organizadas para mapear o campo magnético da Terra; quando essa missão se cumpriu, em 1929, o DTM adotou uma interpretação mais ampla do que seria investigar a

* No hemisfério norte, a primavera corresponde ao nosso outono, os meses de março, abril e maio. (N.T.)

natureza do nosso planeta e passou a fazer pesquisas em física nuclear e geologia de outros planetas.

Vera Rubin visitara aquele local remoto apenas uma vez – para algum tipo de palestra, provavelmente.[25] Agora ela ia lá todos os meses. A entrada da biblioteca ficava à direita da escada, no segundo andar. Para ir da porta da biblioteca até a sala de leitura era necessário se espremer por uma passagem estreita entre dois conjuntos de prateleiras. Toda vez que ia lá, Vera hesitava em entrar, analisando mais um dos desafios para se tornar astrônoma.[26] A passagem tinha mais ou menos 60 centímetros de largura. Grávida do segundo filho, talvez ela medisse mais que isso.

Acabou que George Gamow não era a pessoa que Vera imaginava. Quando não se encontravam na silenciosa biblioteca do DTM, ela ia até a casa dele, em Chevy Chase, Maryland. Lá ele invariavelmente destratava e gritava com a esposa, sempre sumida em algum cômodo distante da casa. Onde estavam os artigos dele? O que ela tinha feito de seus artigos? Por que sempre mexia em suas coisas? Se a esposa de Gamow realmente estava lá, Vera Rubin nunca soube. No verão de 1953, ela e o marido pagaram do próprio bolso a passagem para ir a um workshop de astronomia em Michigan; Gamow também estava lá, e seu comportamento a deixou envergonhada.[27] Ele cochilava durante as palestras; quando acordava, perguntava coisas que já haviam sido explicadas. Ao longo dos debates da tarde – ela, ele e o grande astrônomo de Monte Wilson, Walter Baade –, Gamow costumava ingerir meia garrafa da bebida alcoólica de sua preferência. Quando ele próprio dava uma palestra, o cheiro de álcool era perceptível.[28]

Vera Rubin começava a perceber que havia dois tipos de gênio:[29] aquele que todos nós seríamos se fôssemos extremamente inteligentes e soubéssemos o que estávamos fazendo; e o tipo que você vê e sabe que nunca conseguirá pensar como ele. Gamow era desse segundo tipo. Ele podia cochilar durante as apresentações e perguntar coisas redundantes, mas também dava respostas que ninguém conseguiria formular. Quaisquer que fossem os defeitos de Gamow, quando ele falava, você escutava.

"Há uma distância preferencial na distribuição das galáxias?", perguntou-lhe Vera em um de seus primeiros encontros.[30] Gamow sugeriu que ela devia pensar não apenas no movimento geral das galáxias, como fizera em sua dissertação de mestrado, mas também no resultado geral desses movimentos: a *configuração* das galáxias.

A distribuição das galáxias pelo Universo era aleatória e homogênea como presumia a maior parte dos astrônomos? O próprio Hubble achava isso. "Em grande escala, a distribuição é aproximadamente uniforme", escrevera ele em seu famoso livro de 1936, *The Realm of the Nebulae*.[31] "Em todos os lugares, em todas as direções, a região observável é bastante similar." De certo modo, ele simplesmente reforçava os dois pressupostos básicos da cosmologia moderna: homogeneidade e isotropia, em termos leigos. Mas o modo como abordava o assunto ainda era remanescente do pensamento pré-moderno e do conceito de universo-ilha – ênfase em "ilha". Do ponto de vista de Hubble, e portanto de uma geração de astrônomos, os aglomerados de galáxias que observavam seriam acidentes da natureza, ou talvez algum tipo de ilusão cósmica resultante do fato de que muitas galáxias simplesmente estão na nossa linha de visão.

Mas Gamow pensava numa escala diferente. Talvez os movimentos próprios das galáxias – os movimentos independentes da expansão global – não fossem aleatórios, como acreditava a maioria dos astrônomos. Talvez as interações gravitacionais entre as galáxias, mesmo ao longo de distâncias antes inimagináveis, fossem intensas o suficiente para se opor à expansão num nível local. Talvez as galáxias – ou pelo menos parte delas – não fossem ilhas.

A premissa parecia séria para Vera Rubin, e não somente porque era o visionário George Gamow quem a sugeria. Pouco tempo depois daquela conversa telefônica com Gamow, ela recebera uma carta de Gérard de Vaucouleurs[32] – astrônomo francês que na época trabalhava na Austrália –, que depois voltou a procurá-la algumas vezes. Ela se impressionou com o ritmo da troca de correspondência; parecia que sempre estava na vez de ela escrever. Mas não podia reclamar. Como Gamow, De Vaucouleurs queria trocar ideias sobre a tese de mestrado de Vera. Escreveu-lhe dizendo que havia percebido um padrão entre as galáxias muito parecido com o que ela possivelmente detectara, e, em fevereiro de 1953, no meio do curso de doutorado, a paciência que Vera havia tido com De Vaucouleurs se mostrou proveitosa. Um artigo dele no *Astronomical Journal* começava com uma citação do trabalho dela: "Após uma análise das velocidades radiais de cerca de cem galáxias num raio de 4 megaparsecs, a sra. V. Cooper Rubin recentemente encontrou evidências de uma rotação diferencial na metagaláxia interna."[33] Para De Vaucouleurs, porém, as evidências de Vera não apontavam para a rotação do Universo, mas para o movimento de um conjunto de aglomerados de galáxias – um superaglomerado. Extrapolando, o argumento era uma variação do tema que Gamow havia proposto: as galáxias se aglomeram? Se sim, por quê?

Mais uma vez Vera reuniu os dados já disponíveis para qualquer um, dessa vez a contagem de galáxias de Harvard. E de novo usou uma análise conceitualmente direta, agora plotando as galáxias em três dimensões, comparando sua localização no céu com a distância dada pelos desvios para o vermelho.

Vera aprendeu a se dividir entre as atividades de mãe e astrônoma: um livro grosso em alemão numa das mãos, o carrinho de bebê na outra.[34] Duas ou três noites por semana ela tinha aulas no Observatório de Georgetown. Trabalhava na tese à noite, depois que as crianças já tinham ido dormir, tendo terminado seus estudos em dois anos. A tese, *Fluctuations in the Space Distribution of the Galaxies*, foi publicada em 15 de julho de 1954, nos *Proceedings of the National Academy of Sciences*.[35] A conclusão: galáxias não esbarram nem se juntam de forma arbitrária; elas se aproximam por um motivo, e esse motivo é a gravidade.

Dessa vez Vera não foi atacada, como acontecera em Haverford. A reação foi pior: o silêncio.

Durante a reunião da AAS em Tucson, em 1963, Vera Rubin foi em excursão ao Observatório Nacional de Kitt Peak, nas montanhas do deserto, 90 quilômetros a sudoeste da cidade.[36] Ela já era mãe de quatro filhos e professora assistente de astronomia na Universidade Georgetown, mas ainda não era astrônoma praticante. "As galáxias podem ser muito interessantes", ela gostava de explicar, "mas observar uma criança de zero a dois anos é simplesmente incrível."[37] O caçula, porém, já tinha três anos.

Vera conseguiu tempo de observação em Kitt Peak naquele ano. Com seus alunos da Georgetown, ela estudava o movimento de 888 estrelas relativamente próximas,[38] usando a mesma metodologia que empregara nas teses de mestrado e doutorado: consultar catálogos.* Agora continuaria esse trabalho, só que ela mesma empunharia um telescópio para recolher as evidências.

Enquanto, nessa época, a maioria dos astrônomos estudava os movimentos das estrelas no interior da Via Láctea, Vera Rubin se voltou para outra direção – o anticentro galáctico, como dizem os astrônomos: as estrelas que estão mais distantes da parte central da nossa galáxia que o nosso próprio Sol.[39] No ano seguinte ela recebeu um convite para ser a primeira mulher a fazer observações em Monte Palomar, nas montanhas a nordeste de San Diego.** Vera decidira que estava na hora de fazer o que não podia como professora assistente na Universidade Georgetown, com seus recursos cada vez mais limitados: tornar-se astrônoma em tempo integral.

Agora ela morava numa vizinhança tranquila e arborizada perto do DTM, onde costumava se encontrar com Gamow na biblioteca. Vez ou outra dava uma caminhada de quinze minutos até lá para visitar seu amigo Bernard Burke e conversar sobre as análises radioastronômicas que ele estava fazendo a respeito da rotação da Via Láctea.[40] Em dezembro de 1964, porém, ela foi vê-lo por um motivo especial. Apesar de o DTM, fundado

---

* Quando o editor do *Astronomical Journal* (ver *Rubin*, entrevista) disse que, de acordo com a política editorial da publicação, o artigo não poderia incluir o nome dos estudantes como coautores (Rubin et al., 1962), Vera Rubin sugeriu retirar o texto. O editor não aceitou a sugestão, e o artigo foi publicado com o nome de todos os alunos envolvidos. [Quando a indicação do nome de um autor figurar aqui em itálico, isso significa que a fonte foi uma das entrevistas listadas na seção "Referências bibliográficas". (N.T.)]

** As mulheres não eram bem-vindas nem em Monte Palomar nem em seu coirmão da Carnegie Institution, Monte Wilson, em especial porque os observatórios não tinham instalações para ambos os sexos. "Isso", o astrônomo Olin Eggen anunciou com retumbância para Vera Rubin em sua primeira visita a Monte Wilson, abrindo uma porta, "é o famoso banheiro" (Rubin, 1997, p.156).

em 1904, nunca ter tido uma mulher em seus quadros, Vera entrou na sala de Burke e pediu um emprego.

"Ele não ficaria mais surpreso se eu o tivesse pedido em casamento", contou Vera Rubin ao marido naquela noite.[41]

Logo que Burke se recompôs, levou-a ao refeitório e a apresentou a seus colegas. Vera Rubin se impressionou com o fato de que um deles, W. Kent Ford, tivesse acabado de voltar de Monte Wilson. Alguém a encorajou a ir até o quadro-negro – era esse tipo de refeitório – para falar sobre seus mais recentes trabalhos. Naquele dia, antes que ela deixasse o DTM, Merle Tuve, diretor do Departamento e membro da equipe há muito tempo (desde os anos 1920), lhe entregou uma placa fotográfica de 5 × 5 centímetros e pediu que ela fizesse uma análise espectrográfica. Quando Vera devolveu a placa e a análise, Tuve ligou para marcar uma entrevista.

Ela disse que poderia chegar em dez minutos.

Ele disse que poderiam se ver na semana seguinte.

Ela disse que poderia chegar em dez minutos.[42]

Como acontecia em todos os laboratórios da Carnegie Institution em Washington, as responsabilidades de um cientista residente do DTM não incluíam dar aulas, mas eles também não tinham estabilidade, e as possibilidades de pedido de bolsa e auxílio eram no mínimo raras. Tudo de que se necessitava era habilidade para manter uma atmosfera de colaboração com os colegas e para produzir resultados científicos significativos. No caso de Vera Rubin, ela tinha a opção de dividir a sala com seu amigo Bernie Burke* ou com W. Kent Ford.[43] Burke era radioastrônomo residente, como Tuve e Kenneth Turner; ela reparou que os radioastrônomos haviam se apossado de uma sala no primeiro andar, cobrindo minuciosamente uma grande mesa com várias camadas geológicas de gráficos e muita papelada.[44] Vera queria um canto só seu, e achou que talvez fosse melhor dividir a sala com Ford.

---

* Entre a visita inicial a Burke, em dezembro de 1964, e seu primeiro dia de trabalho, em 1º de abril de 1965, Burke recebeu o famoso telefonema no refeitório, quando sugeriu a Arno Penzias, dos Laboratórios Bell, que procurasse Bob Dicke em Princeton.

Ford trabalhava com equipamentos. Ele tinha acabado de construir um espectrógrafo de tubo de imagem – um tipo de espectrógrafo que gravava o espectro magnético de uma fonte de luz. O instrumento, porém, não captava a luz de um objeto distante. O que fazia era converter aqueles fótons fraquinhos numa fonte de elétrons, que depois eram jogados numa tela fosforescente, fazendo-a brilhar – e era *isso* que o instrumento fotografava, com toda a clareza de uma câmera "normal".[45] A intensidade da imagem compensava a fraqueza do brilho da fonte original. Como resultado, o instrumento permitia reduzir o tempo de exposição a ⅒ do necessário no método usual.[46] Com o espectrógrafo de Ford – oficialmente, espectrógrafo de tubo de imagem de Carnegie –, Vera Rubin teria oportunidade de se juntar à caçada dos objetos mais interessantes da astronomia.

Quasares – neologismo construído a partir do inglês *quasi-stellar radio sources* (fontes de rádio quase estelares) – são sinais pontuais potentíssimos, provavelmente vindos do espaço muito profundo. Sua descoberta, em 1963, trouxe para os astrônomos provas contundentes de que o Universo visto através das ondas de rádio não é o Universo que enxergamos com nossos olhos. E o trabalho com quasares que Vera Rubin e Ford realizaram com a ajuda do novo espectrógrafo de tubo de imagem foi recompensador. Apenas alguns meses depois de terem publicado uma de suas descobertas, Jim Peebles já usava os dados para fazer uma investigação teórica do Universo jovem. Vera estava animada. Ficou impressionada, porque sua pesquisa ajudava uma área que ela nunca pensara em estudar.

De modo geral, os dois anos que ela passou perseguindo quasares foram problemáticos.[47] A competição era grande, a disputa por tempo de observação nos grandes telescópios favorecia os astrônomos mais conhecidos das instituições renomadas; a pressão para conseguir dados para os colegas que não tinham acesso ao espectrógrafo de tubo de imagem era esmagadora. Muitas vezes eles insistiam em obter respostas, mesmo quando ela não tinha certeza sobre a correção desses resultados.

Não era assim que Vera queria fazer astronomia. Ela já tinha muitas pressões na vida pessoal; não precisava de pressões profissionais. Por isso desistiu dos quasares.

Vera começava a perceber que, no início da carreira, não sabia quais eram os principais temas da astronomia, porque nunca trabalhara nas principais instituições da área. Cornell não era nem Harvard nem o Caltech quando o assunto era astronomia; Gamow e De Vaucouleurs não eram os senhores de Monte Wilson ou de Monte Palomar. Naqueles dias, sua condição de outsider era acidental. Mas não agora. Pelo menos agora, dizia a si mesma, ela sabia quais os temas principais, sabia o que estava deixando para trás. Programaria suas observações de acordo com isso.

Vera precisava encontrar um assunto que ela pudesse estudar com um telescópio pequeno,[48] que estivesse disponível para alguém como ela. Queria uma linha de pesquisa com a qual ninguém se importasse. Mas também desejava que fosse algo que contentasse a comunidade científica, por saber que alguém estava fazendo aquilo.

Encontrou seu assunto na porta ao lado, cosmicamente falando: Andrômeda, uma galáxia parecida com a nossa, a mais próxima de nós.

"Dentro de uma galáxia, tudo se movimenta", escreveria Vera Rubin. "No Universo, todas as galáxias estão em movimento." A cada dois minutos,

> a Terra se move cerca de 4 mil quilômetros em sua órbita ao redor do Sol; o Sol se move cerca de 30 mil quilômetros em sua órbita ao redor do centro distante da galáxia. Durante uma vida humana média de setenta anos, o Sol se move cerca de 500 bilhões de quilômetros. Mesmo assim, isso é apenas um pequeno passo em sua grande órbita: o Sol leva 200 milhões de anos para dar uma volta completa ao redor do núcleo galáctico.[49]

Mas a escala do Universo é tão grande que os astrônomos não veem as galáxias girando. Se observadores em Andrômeda estivessem estudando nossa galáxia – cenário que Vera Rubin gostava de imaginar –, eles veriam uma espiral aparentemente imóvel. É assim que vemos a galáxia de Andrômeda. O espectrógrafo, porém, nos mostraria algo diferente: quanto a luz de Andrômeda estava desviada para o azul ou para o vermelho no espectro eletromagnético – com qual velocidade ela se aproximava ou se afastava de Vera Rubin.

Para todos os efeitos, ela havia mudado sua abordagem para usar o espectrógrafo de tubo de imagem. Continuava a buscar objetos cada vez menos brilhantes. Mas, em lugar de procurar mais e mais longe no espaço, buscava detalhes cada vez mais sutis na região próxima.[50] E fez isso em tempo recorde.

Quando o astrônomo americano Francis G. Pease estudou a mesma galáxia em 1916, ele precisou de 84 horas de exposição durante três meses para conseguir um espectro ao longo de um eixo da galáxia;[51] no ano seguinte, precisou de 79 horas durante três meses para obter o espectro ao longo do outro eixo. Os instrumentos haviam melhorado com o tempo, mas, mesmo em meados dos anos 1960, obter um só espectro de uma galáxia ainda exigia dezenas de horas ao longo de muitas noites (presumindo que você conseguisse guiar o telescópio com precisão suficiente e manter o espectrógrafo estável o bastante por um período tão longo, duas tarefas bem complicadas). Mas o novo instrumento de Ford reduzia o tempo de exposição em 90%. Obter de quatro a seis espectros em uma noite virou rotina. Vera viu no instrumento de Ford o potencial para medir os movimentos de rotação de Andrômeda mais longe do bojo central do que qualquer astrônomo jamais fizera com outra galáxia.

Várias e repetidas vezes Ford e Vera Rubin foram aos dois principais observatórios do Arizona. Volta e meia suas famílias viajavam juntas – Ford tinha três filhos, e as famílias se conheciam de Washington –, mas na maioria dos casos iam sozinhos. Na escuridão da cúpula, Vera e Ford batiam a cabeça – literalmente – à medida que cada um tentava orientar o telescópio. Em geral, porém, a competitividade ficava restrita a quem veria o primeiro cacto na viagem rumo ao sul, partindo do Observatório Lowell, em Flagstaff. Numa parte do caminho de cerca de 500 quilômetros – passando por Phoenix e Tucson, até Kitt Peak, com o tubo de imagem de Ford embalado em segurança, no banco de trás –, eles conversavam sobre os filhos. Mas durante a maior parte do tempo, naqueles dias e naquelas noites, falavam sobre ciência.

Na reunião da AAS de dezembro de 1968, Vera Rubin anunciou que ela e Ford haviam atingido o objetivo. Eles tinham se afastado mais do centro de Andrômeda que qualquer outro astrônomo que já observara uma galáxia. Depois da apresentação de Vera, Rudolph Minkowski, um dos mais importantes astrônomos daquela época, perguntou quando ela e Ford publicariam o artigo.

"Há centenas de outras regiões a observar", disse ela, referindo-se somente a Andrômeda. Poderia trabalhar para sempre na obtenção desses dados. Era lindo. Era limpo. Era inquestionável. Era o que era.

Dura e enfaticamente, Minkowski se dirigiu a ela: "Acho que você deve publicar o artigo agora."

Então ela e Ford publicaram. Mas eles sabiam que, antes que pudessem submeter um artigo formal sobre o assunto, teriam de abordar um problema que os assombrava praticamente desde a primeira noite de observação de Andrômeda.

Ao entrar na sala escura, Vera Rubin esperava encontrar o mesmo padrão de rotação vigente no sistema solar: quanto mais longe o planeta está do Sol, menor é sua velocidade orbital – exatamente como predizia a lei da gravitação universal de Newton. Um planeta que estiver quatro vezes mais longe do Sol que outro terá metade da velocidade deste último. Um planeta nove vezes mais distante se moveria com ⅓ da velocidade. Plutão está cem vezes mais longe do Sol que Mercúrio, então, ele deve se mover – e de fato se move – com ⅒ da velocidade de Mercúrio. Se você traçar um gráfico para a relação entre distância e velocidade – quanto maior a distância, menor a velocidade –, verá uma curva descendente, um comportamento de queda gradual.

Vera Rubin e Ford presumiam que iriam encontrar isso ao fazer esse tipo de gráfico usando as diferentes partes da galáxia: quanto mais longe a estrela estivesse do centro, menor sua velocidade. Isso era o que os astrônomos sempre fizeram – presumir uma curva descendente, como se a grande massa concentrada no bojo central da galáxia afetasse os braços espirais mais distantes da mesma forma que a grande massa do Sol afeta os planetas mais afastados. Mas os astrônomos não tinham observado isso de fato, porque, sem o espectrógrafo de Ford, não era possível fazê-lo. Em vez disso, simplesmente tomavam aquilo como verdade. Vera e Ford, porém, haviam levado as observações ao limite, ao ponto máximo suportado pelo espectrógrafo, aos confins da espiral. Mas perceberam que o gás e as estrelas das partes externas pareciam girar ao redor do centro da galáxia com a mesma velocidade que o gás e as estrelas das partes internas. Era como se Plutão se movesse com a mesma velocidade que Mercúrio. A curva de rotação de Andrômeda não era de forma alguma uma "curva".

Talvez o gás interagisse com as estrelas de um modo que Rubin não conhecia. Talvez Andrômeda fosse uma exceção. Talvez algum teórico pudesse dar uma explicação lógica. Eles submeteram o artigo ao *Astrophysical Journal* no verão de 1969; nele, Ford e Vera Rubin declaravam que "a extrapolação além dessas distâncias fica a gosto do freguês". O gosto de Vera dizia que plotar dados não existentes era "uma ofensa". Então ela e Ford concordaram que plotariam apenas o que tinham medido. Aquilo era o que era.

E o que era era uma linha horizontal.

Pouco depois de Vera Rubin ter terminado o trabalho com Andrômeda, seu bom amigo Morton Roberts, do Observatório Nacional de Radioastronomia, em Charlottesville, Virgínia, ligou para dizer que iria visitá-la. Tinha algo que queria lhe mostrar.

Eles se encontraram numa sala de conferências no porão do DTM, com um grupo de três ou quatro outros astrônomos do departamento. Roberts também andara estudando a curva de rotação de Andrômeda, só que suas observações haviam sido feitas nos comprimentos de onda do rádio. Ele colocou uma cópia do *Atlas das galáxias de Hubble* sobre a mesa e abriu-o numa foto de Andrômeda. Então pôs sobre a foto o gráfico de suas observações em rádio. Ele observara muito mais adiante que o usual ciclone de estrelas e gás, para além do ponto que Ford e Vera haviam alcançado com seus equipamentos óticos, num anel de nuvens de hidrogênio. Mas Sandra Faber, estudante de pós-graduação de Harvard que passava algum tempo no DTM, não se impressionou.[52]

"Não há nada de novo nisso", ela disse. "Tudo é parte do mesmo problema. A velocidade nunca fez muito sentido."

Ela estava certa. Como a própria Vera Rubin demonstrara, a velocidade das galáxias variava muito pelo céu. Contudo, para Sandra Faber, o problema era um dado. Ao contrário de Rubin, ela crescera num Universo com mais movimentos do que qualquer pessoa já tinha imaginado.

"Você não entende?", disse Roberts. "A galáxia terminou, mas as velocidades continuam constantes." Ele apontou para o gráfico. "Cadê a massa? Cadê a matéria? Tem que ter matéria ali."

Todos olharam para a foto. Ali estava um belo redemoinho de bilhões de estrelas – o tipo de imagem majestosa que cativara os astrônomos por mais de meio século –, mas não era para isso que eles olhavam. Eles estavam olhando além. Além do bojo, além das estrelas, além do gás nos braços espirais – além de toda a luz, fosse ela visível ou rádio. Mesmo que não houvesse nada para ser visto, aquele pequeno grupo de astrônomos entendeu que eles estavam de fato olhando para a galáxia de Andrômeda.

Ela era o que não era.

3. A escolha dos halos

No verão de 1969, Jim Peebles decidiu descobrir se o Universo era realmente simples.

Peebles havia passado o ano acadêmico anterior no Caltech, e agora ele e sua mulher, Alison, estavam no carro, viajando através dos Estados Unidos, de volta para casa, em Princeton. No caminho, pararam no Laboratório Científico de Los Alamos. O laboratório convidara Peebles a passar um mês lá, como parte de um programa cujo objetivo era abrir novas perspectivas para aquela comunidade científica insular no meio do deserto do Novo México. Los Alamos era o lugar onde tinham sido projetadas as primeiras bombas atômicas: uma para o teste Trinity, em 16 de julho de 1945, cerca de 300 quilômetros ao sul do centro, na árida planície próxima à cidade de Alamogordo; a segunda, "Little Boy",* lançada vinte dias depois, sobre Hiroshima; e "Fat Man", jogada três dias depois sobre Nagasaki. Em 1969, Los Alamos era uma das duas únicas instalações do governo a projetar armas nucleares (a outra era o Laboratório Nacional Lawrence Livermore, na Califórnia). Quando Peebles olhou ao redor, para os supercomputadores, ele percebeu, com sua agitação característica, que, já que estava ali, ia aproveitar para fazer alguma coisa.

Quarenta anos antes, Edwin Hubble havia descoberto provas de que o Universo se expande ao estudar o comportamento das galáxias. Retroagindo a expansão, como se rodasse um filme de trás para a frente, Georges Lemaître tivera a ideia de um átomo primordial. Peebles não acreditava

* As duas únicas bombas atômicas usadas na guerra entraram para a história com esses apelidos: "Menininho" (Little Boy) e "Gordo" (Fat Man). (N.T.)

que o Universo pudesse ser tão simples, mas agora ele se tornava um dos líderes desse movimento: homogêneo e isotrópico – um Universo que seria visto sempre da mesma forma, não importa onde você estivesse ou para onde você olhasse. Depois que Penzias e Wilson (e também Peebles e seus colegas de Princeton) encontraram provas do que teriam sido as condições necessárias para aquela "bola de fogo primordial",* Peebles passou a usar esse conhecimento para aprimorar sua compreensão da própria expansão. Era como se ele estivesse passando o filme do Universo de novo, mas, em vez de retroceder até o começo, avançando a história até os dias atuais.

Agora, *esse* era um filme a que ele gostaria de assistir.

O computador que Peebles usava em Los Alamos – um CDC 3600[1] – era muitas vezes mais potente que qualquer outro existente num campus universitário, e ele nem precisou recorrer ao dinheiro do Departamento de Física de Princeton.[2] Podia usar o computador o tempo que fosse necessário – a noite toda ou o fim de semana inteiro. E Peebles podia fazer isso mesmo que Los Alamos estivesse em estado de alerta por causa da Guerra Fria, e embora ele não fosse cidadão americano. Peebles migrara de Manitoba onze anos antes. Ele era cidadão canadense – oficialmente um estrangeiro. Mas o trabalho que estava fazendo parecia tão primitivo ou tão esotérico – ou os seus modos eram tão inofensivos, sua reputação tão sólida, sua habilidade computacional tão (relativamente) inexpressiva – que a equipe de segurança responsável por mantê-lo na linha era composta apenas por uma secretária que ficava sentada num canto da sala, tricotando.[3]

Peebles estava fazendo o que os cientistas chamam de simulação de *n*-corpos. Pegue um número qualquer – *n* – de pontos, programe-os para interagir de acordo com algumas regras preestabelecidas e veja o que acontece. No seu caso, Peebles usava trezentos pontos e fazia cada um deles ser uma galáxia num ponto específico do Universo[4] – o aglomerado de Coma,** o mais próximo e mais estudado aglomerado de galáxias. Ele daria

---

* Este era o nome preferido pelo Departamento de Física de Princeton, a partir de uma sugestão de John Archibald Wheeler (Peebles, 1969, p.18).

** Coma é o nome latino da constelação Cabeleira de Berenice. (N.T.)

a cada galáxia uma posição e uma velocidade baseadas em observações de galáxias reais daquele aglomerado, e ensinaria ao computador a lei da gravitação universal. E deixaria sua modelagem fazer o que quer que galáxias que interagem gravitacionalmente num Universo em expansão fazem ao longo de bilhões de anos.

Ele já andara pensando em como os aglomerados evoluem com o tempo e já tinha feito alguns cálculos durante sua estada no Caltech. Agora pegava aquela pesquisa inicial e a transformava num programa de computador. Ele próprio perfurava os cartões numerados, empilhava-os num recipiente de metal e dava início às simulações. No fim de uma simulação, os pontos haviam se movido um pouco. Ele transferia a imagem para um quadro de filme de 35 milímetros, e então fazia a próxima simulação, usando as posições das galáxias obtidas na simulação anterior. Novamente, por um período equivalente a milhões de anos, as galáxias mudavam sutilmente de posição. Quando Peebles já tinha imagens suficientes, ele colocava o filme num projetor e se sentava confortavelmente para assistir.

O Universo ganhava vida. As galáxias se moviam em recessão, seguindo o fluxo de expansão de Hubble. Mas então elas mudavam de comportamento. A velocidade diminuía, por conta da atração gravitacional entre elas, e as galáxias ficavam cada vez mais lentas, até que paravam de seguir o fluxo da expansão e começavam a se aproximar, caindo umas sobre as outras. As menores se aproximavam da maior galáxia por perto, formando blocos, e estes se atraíam, formando blocos de blocos. Quanto mais as galáxias se aglomeravam, mais se aglomeravam.

Mais ou menos simples.

De um jeito ou de outro, a pergunta sobre o quanto o Universo é simples havia se fixado na mente de Peebles desde a descoberta, havia quatro anos, da radiação cósmica de fundo (CMB, de Cosmic Microwave Background) a uma temperatura que se aproximava de sua previsão teórica. Apesar de sua desconfiança inicial em relação à cosmologia, agora ele julgava que essa área de conhecimento preenchia os pré-requisitos necessários para ser considerada uma ciência desde o começo dos anos 1930.[5] Edwin Hubble fornecera um conjunto de observações: a correlação direta entre as distâncias das galáxias e seus desvios para o vermelho. Georges Lemaître e Aleksandr Friedman haviam dado uma interpretação teórica para essas observações: um Universo em expansão a partir de um big bang. E não escasseavam perguntas para alimentar pesquisas futuras. A ideia de que o Universo teria um aspecto constante em grandes escalas (que ele era homogêneo) e para todos os lados (que ele era isotrópico) não era uma hipótese que Peebles teria formulado. E talvez seu preconceito contra abordagens simplistas o tivesse afastado das possibilidades científicas da cosmologia. Mas sua atitude estava mudando, antes mesmo de ele ter ouvido falar da detecção em 3K de Penzias e Wilson. Assim que terminou seus cálculos para a temperatura da radiação cósmica de fundo – uma previsão que poderia ser testada –, ele percebeu que devia levar a cosmologia a sério.

Imediatamente, ele e Dicke começaram a trabalhar num grande artigo, "Gravitation and space science",[6] que enviaram para a *Space Science Review* no começo de março de 1965,[7] mesma época daquele fatídico telefonema de Penzias. (Eles inseriram uma nota posterior sobre a detecção de Penzias e Wilson, e também sobre os dois artigos que sairiam no *Astrophysical Journal*.[8]) Dicke se encarregou de escrever a parte da física,[9] e Peebles fez a cosmologia. Como uma espécie de resposta atrasada ao professor de Rochester que, 25 anos antes, havia dito a Dicke que a física e a relatividade geral não tinham nada a ver uma com a outra, eles escreveram na Introdução: "Apesar de, num contexto limitado, a gravitação não ser muito importante para um físico, esta é uma interpretação muito inocente."[10] No primeiro parágrafo da seção "Cosmologia", Peebles ampliou essa ideia. Para os físicos, escreveu ele, a cosmologia não satisfaz apenas ao "interesse óbvio" pela origem do Universo; "precisamos da cosmologia como base para qualquer teoria completa das galáxias, e, consequentemente, do sistema solar".[11]

Para entender problemas específicos da evolução e estrutura do Universo – a organização das galáxias em aglomerados, por exemplo –, cabia deixar de lado qualquer hipótese residual que envolvesse um "universo-ilha". Era preciso aprender a pensar o Universo não somente como um conjunto de galáxias individuais, mas como a soma de todas elas – uma coisa unificada, um todo. Devia se ter em mente que, enquanto o todo (o Universo) estava se expandindo, suas partes (as galáxias) evoluíam. "A moral dessa seção", concluía Peebles doze páginas adiante, "é a unidade do Universo."[12]

Ao mesmo tempo que redigia "Gravitation and space science" com Dicke, Peebles começou a descrever uma investigação sobre como as condições primordiais do Universo poderiam dar origem às galáxias. Como o artigo que escreveu com Dicke, esse texto foi enviado no começo de março; mas, ao contrário do outro, ele sofreria modificações consideráveis para incorporar a descoberta da radiação em 3K. Quando o artigo saiu no *Astrophysical Journal*, em novembro de 1965,[13] os textos de Princeton e dos Laboratórios Bell já haviam sido publicados, e muitos dos colegas de Peebles já deixavam o modo "Por que devemos levar a cosmologia a sério?" e entravam no modo "Como é mesmo que essa tal de cosmologia funciona?".

Peebles mostrou como. Veja os cálculos. Veja as previsões e então veja as observações. Viu como elas se encaixam? Numa apresentação durante a reunião da Sociedade Americana de Astronomia,[14] Peebles andava para a frente e para trás diante do quadro-negro, se movimentando muito e balançando o giz, quando um astrofísico na plateia disse: "Você consegue provar qualquer coisa com matemática!"

Peebles se virou para seu interlocutor, com um largo sorriso. "Minha matemática pode parecer mágica", ele disse, enquanto dava passos confiantes, "mas posso assegurar a você que ela é impecável."*

"A radiação", Peebles explicou num de seus muitos artigos desse período, "nos presta um grande serviço definindo em que época as galáxias começam a surgir."[15] Essa época ocorreu quando a temperatura da bola de fogo primordial caiu abaixo dos 4.000K. Nesse momento, os elétrons e os prótons que estavam ricocheteando independentemente desde os instantes iniciais do Universo se recombinaram para formar os átomos de matéria. Essa matéria ganhou "vida" própria e se desacoplou da radiação – a radiação fóssil que sobrevive até hoje na forma da radiação cósmica de fundo.

* O astrofísico escreveu um bilhete de desculpas para Peebles na mesma noite.

E ainda que esse fundo parecesse tão uniforme – tão homogêneo – quanto o previsto pela teoria, ele não podia ser *totalmente* uniforme. Ele devia ter algumas irregularidades, ou inomogeneidades, que identificassem as concentrações de matéria existentes no instante em que a radiação e a matéria se desacoplaram e começaram a trilhar caminhos separados – a matéria que, através da interação gravitacional, formaria as "distribuições de massa e tamanho" em grande escala que vemos hoje: "galáxias e aglomerados de galáxias, e o material dentro das galáxias", incluindo nós mesmos.[16]

O Universo *era* simples. Ele só não podia ser *perfeitamente* simples. Mas, para os radiotelescópios da época, a radiação cósmica de fundo era absolutamente uniforme; ela não possuía as inomogeneidades necessárias para que pudéssemos existir. Eventualmente, astrônomos e físicos que quisessem testar a teoria do big bang deveriam desenvolver instrumentos sensíveis o bastante para detectar essas irregularidades sutis no fundo. Enquanto isso, Peebles prosseguia com cautela, como de costume.

Peebles já fizera o filme do Universo. Agora ele escrevia o livro. No segundo semestre de 1969, depois de ir do Caltech para Princeton, Peebles deu um curso de cosmologia na pós-graduação.[17] Seu colega John Archibald Wheeler – teórico lendário, presença constante em Princeton desde 1938, antigo colaborador de Einstein – sugeriu que Peebles usasse o curso como base para um texto, mas ele não concordou. Então Wheeler começou a frequentar o curso de Peebles, que ficava lá, no quadro, todo entusiasmado, falando, enquanto Wheeler sentava-se no fundo da sala, anotando tudo, provocando irritação no professor. Depois da aula, a coisa só piorava. Wheeler apresentava suas anotações a Peebles, escritas numa caligrafia perfeita. A "chantagem" – termo usado por Peebles – funcionou.

Wheeler logo percebeu que estava certo. Se a cosmologia realmente migrava da especulação para a ciência, da metafísica para a física, então ela merecia um livro-texto. Se uma nova geração fosse trabalhar nisso de forma correta, ela *carecia* de um livro-texto. Os livros de cosmologia usados eram aqueles que Peebles consultara quando estudante de pós-graduação, ao se preparar para os exames gerais; eles tinham teias de aranha e descreviam modelos de décadas atrás, preocupados mais com a simplicidade dos cálculos do que com as observações, mesmo porque, antes do advento da radioastronomia, essas observações não podiam ser feitas.

Peebles pensou em *Physical Cosmology* como o primeiro estudo detalhado da física do Universo quando jovem. Esse campo estava num estágio tal que ele conseguiu explicar tudo em 282 páginas. "O grande objetivo agora", escreveu na Introdução, "é nos tornarmos mais familiarizados com o Universo, sabermos se qualquer uma dessas representações pode ser considerada uma aproximação razoável, e, em caso positivo, melhorarmos essa aproximação."[18] Ele sempre se lembrava de uma conversa que tivera com o físico Philip Morrison logo depois da descoberta da radiação. Eles estavam numa sala cheia de gente. "Meça o nível de ruído nesta sala", falou Morrison, "e converta-o numa temperatura equivalente, e você terá um resultado absurdo. Como você sabe que não está fazendo a mesma coisa agora?"[19] A resposta de Peebles foi que ele não sabia. Ninguém sabia. Ainda que a descoberta da radiação em 3K tivesse lhe dado novo rumo na carreira e o houvesse inspirado a escrever um livro, ele tratava a radiação de fundo apenas como uma "candidata" a bola de fogo primordial.[20]

Peebles nem se aventurava pela área de pesquisa que tanto ocupava seu tempo naquela época – "o tópico abrangente da formação das galáxias e a tarefa presumivelmente correlata de entender irregularidades de todos os tipos no Universo em expansão".[21] Ele poderia descrever o comportamento dos aglomerados de galáxias, mas não o das próprias galáxias. Alguns artigos que havia lido – por exemplo, as observações em rádio de Andrômeda, feitas por Mort Roberts – indicavam que a curva de rotação das galáxias era plana. Embora ele incluísse a formação das galáxias nas palestras, esse tema não entrou no livro. Por mais que se pudesse considerar provisória a maioria do conhecimento cosmológico do livro, o que se sabia sobre formação de galáxias era tão incipiente que Peebles achou que aquilo não merecia constar de uma publicação daquele porte.

Peebles não se surpreendeu nem um pouco quando o astrônomo Jeremiah Ostriker, seu colega de Princeton, passou em sua sala para lhe dizer que não conseguia entender o comportamento da Via Láctea.[22] Ostriker vira a simulação de *n*-corpos que Peebles adorava mostrar às pessoas e lhe deu dicas na hora de escrever o artigo sobre o tema. (Com a ajuda de um aluno da pós, Peebles já estava usando $n = 2.000$.) Ostriker trabalhava com a rotação de objetos celestes desde os tempos de pós-graduação em Cambridge – o tema de sua tese fora rotação das estrelas. Desde o século XIX os cientistas sabiam que, se você girasse uma gota originalmente esférica, ela se tornaria cada vez mais achatada, e eventualmente tomaria o formato de uma barra. Ostriker tinha tratado as estrelas como gotas de um líquido – objetos passíveis de compressão – e descobriu que elas também ficariam achatadas. Havia pouco tempo, contou ele a Peebles, tinha visto uma representação da Via Láctea: um disco achatado como as outras galáxias espirais que os astrônomos já conheciam aos milhares. Ele percebeu de cara que a Via Láctea devia ter assumido o formato de barra ou se partido em duas galáxias após uma rotação. E agora a Via Láctea já tinha idade para ter completado uma dúzia de voltas.

"Há algo estranho aqui", disse Ostriker.

Peebles concordou. Ele começou a criar uma simulação de *n*-corpos para a Via Láctea. Colocou os pontos numa formação espiral com movimento de rotação. Tal como o esperado, os pontos interagiram de forma catastrófica nos primeiros 200 milhões de anos. Ele e Ostriker precisariam de algo mais para estabilizar o sistema, uma massa circundante a fim de segurar tudo com a gravidade. Algo que você não pudesse ver no telescópio – pelo menos ainda não –, mas que devia estar lá. Algo que Peebles e Ostriker iriam acrescentar ao modelo computacional.

Para a primeira simulação da rotação da galáxia com esse componente adicional de massa, a quantidade de massa não era relevante; ela simplesmente serviria de base para comparações futuras.[23] Ostriker e Peebles envolveriam a galáxia visível com uma massa e observariam o que iria acontecer. Se eles rodassem a simulação e a estrutura ficasse estável, encolheriam o halo até que a situação se tornasse instável. Se rodassem a simulação e a estrutura ficasse instável, aumentariam o halo até obter um resultado estável.

Peebles se conformou. "Só escolha um halo."

E eles escolheram – um halo grande, que englobava grande parte da galáxia visível. De novo a Via Láctea se desestabilizou. Eles tentaram um halo maior. Novamente uma galáxia instável. Outro halo, outra instabilidade. E mais outro e outro.

O resultado não chegou a surpreender Peebles. O problema da "massa faltante" rondava a astronomia havia décadas, quase desde que os astrônomos haviam tomado conhecimento da existência das galáxias. Mas o problema sempre esteve relacionado aos *aglomerados* de galáxias. Em 1933, o astrônomo suíço Fritz Zwicky, trabalhando no Caltech, estudou oito galáxias no aglomerado de Coma, comparando a massa que obteve a partir das velocidades relativas entre elas à massa que se esperava obter julgando pelas aparências.[24] Sua conclusão foi que a densidade do grupo deveria ser quatrocentas vezes maior do que o sugerido pela abordagem apenas visual.* Se os astrônomos não conseguissem resolver essa discrepância, escreveu ele numa publicação suíça, "chegaríamos a uma conclusão impressionante": a densidade da matéria luminosa em Coma deve ser minúscula se comparada à densidade de algum tipo de *dunkle* – ou escura – *Materie* – ou matéria. Três anos depois, o astrônomo Sinclair Smith publicou um artigo no *Astrophysical Journal* sobre padrão similar encontrado no aglomerado de Virgem, sugerindo a presença de "uma grande massa de material internebular dentro do aglomerado".[25] Naquele mesmo ano, Edwin Hubble abordou o problema em seu famoso livro *The Realm of the Nebulae*: "A discrepância parece real e é importante."

"A discrepância é tão grande", Zwicky escreveu em 1937, "que se tornaram necessárias novas análises do problema."[26]

Novas análises foram feitas, mas esporadicamente e sem muitas conclusões. Na ciência, o progresso muitas vezes segue uma lógica simples: você aborda os problemas que têm mais chance de solução ou os que apresentam maior necessidade de resolução. A astronomia na era pós-Hubble, de muitas galáxias, apresentava inúmeros problemas desse tipo. Mas o movimento de objetos malcompreendidos (as galáxias) em formações que podiam ser ou não casuais (os aglomerados) não era um deles. O próprio

* Esse resultado foi refinado posteriormente por outros astrônomos, caindo para cinquenta vezes. Mesmo assim...

Peebles considerava o problema da massa faltante um daqueles assuntos a serem tratados num bate-papo na hora do cafezinho, como, por exemplo, a pergunta sobre o que teria existido antes do Universo.[27]

Porém, o crescimento da cosmologia como uma ciência de verdade, no final dos anos 1960, tornou o problema da massa faltante importantíssimo. Se considerássemos a evolução do Universo nas maiores escalas – como Peebles havia feito no *Physical Cosmology* –, não poderíamos ignorar o comportamento das maiores estruturas do Universo, os aglomerados de galáxias. Sua conclusão, porém, apenas reforçava o que Zwicky e Hubble já haviam dito havia mais de três décadas: "Precisamos urgentemente de dados para comparação."*

Agora, porém, ele tinha um problema similar em suas simulações de galáxias individuais, e percebia um padrão parecido em artigos que falavam de curvas de rotação constantes em várias galáxias. E se a massa faltante não fosse uma questão apenas nos aglomerados de galáxias? E se fosse também nas galáxias individualmente? E se fosse *o mesmo problema*?

Peebles e Ostriker continuaram aumentando o halo da galáxia. Somente quando fizeram uma simulação em que o halo invisível tinha tanta massa quanto as partes visíveis da galáxia – o disco de estrelas e gás, o bojo central e os braços espirais –, o sistema se mostrou estável. Em 1973, os dois publicaram um artigo dizendo que "as massas do halo da nossa galáxia e de outras galáxias espirais *externas* ao disco observável podem ser extremamente grandes".[28]

No ano seguinte, trabalhando com um pesquisador de pós-doutorado, eles escreveram outro artigo sobre o assunto. Em vez de alimentar seus computadores com modelos hipotéticos, analisaram observações que os astrônomos já haviam feito. Examinaram os dados de galáxias individuais. Examinaram os dados de galáxias binárias – pares de galáxias em que cada uma delas interage gravitacionalmente com a outra de forma intensa.

---

* Num artigo de 1969, que escreveu a partir de uma palestra dada dois anos antes, Peebles menciona que a densidade de matéria nas galáxias "pode ser maior por causa da matéria escura" – talvez o primeiro uso desse termo desde Zwicky. Mas foi uma ocorrência rara. Peebles usava o termo-padrão "matéria faltante".

Examinaram os dados de galáxias-satélites – galáxias elípticas anãs que orbitam grandes galáxias espirais. Quando terminaram, eles reuniram todos os dados numa grande tabela, compilaram a análise que haviam feito e declararam, na frase inicial desse segundo artigo, algo enganadoramente simples: "Cada vez há mais motivos, em quantidade e qualidade, para acreditar que as massas das galáxias comuns podem ter sido subestimadas por um fator de dez ou mais."[29]

Simplesmente brilhante.[30] Vera Rubin leu a frase de abertura daquele segundo artigo e reconheceu uma ampliação de horizontes e um frescor de ideias que poderiam mudar toda uma área de estudo. E ela não estava sozinha. Os dois textos causaram sensação, mas não aquela que Peebles e Ostriker teriam imaginado. As pessoas sentiam raiva. Enquanto Peebles nem percebia isso (observadores bravos com os teóricos? Que seja![31]), Ostriker sentia tanta hostilidade que pensou:[32] será que os astrônomos realmente leram o que estava escrito? Ou ainda exibiam uma reação visceral em relação à possibilidade de que eles tivessem o tempo todo estudado apenas 10% do que realmente está lá fora? De qualquer modo, a maioria dos astrônomos ainda não havia criado o hábito de pensar na relação entre galáxias e gravidade.

Vera Rubin já tinha esse hábito. Depois que ela e Kent Ford terminaram o artigo sobre Andrômeda, em 1969, Vera voltara sua atenção para o problema que motivara sua dissertação de mestrado: o Universo gira? Ou, em termos mais profissionais, a distribuição e a velocidade das galáxias sugeria uma falta de uniformidade além do Universo local – numa escala que poderia tornar o Universo algo menos simples?

Vinte anos haviam se passado desde a rancorosa reunião da AAS em Haverford. Vera Rubin não era mais uma neófita desconhecida que se apoiava no trabalho de astrônomos de verdade. Ela já tinha uma reputação própria (e não como Vera Hubin); seu trabalho inicial fora vingado. Gérard de Vaucouleurs, habitual correspondente de Vera nos anos 1950, publicara muitos artigos ao longo dos anos mostrando resultados similares aos dela. Já nos anos 1970, o padrão de distribuição não uniforme numa escala relativamente local já era, como ela escreveu num artigo daquele período, "muito discutido";[33] seus colegas astrônomos tinham se rendido às evidências de que algumas galáxias se aproximavam umas das outras, mesmo com o Universo em expansão. O pressuposto generalizado, porém, era de que, a grandes distâncias, o Universo seria igual em todas as direções – que qualquer desvio da homogeneidade e da isotropia era local, e de que em grandes escalas as galáxias teriam uma distribuição uniforme. A pergunta que Ford e Vera Rubin (e sua filha Judith, aluna de Radcliffe) fariam era: as galáxias realmente se comportavam assim?

"Os resultados", eles escreveram em 1973, enquanto ainda reuniam os dados, "são tão robustos que decidimos apresentá-los de forma preliminar."[34]

Mais uma vez Vera Rubin observou que as galáxias não possuíam apenas o movimento de recessão resultante da expansão, mas também movimentos próprios. Nesse caso, um grupo de galáxias locais parecia correr junto na direção de um ponto no céu. Mais uma vez grande parte da comunidade rejeitou a conclusão. O efeito Rubin-Ford, como ficou conhecido, foi alvo de discussões virulentas em congressos. Astrônomos preeminentes imploravam para que Vera abandonasse essa linha de pesquisa antes que ela estragasse sua carreira. Mas ela e Ford levaram a missão observacional até o fim, e em 1976 publicaram um conjunto completo de dados em dois artigos que, para eles, mostravam que o efeito Rubin-Ford era real.[35]

Como sempre, Vera não gostou da controvérsia. Ela detestava quando todo mundo duvidava dos mínimos detalhes de seu trabalho.[36] Não queria ser obrigada a defender seus dados. Não queria ter de defender o Universo. Ela costumava dizer que não era "inteligente o bastante" para saber por que o Universo era daquele jeito: "Eu poderia projetar as entranhas de uma mulher. Mas o Universo eu não conseguiria."[37] O Universo era o que era. E ela era o que era. Pouco depois de ter publicado os artigos sobre o efeito Rubin-Ford, Vera foi a uma conferência sobre galáxias em Yale; acima da porta de entrada pendia uma faixa gigantesca: ASTRÔNOMOS.[38] Ela entrou. "Tudo bem", pensou, ironicamente, "agora eu sou astrônoma."

Além disso, ela e Ford tinham outro objetivo.[39] Eles haviam deparado com uma continuação do fenômeno que tinham estudado no artigo de 1970 sobre Andrômeda e que Mort Roberts lhes mostrara em suas observações em rádio da mesma galáxia. Nas observações que fizeram, e que os levaram a propor o efeito Rubin-Ford, eles estudaram galáxias muito mais distantes que Andrômeda, portanto bem menores do ponto de vista de um observador na Terra. Eles podiam ver a galáxia toda de uma vez só. No fim, estudaram sessenta galáxias, e, embora Vera Rubin tenha usado o espectroscópio para medir o movimento da galáxia como um todo, as curvas de rotação estavam lá, um tênue efeito residual. Essas curvas de rotação também eram horizontais, como as de Andrômeda, pelo menos à primeira vista. Será que elas ainda seriam horizontais se fossem examinadas mais detalhadamente? Vera decidiu fazer o que um observador faz: observar.

No artigo de 1970, ela e Ford tinham observado a periferia de Andrômeda até o máximo permitido pela tecnologia da década de 1960. Em 1974, um novo telescópio de 4 metros foi inaugurado em Kitt Peak, com o dobro do diâmetro e, portanto, com área de absorção quatro vezes maior do que o que eles tinham usado para observar Andrômeda. A combinação entre o espectrógrafo de Ford e o telescópio significativamente maior lhes permitiria levar seus estudos sobre o Universo a galáxias mais distantes, e também a periferias mais afastadas das galáxias espirais. Em 1978, Ford e Vera Rubin publicaram as curvas de rotação de outras oito galáxias: todas horizontais.[40]

Mais uma vez os radioastrônomos obtinham os mesmos resultados. Mort Roberts ampliou suas observações sobre um anel de nuvens de hidrogênio gasoso que ficava além do redemoinho visível de estrelas e gás. Em 1975, Roberts e um colaborador descobriram que, mesmo ali – com a metade do tamanho de Andrômeda além do que as gerações anteriores de astrônomos acreditavam ser a galáxia em sua totalidade –, a rotação não diminuía.[41] O gráfico era essencialmente horizontal, como se até a essa grande distância a galáxia estivesse girando numa velocidade suicida. Um estudo de 1978 também usando esse método encontrou o mesmo formato para o gráfico de 22 outras galáxias, de um total de 25 observadas.[42]

Vera Rubin havia conseguido o que queria. Os dados falavam em uníssono, e o que eles falavam era: as galáxias viviam com grande velocidade, mas não morriam logo.* Observadores e teóricos questionaram as evidências e conferiram as metodologias, como se esperava. Alguns disseram que as observações em rádio eram por definição imprecisas:[43] elas cobriam uma parte do céu muito grande para fornecer dados confiáveis. Alguns diziam que os dados óticos, como os de Vera Rubin, sofriam um direcionamento;[44] ela apenas observava galáxias muito luminosas porque elas eram as mais facilmente encontradas, e talvez suas massas não fossem representativas. Alguns sugeriram que as galáxias elípticas não teriam as mesmas curvas de rotação horizontais que as galáxias espirais. Contudo, mesmo os críticos mais ferrenhos encontravam dificuldade para refutar a uniformidade dos dados. Diferentes gráficos de diferentes astrônomos em diferentes revistas – tudo que um cético precisava fazer era olhar para as curvas de rotação. Você podia ver onde estavam as fontes de luz. Podia ver onde os movimentos das galáxias diziam que a massa deveria estar. E podia ver que as duas coisas não se coadunavam.

Em 1979, num artigo na *Annual Review of Astronomy and Astrophysics*, dois astrônomos – incluindo Sandra Faber, que não tinha se impressionado com a curva de rotação horizontal apresentada por Mort Roberts quando ela era aluna de pós-graduação em visita ao DTM – pesquisaram todas as evidências que conseguiram encontrar. "Há mais numa galáxia do que a vista alcança (ou do que pode ser revelado numa fotografia)?", escreveram eles na frase de abertura.[45] A conclusão, 47 páginas depois de uma análise exaustiva, era: "Após estudarmos todas as evidências, nossa opinião é de que as provas da existência de massa invisível no Universo são e estão ficando cada vez mais sólidas."[46]

Alguns anos antes, Vera Rubin havia saído da conferência sobre galáxias em Yale com a impressão de que, como ela escreveu, "muitos astrônomos tinham a esperança de que a matéria escura poderia ser evitada".[47] Agora a

* "Living fast, but not dying young": clara alusão à famosa frase "live fast, die young, and have a good-looking corpse", do filme *O crime não compensa* (*Knock on Any Door*, 1949). (N.T.)

publicação detalhada de Faber e Jay Gallagher deixara os astrônomos com um sentimento de que seu objeto de estudos sofria de "massa faltante" – embora esse termo se mostrasse cada vez mais equivocado.[48] Afinal, o problema não era que os astrônomos não soubessem onde estava a massa. Eles sabiam. Ela estava no halo – ou pelo menos num "envelope massivo", termo que Faber e Gallagher adotaram para manter a "neutralidade" em relação à forma. O problema para os astrônomos é que eles não conseguiam vê-la. Não com os olhos, não com um telescópio ótico tradicional, não com um telescópio que podia ver em todos os comprimentos de onda da luz. Nesse caso, a massa não estava "faltando". Ela era simplesmente – para usar um termo que Zwicky empregara em 1933 – *dunkle*: escura.

"Ninguém nunca nos disse que toda matéria irradia", gostava de observar Vera Rubin. "Nós simplesmente presumimos isso."[49] O tom de sua voz, na sala de Dicke, no dia em que ele recebeu o telefonema sobre a detecção feita nos Laboratórios Bell, não era de desapontamento. Ao contrário, Vera acreditava que, "ao reconhecer que estudam somente os 5% ou 10% do Universo que são luminosos", os astrônomos "farão seu trabalho com certo prazer".[50]

Nós éramos vítimas de uma pegadinha. Em 1609, Galileu descobriu, ao olhar o espaço cada vez mais distante, que podia ver mais coisas do Universo. Desde meados do século XX, os astrônomos haviam descoberto que observar o espectro eletromagnético mais longe do que era possível com o telescópio ótico permitia ver *ainda mais* do Universo – incluindo o eco de suas origens. E agora, se você fosse Vera Rubin, podia olhar acima de sua mesa e vislumbrar uma gigantesca foto de Andrômeda que você tinha pendurado no teto, e podia se perguntar, com muito mais sofisticação que uma criança de dez anos olhando pela janela de seu quarto, mas com a mesma admiração insaciável: como seria possível ver mais que o espectro eletromagnético – ver mais do que ver?

PARTE II

Ora, vejam só!

4. Entrando no jogo

O peso do Universo. A forma do Universo. O destino do Universo.

Eles conversavam nesses termos. Usavam esse jargão retumbante em pedidos de verba para pesquisa. Também a empregavam em material de propaganda para atrair alunos de pós-graduação. E com os outros colegas do grupo, gabando-se uns com os outros de que afinal seriam eles a resolver alguns dos mais profundos mistérios da cosmologia – e da própria civilização. Ainda recorriam a esses termos quando precisavam se sentir seguros de que não reconstruíam a Torre de Babel nem brincavam de Ícaro, que realizavam o experimento em nome da ciência, e não do orgulho.

Tudo bem, talvez houvesse um pouco de vaidade. Saul Perlmutter não era um astrônomo nato. Ele não tinha colecionado peças de telescópios quando criança, não fizera desenhos dos movimentos celestes, não sonhara com solitárias noites de vigília no topo de uma montanha, só ele e o céu. Carl Pennypacker também não era astrônomo nato, embora pelo menos seu doutorado em física tivesse um tema correlato, astronomia no infravermelho. Os outros membros da equipe tampouco eram astrônomos. Nenhum deles viera para o Laboratório Lawrence Berkeley (LBL, como é conhecido o Lawrence Berkeley National Laboratory) a fim de fazer astronomia; astronomia não era algo a que o LBL se dedicasse normalmente. Ainda assim, eles tinham motivos para acreditar que estavam no lugar certo e na hora certa.

O lugar certo porque o LBL e a Universidade da Califórnia em Berkeley tinham acabado de vencer uma concorrência do governo para montar um novo centro de pesquisa. O nome da proposta era Centro de Astrofísica de Partículas, e como as "partículas" do título se referiam à matéria escura, eles poderiam tê-lo batizado como Centro de Matéria Escura – e, como o primeiro diretor do centro disse certa vez, provavelmente o teriam feito, se tivessem pensado nisso antes.[1]

A hora certa porque, nos anos 1980, os cientistas podiam trabalhar sobre o pressuposto de que já tinham conhecimento do início e do meio da narrativa cósmica. Eles sabiam que o protagonista – o Universo – se expandia. Possuíam uma explicação razoável para como ele tinha chegado a esse ponto de sua história – o big bang. Agora podiam se perguntar: o que acontecerá com "nosso herói"?

Será que o Universo tem matéria suficiente para frear a expansão, de tal modo que um dia ele atingirá seu tamanho máximo, irá parar e inverter seu movimento, como a trajetória de uma bola jogada para o alto? Num Universo assim, o espaço seria finito, curvado sobre si mesmo, como um globo.

Ou será que o Universo tem tão pouca matéria que a expansão jamais irá cessar, seguindo para sempre, como no movimento de um foguete que abandona a atmosfera da Terra? Num Universo assim, o espaço seria infinito, curvado em outra direção, como uma sela.

Ou será que o Universo tem a quantidade exata de matéria para frear a expansão e fazê-la parar? Num Universo assim, o espaço é infinito e plano.

Inspirados no exemplo do big bang, os astrônomos deram nomes inadequadamente animadores para os dois primeiros casos: big crunch (muita matéria) e big chill (pouca matéria);* a terceira possibilidade é o "Universo Cachinhos Dourados" (tudo na conta certa). Apenas com uma medida, os astrônomos poderiam determinar o peso, a forma e o destino do Universo.

Antes dos anos 1980, os astrônomos sabiam com certeza que a quantidade de matéria no Universo tem efeito direto sobre sua taxa de expansão. O que não sabiam é que eles desconheciam 90% ou mais de toda a matéria. As consequências cosmológicas dessa descoberta logo ficaram evidentes. "Só quando soubermos as características e a distribuição espacial da ma-

---

* A exemplo de big bang, usam-se os termos em inglês, e eles podem ser traduzidos, respectivamente, por "grande colapso" e "grande frio" (ou "grande silêncio"). (N.T.)

téria escura", escreveu Vera Rubin na *Science* logo depois que a ideia ganhou aceitação generalizada, "poderemos prever se o Universo tem alta densidade, de modo que a expansão será freada, e o Universo passará a se contrair; ou se tem baixa densidade e se expandirá para sempre."

Agora Perlmutter e Pennypacker se propunham a efetuar as medições. Eles sabiam que escrever o capítulo final da história do Universo seria desafiador ao extremo, e imaginaram que isso levaria, hum... uns três anos.

A PERGUNTA DE COMO o Universo vai acabar é tão velha quanto a civilização, mas a diferença é que agora os cientistas tinham possibilidade de fazer as medições cruciais. Como a descoberta da temperatura de 3K tinha concordado com uma previsão feita pela teoria do big bang, ela mostrou aos astrônomos o que esperar da cosmologia: talvez ela fosse uma ciência, afinal. Mas a descoberta da 3K também mostrou *como* pensar em cosmologia: se você quer entender a história e a estrutura do Universo – se você quer fazer cosmologia –, deve cumprir o que Bob Dicke e Jim Peebles estavam desesperados para fazer mesmo antes da descoberta da radiação cósmica de fundo: pensar a gravidade na escala do Universo.

Não que os astrônomos tivessem ignorado por completo a relação entre gravidade e Universo. Grande parte da física moderna e toda a astronomia moderna surgiram dos esforços épicos de Newton para obter uma lei da gravidade que fosse universal. Em *Principia*, publicado em 1687, ele encarou o desafio proposto por Platão, de descobrir as fórmulas matemáticas que descrevessem os movimentos celestes. O telescópio dera aos astrônomos uma ferramenta física para registrar esses movimentos com detalhes cada vez maiores. No entanto, foi a matemática de Newton que lhes forneceu a ferramenta mental para entender os movimentos. A lei da gravitação universal foi o que permitiu à cosmologia ser uma ciência.

Mas ela também trouxe um problema, uma espécie de silogismo: 1) o Universo está cheio de matéria; 2) matéria atrai matéria por causa da gravidade; 3) portanto, o Universo deve estar colapsando. Então, por que não estava?

Essa foi a pergunta que o padre Richard Bentley fez a Newton em 1692, quando preparava uma série de palestras sobre fé, razão e o então recém-publicado *Principia*. Newton reconheceu que sua argumentação determinava

> que todas as partículas num espaço infinito estivessem em posições tão precisamente calculadas que o resultado seria o equilíbrio perfeito. Eu considero isso tão difícil quanto manter não uma, mas infinitas agulhas (tantas quantas são as partículas num espaço infinito) verticalmente equilibradas sobre as pontas.[2]

Como seria possível um equilíbrio desses? Numa edição posterior de *Principia*, Newton acrescentou um "Comentário geral" em que postulava uma resposta – a vontade de Deus: "E, para que os sistemas das estrelas fixas não caiam uns sobre os outros por força da gravidade, Ele os colocou a distâncias imensas uns dos outros."[3]

O que tornava a cosmologia cientificamente suspeita para os investigadores da natureza não era apenas essa invocação de uma causa sobrenatural – uma causa que estava, literalmente, além da natureza. O problema era o efeito. Ou, mais exatamente, a *ausência* de efeito. A física de Newton baseava-se toda em causa e efeito, matéria e movimento. No entanto, o que ele propunha nesse caso era a *ausência* de interação gravitacional entre os corpos do cosmo. Tendo concebido a gravidade como uma ação a distância, Newton sugeria agora a necessidade de uma *inação* a distância.

Pelas décadas e pelos séculos seguintes, quanto mais os astrônomos descobriam sobre o sistema das "estrelas fixas" – que elas não são fixas, afinal, mas estão em movimento relativo entre si, e que o sistema de estrelas não fixas como um todo, nossa galáxia, gira ao redor de um centro comum –, menos satisfatória era a explicação de uma inação a grandes distâncias.

Einstein fez pequenos ajustes na teoria da gravidade de Newton. Em sua teoria da relatividade geral, de 1916, ele apresentou fórmulas matemáticas que se encaixavam aos movimentos celestes de maneira um pouco mais precisa que as de Newton. Porém, também teve de levar em conta um Universo que, como era evidente pelas "pequenas velocidades das estrelas", não desabava sobre si mesmo.[4] Em seu artigo de 1917, "Considerações cosmológicas sobre a teoria da relatividade geral", ele acrescentou um elemento arbitrário em sua equação – o símbolo grego lambda, significando "no momento desconhecido"[5] – para representar qualquer coisa que impedia o Universo de colapsar. Como Newton, Einstein não formulou hipótese alguma sobre o que seria isso. Era apenas... lambda. Mas então, pouco mais de uma década depois, veio o Universo de Hubble, e com ele uma solução imprevista e elegante para o problema da ausência de colapso: o Universo não desaba sobre si mesmo porque ele está em expansão.

Newton não precisava de Deus e Einstein não precisava de lambda. Em 1931, Einstein viajou da Alemanha até o Observatório de Monte Wilson, nas montanhas a nordeste de Pasadena, para visitar Hubble. Depois de analisar ele próprio os dados da expansão, descartou seu elemento arbitrário. Olhando para trás – como perceberam os físicos com certa tendência filosófica –, o problema da cosmologia não era uma causa sobrenatural (Deus). E também não era um efeito ilógico (inação a distância). Era o pressuposto inconsciente por trás do silogismo, a premissa de todo o debate sobre a cosmologia como ciência: o Universo era estático.

Se você visse o Universo como ele era, como o próprio Einstein fez, inconscientemente presumiria que, no geral, ele era imutável ao longo do tempo. Mas o Universo (mais uma vez) não era o que parecia. Ele não era estático. Ele se expandia, e a expansão era mais forte que os efeitos gravitacionais – pelo menos por enquanto.

Mas e ao longo do tempo? Um novo silogismo se formou: 1) o Universo está se expandindo; 2) o Universo está permeado de matéria que atrai matéria pela força da gravidade; 3) portanto, a expansão deve estar diminuindo de ritmo. A pergunta básica para os aspirantes a cosmólogo não era mais "*Por que o Universo não está colapsando?*", mas "*O Universo vai colapsar?*".

Desde que Hubble descobrira evidências de que o Universo se expandia, os astrônomos sabiam como medir a taxa de desaceleração dessa expansão, pelo menos em tese. Hubble tinha usado a relação estabelecida por Henrietta Swan Leavitt, entre o período e a luminosidade das estrelas variáveis cefeidas, para determinar as distâncias até as galáxias próximas. E utilizou os desvios para o vermelho dessas galáxias como equivalentes de suas velocidades à medida que se distanciam de nós. Quando ele construiu um gráfico com distâncias e velocidades, concluiu que eram diretamente proporcionais entre si: quanto maior a distância, maior a velocidade. Quanto mais longe está uma galáxia, mais depressa ela se afasta de nós. Essa relação unívoca figurou no gráfico como uma linha reta com 45° de inclinação. Se o Universo estivesse se expandindo a uma taxa constante, a linha reta se estenderia até onde conseguíssemos observar com nossos telescópios.

Mas o Universo está cheio de matéria, e a matéria se liga à matéria pela força da gravidade, portanto, a expansão não pode ser uniforme. Em algum confim da relação de Hubble, as galáxias deveriam se desviar da linha reta. A plotagem desses pontos no gráfico lentamente se curvaria rumo a maiores luminosidades. A intensidade desse desvio em relação à reta diria o quanto mais brilhantes as galáxias seriam nesse desvio específico para o vermelho do que no caso de um Universo que se expandisse em taxa constante. E o quanto mais brilhante elas eram – o quão mais perto estavam – nos diria o quanto a expansão diminuía.

Para fazer essa diferenciação, os astrônomos teriam de continuar a plotar distâncias contra velocidades. Para o eixo das velocidades, eles podiam prosseguir usando o desvio para o vermelho. Mas para as distâncias eles tinham um problema. As variáveis cefeidas são visíveis apenas em galáxias relativamente próximas. Para observações distantes, os astrônomos precisavam de alguma outra fonte de luz que tivesse uma luminosidade-padrão, objetos celestes aos quais eles pudessem aplicar a lei do inverso do quadrado, de Newton, como se fossem velas a distâncias cada vez maiores.

Desde que Hubble descobrira evidências da expansão do Universo, os astrônomos já sabiam de um candidato a vela-padrão que a equipe de Berkeley acabaria por estudar. Em 1932, o físico britânico James Chadwick descobriu o nêutron, uma partícula sem carga que se soma ao positivo próton e ao negativo elétron. Em 1934, Fritz Zwicky, aquele mesmo astrofísico do Caltech que sugerira que os aglomerados de galáxias estavam cheios de matéria escura, fez um trabalho com Walter Baade, astrônomo de Monte Wilson, calculando e mostrando que, sob certas circunstâncias, o núcleo de uma estrela poderia sofrer uma série de reações nucleares e colapsar. A implosão causaria uma recessão rumo ao centro da estrela na velocidade de 65 mil quilômetros por segundo, criando uma violenta onda de choque que expulsaria as camadas externas da estrela. Baade e Zwicky descobriram que o núcleo ultracompacto remanescente da estrela seria formado pelos nêutrons de Chadwick, pesando 350 mil toneladas por centímetro cúbico, com cerca de 100 quilômetros de diâmetro.

Os astrônomos já conheciam um tipo de estrela que de repente ficava muito brilhante, para depois ir se apagando, e a batizaram de "nova" (uma "estrela nova" por causa do brilho intenso inicial, sugerindo que ela era "nova" para nós). Baade e Zwicky decidiram que sua estrela explosiva merecia uma classificação própria: "supernova".

Quase ao mesmo tempo, Zwicky deu início a uma busca de supernovas. Ele ajudou a projetar um telescópio de 45 centímetros que se tornou o primeiro instrumento astronômico a ser usado em Monte Palomar, e logo os jornais e revistas de todo o país relatavam quantos "suicídios estelares" a busca havia revelado. Enquanto isso, Baade sugeria que, como as supernovas pareciam surgir a partir de uma mesma classe de objetos, elas talvez servissem como vela-padrão, embora ele tenha sido cauteloso num artigo de 1938, ao escrever: "Provavelmente alguns anos se passarão até que dados melhores estejam à nossa disposição."[6]

A espera foi de meio século. Em 1988, a Fundação Nacional de Ciências (NSF, na sigla em inglês de National Science Foundation) deu à Universidade da Califórnia em Berkeley US$ 6 milhões para serem usados ao longo de cinco anos, a fim de que se criasse o Centro de Astrofísica de Partículas. O centro desenvolveria várias abordagens em relação ao mistério da matéria escura. Uma delas era tentar detectar partículas de matéria escura em laboratório. Outra era procurar sinais de matéria escura na radiação cósmica de fundo. A terceira abordagem pesquisava teoricamente a matéria escura. E outro grupo tentaria determinar o quanto de matéria, escura ou não, existiria usando supernovas como vela-padrão.

O ceticismo era alto. Físicos fazendo astronomia? Pennypacker e Perlmutter sabiam que eles eventualmente teriam de convencer a comunidade astronômica, fechada e insular como todas as outras comunidades científicas, de que físicos trabalhando numa instituição de física de partículas seriam eficazes nessa linha de trabalho. Mas primeiro eles precisavam convencer a si mesmos.

O LBL INVENTOU o acelerador de partículas tal como nós o conhecemos.[7] No final da década de 1920, o físico cujo nome seria dado ao laboratório, Ernest Lawrence, concebeu um acelerador que não disparava partículas em linha reta, como os aceleradores lineares, mas em círculos. Ímãs posicionados estrategicamente repeliam as partículas apenas o suficiente para forçá-las a fazer uma curva fechada, repetidas e repetidas vezes, cada vez mais rápido, alcançando níveis mais altos de energia. O primeiro "carrossel de prótons" de Lawrence – ou cíclotron – tinha 12 centímetros de diâmetro, pequeno o suficiente para caber dentro de qualquer armário do Departamento de Física no campus. Em 1931 ele já ocupava um prédio abandonado, o antigo laboratório de testes da Engenharia Civil – a primeira sede oficial do Laboratório de Radiação do LBL. Em 1940, uma versão do cíclotron já tinha mais de 4,5 metros de diâmetro, e o experimento era grande demais para o Laboratório de Radiação. Lawrence obteve da universidade um terreno perto do campus. Mas seu legado não seria apenas o complexo de construções que através das décadas surgiria ao longo da estrada Cíclotron. Seu legado eram todos os aceleradores de partículas em vários lugares ao redor do mundo, em círculos subterrâneos, cobras quilométricas mordendo as próprias caudas.

Qual era a graça disso? Você poderia ser uma engrenagem na maior máquina da história do planeta, você podia até ser a principal engrenagem, mas ainda assim seria uma engrenagem – presumindo que você vivesse tempo suficiente para testemunhar o surgimento da próxima geração de aceleradores. Luis Alvarez tinha sido um personagem importante na construção do Bevatron, um acelerador de prótons com mais de 120 metros de circunferência, inaugurado no LBL em 1956. Mas sua personalidade não o fazia desejar reconhecimento como uma engrenagem pela próxima geração. Por conta própria, ele usou seu conhecimento de física para analisar a filmagem que Zapruder fez do assassinato do presidente Kennedy para ver se a hipótese de "uma bala, um homem" se sustentava. (Sim.) Ele estudou uma pirâmide egípcia com raios cósmicos para ver se escondia alguma passagem secreta. (Não.) Queria construir um "Experimento de Física de Partículas de Grande Altitude" (em inglês, High Altitude Particle Physics Experiment, Happe), mas o diretor do LBL na época o proibiu de usar recursos financeiros da instituição, não pelo que o experimento faria – física de partículas era a especialidade do LBL –, mas pelo modo como o Happe o faria: a bordo de um balão. "Nós somos um laboratório de *aceleradores*", disse Edwin McMillan (diretor do LBL e ganhador de um Prêmio Nobel) a Alvarez. "Se pararmos de fazer física com aceleradores, as fontes financeiras secarão."[8]

Para Alvarez, desistir de um experimento de física de partículas porque ele era realizado no ar, e não em volta de um círculo, denotava pouca imaginação. Ele abandonou a chefia de seu grupo no LBL como forma de protesto e conseguiu financiamento de outras instituições, inclusive da Nasa, para ver se o Happe levantaria voo. (Ele caiu.)

Em meados dos anos 1970, Alvarez já tinha seu próprio Prêmio Nobel de Física, e o LBL possuía um novo diretor. Certo dia, Alvarez leu um artigo sobre o experimento que estava sendo feito por um conhecido seu.[9] Stirling Colgate, por nascimento, herdeiro da pasta de dentes, por opção, físico termonuclear, havia instalado um telescópio de 75 centímetros no alto de uma torre abandonada de lançamentos de mísseis no deserto do Novo México.[10] O plano era programá-lo para, automaticamente, observar uma galáxia diferente a cada três ou a cada dez segundos. O telescópio transmitiria a informação por um link de micro-ondas para a memória de um computador IBM no campus do Instituto de Mineração e Tecnologia do Novo México, a cerca de 30 quilômetros dali. Lá, um programa faria a varredura das imagens à procura de supernovas.

Astronomia automatizada não chegava a ser novidade. A era do observador solitário no alto de uma montanha, com o rosto encostado à ocular, encarando o abismo, estava chegando ao fim. Desde a invenção do telescópio, na primeira década do século XVII, astrônomos e operadores de telescópio guiavam seus instrumentos manualmente. Agora os astrônomos escreviam programas de computador que comandavam os movimentos dos telescópios – e o faziam com muito mais precisão que as mãos humanas, e eventualmente sem necessidade de qualquer presença humana. A Universidade de Wisconsin tinha um telescópio robótico. A Universidade Estadual de Michigan e o Instituto de Tecnologia de Massachusetts também.[11]

A busca de supernovas também não era novidade. Elas eram uma das bases da astronomia desde o programa de observações inicial de Zwicky, nos anos 1930. O telescópio de 45 centímetros de Monte Palomar, que ele ajudara a projetar, ainda era usado para isso, como também outro, de mais ou menos 1,20 metro, e ainda outros dois, na Itália e na Hungria.

O que tornava o projeto de Colgate diferente era a combinação das duas ideias: telescópio robótico e busca de supernovas. Um astrônomo que procurasse uma supernova teria de comparar imagens de uma mesma galáxia, tiradas com algumas semanas de diferença, para ver se aparecera algum pontinho de luz. Buscas tradicionais de supernovas exigiam que placas fotográficas fossem reveladas a mão, e então comparadas visualmente umas com as outras, e esses dois procedimentos são muito lentos. No sistema de Colgate, um sensor parecido com uma televisão fazia o papel das placas fotográficas, e um computador realizava a comparação quase que instantaneamente. Em última análise, seu experimento não funcionou. O equipamento não era o problema; Colgate fora capaz de construir um telescópio que podia ser apontado para onde ele quisesse e quando quisesse. O problema era o programa de computador. O código da máquina necessitava do equivalente a 100 mil comandos em Fortran, e Colgate trabalhava praticamente sozinho. Mas, como percebeu Alvarez, havia potencial no método.[12] Não: a *inevitabilidade* estava lá – a era das buscas remotas de supernovas.

Alvarez olhou por cima da revista. "Stirling está trabalhando nesse projeto", ele disse, entregando o artigo para Richard Muller, ex-orientando de doutorado e agora no pós-doc. "E acho que ele está desistindo. Converse com ele. Veja o que está acontecendo."[13]

Quando Perlmutter chegou ao LBL, em 1981, como estudante de pós-graduação de 21 anos, as histórias das batalhas de Muller contra a burocracia eram abundantes. Ano após ano, as lideranças do LBL diziam a Muller que aquela era a última vez que ele conseguia financiamento porque, se o Departamento de Energia tivesse de cortar verbas do LBL, seria do especulativo projeto de astrofísica, e então o dinheiro estaria perdido para sempre para o laboratório.[14] Mas Muller havia lido o livro de Peebles, *Physical Cosmology*, e entendia que a astronomia do muito grande e a física do muito pequeno estavam se aproximando, tornando-se até indistinguíveis. Chegara o tempo da radiação cósmica de fundo; dos quasares, aquelas misteriosas fontes de altíssimas energias vindas das profundezas do Universo; dos pulsares, que traziam evidências não somente de que Zwicky e Baade estavam certos, décadas atrás, sobre a existência das estrelas de nêutrons, mas também de que essas estrelas giravam com uma velocidade de centenas de voltas por segundo. Não se podia estudar nenhum desses fenômenos sem pensar em física de altas energias. A astronomia talvez não fosse o tipo de física de altas energias para a qual os laboratórios tivessem se planejado, mas estava se tornando rapidamente o tipo que os laboratórios sempre tinham feito. Do ponto de vista de Luis Alvarez ou de Richard Muller, eles não estavam migrando para uma nova disciplina. A disciplina é que migrava para eles.

Se precisasse se definir, Perlmutter diria que era um físico nato – alguém que queria saber como o mundo funciona em seu nível mais fundamental, descobrir as leis que unificam toda a natureza. As disciplinas da ciência sempre tinham sido as mais fáceis em sua época de estudante; ele quase não precisava pensar a respeito delas.[15] Estudava ciência e gostava disso... E ainda dispunha de muito tempo livre para desenvolver outros interesses. O que ocupava seus pensamentos, quando não estava pensando sobre as leis que unificavam toda a natureza, eram as "línguas" que unificavam a humanidade – literatura, matemática, música. Então talvez ele fosse um filósofo nato também. Seus pais eram professores universitários – o pai lecionava engenharia química, a mãe, serviço social – que haviam decidido criar a família numa vizinhança etnicamente rica da Filadélfia, e Perlmutter cresceu ouvindo os pais conversarem sobre problemas sociais, bem como sobre livros e filmes recentes. Começou a aprender a tocar violino na segunda série. Entrou para o coral. No ensino médio, se obrigou a aprender a pensar como um escritor – a aprender a natureza de uma narrativa. E quando chegou a Harvard, em 1977, achou que ia conseguir dois diplomas, um em física e outro em filosofia.

As "coisas da física", como Perlmutter logo percebeu, estavam começando a ficar difíceis. A física da faculdade tinha pouco a ver com a física do ensino médio. Ele concluiu que, se continuasse insistindo na física e na filosofia, não sobraria tempo para qualquer outro curso, nem para ele ter uma vida social. Precisava fazer uma escolha.

Se escolhesse a filosofia, não poderia fazer física. Mas se escolhesse a física ainda estaria fazendo filosofia, porque para fazer física você precisa elaborar as perguntas importantes. Antes de a ciência ser ciência (o estudo da natureza através de observações detalhadas), ela era filosofia (o estudo da natureza pelo pensamento). Embora a ciência tivesse acumulado todo tipo de arcabouço empírico nos últimos séculos, o impulso principal de um cientista continua constante: qual a nossa relação com o mundo natural? Quando Perlmutter entrou para o grupo de física de Richard Muller no LBL, em 1982, e teve de escolher entre os ecléticos programas que Muller comandava, e que agora eram aceitos pela instituição – usar aviões para coletar amostras de carbono da atmosfera, medir o desvio gravitacional da luz das estrelas provocado por Júpiter –, ele escolheu a incipiente busca de supernovas, porque lhe pareceu o tipo de projeto que talvez o levasse à mais importante das perguntas. Assim como automaticamente se faz filosofia quando se faz física, também automaticamente se faz física quando se faz astronomia. Em vez da natureza da narrativa, Perlmutter estaria explorando a narrativa da natureza.

Num impulso, Alvarez havia dado a Muller a ideia de uma busca automatizada de supernovas, e agora este último transmitia o impulso para seu próprio pós-doc, Carlton Pennypacker. Em 1984, a equipe da Busca Automatizada de Supernovas de Berkeley (Bass, na sigla em inglês para Berkeley

Automatic Supernova Search) – Muller, Pennypacker, Perlmutter e alguns outros estudantes de pós-graduação – usava o telescópio de 76 centímetros do Observatório Leuschner, da universidade, nas montanhas que ficam a cerca de meia hora de viagem, a nordeste do campus. Outros avanços tecnológicos particularmente úteis na pesquisa de supernovas surgiam a todo instante. Quando os astrônomos que usavam as placas fotográficas procuravam supernovas com os olhos, eles empregavam um instrumento ótico chamado comparador. Ao alternar rapidamente e repetidas vezes duas imagens de uma mesma galáxia obtidas com algumas semanas de diferença, o comparador permitia que um astrônomo percebesse se algum novo ponto luminoso tinha aparecido na imagem. O comparador *piscava** as duas imagens. A nova tecnologia dos computadores agora possibilitava que os astrônomos retirassem da segunda imagem toda a luz da primeira. Ela *subtraía* a primeira imagem da segunda. Se o computador acusasse que algo havia sobrado depois dessa operação, um ser humano de verdade analisaria aquela amostra. Às vezes, a luz que sobrava na imagem era "local" – uma flutuação no fluxo de dados, um raio cósmico atingindo o instrumento, um erro de subtração. Às vezes, a fonte de luz era "astronômica" – asteroides, cometas, estrelas variáveis. Mas de vez em quando o pontinho de luz era uma estrela que estava se despedindo de uma forma explosiva tão forte que se destacava mesmo contra o fundo de dezenas ou centenas de bilhões de outras estrelas da galáxia que a continha: era uma supernova.

Ou uma Nêmesis. Em 1980, Luis Alvarez, junto com seu filho, Walter Alvarez, formulou a hipótese de que a extinção em massa dos dinossauros, 65 milhões de anos atrás, no limiar dos períodos Cretáceo e Terciário, foi causada pelo impacto de um cometa ou asteroide que perturbou o ecossistema global. Logo depois, em 1983, uma dupla de paleontólogos anunciou que havia descoberto evidências de um ciclo de extinções em massa num período de 26 milhões de anos.[16] No ano seguinte, Muller e alguns colegas publicaram um artigo especulando sobre a existência de

---

* No original, *blinked*. O dispositivo é conhecido entre os astrônomos como comparador *blink*. (N.T.)

uma estrela companheira do Sol – Nêmesis.[17] A cada 26 milhões de anos, registravam eles, a órbita altamente elíptica de Nêmesis a levaria para uma posição relativamente próxima do Sol, e sua influência gravitacional atrairia cometas dos confins do sistema solar para as regiões mais internas, onde orbitam os planetas, incluindo a Terra.

A ideia não era tão surreal quanto parece. Estudos sobre estrelas do tipo do Sol mostraram que cerca de 84% delas faziam parte de sistemas binários; ou seja, se o Sol era solitário, ele seria uma exceção. Muller deu a Perlmutter a missão de procurar Nêmesis (ou Estrela da Morte, como a mídia a chamava), e em 1986 Perlmutter concluiu sua tese, *An Astrometric Search for a Stellar Companion to the Sun*.[18] Mas os dois projetos compartilhavam o mesmo telescópio e outros equipamentos, alguns dos quais Perlmutter ajudara a projetar, bem como o programa de busca, grande parte escrito por ele, de modo que, quando foi convidado a ficar no LBL para o pós-doutorado, Perlmutter se voltou para as supernovas em busca de inspiração.[19] Alguns meses antes, em 17 de maio de 1986, a Bass tinha encontrado sua primeira supernova, e isso era bom o bastante para ele.

Em 1981, a equipe havia previsto uma taxa de descoberta de cem supernovas por ano, mas os projetos científicos por vezes são muito otimistas.[20] Além disso, as supernovas da Bass estavam relativamente perto, não seriam imediatamente úteis para responder às perguntas importantes. Qualquer alteração na taxa de expansão do Universo não seria perceptível, a menos que os astrônomos pudessem encontrar velas-padrão em galáxias significativamente mais distantes que as da amostra de Hubble; quanto mais longe melhor. A medida de quanto essas supernovas – e, portanto, as galáxias em que elas ficavam – estavam fora da linha reta do diagrama de Hubble daria aos astrônomos a taxa de desaceleração. Graças à Bass, Pennypacker e Perlmutter sabiam que agora podiam fazer uma busca automatizada de supernovas; eles haviam encontrado mais duas em 1986, e mais outra em 1987. Mas será que conseguiriam fazer uma busca automatizada de supernovas em escala cosmologicamente significativa?

O próprio Muller considerava esse projeto prematuro.[21] Mas ele era um cientista que por anos havia convivido com os devaneios de Luis Alvarez, e estava disposto a arriscar sua reputação científica na procura de uma Estrela da Morte. Ele deu seu aval, e Pennypacker entrou com um pedido de financiamento para comprar uma câmera a fim de instalá-la num telescópio na Austrália. Ou melhor, Pennypacker encomendou a câmera, *e só então* entrou com o pedido de verba.[22] Mas os céus se abriram sobre Berkeley, e a NSF liberou milhões de dólares para o Centro de Astrofísica de Partículas; mesmo que o pedido de verba estivesse em nome de Richard A. Muller e Carlton Pennypacker, a busca do destino do Universo, desde o início, pertencia a Pennypacker e Perlmutter.

As supernovas continuavam boas candidatas a vela-padrão por dois motivos. Elas são brilhantes o suficiente para serem vistas dos mais distantes confins do espaço, ou seja, os astrônomos podem usá-las para ver um passado longínquo do Universo; e elas funcionam dentro de uma escala de tempo humana, sua luminosidade aumenta e diminui ao longo de semanas, e isso quer dizer que, ao contrário da maioria dos fenômenos astronômicos (como a formação do sistema solar ou a organização de galáxias num aglomerado), as supernovas são uma novela que os astrônomos podem acompanhar.

Mas as supernovas também eram problemáticas pelo menos por três motivos. Como o grupo do LBL dizia, "elas são raras, são rápidas e são aleatórias".[23] Em nossa própria Via Láctea, as supernovas surgem, quem sabe, uma vez a cada século. Por isso, astrônomos em busca de supernovas devem pensar num jeito de observar um grande número de galáxias, seja individualmente, em rápida sucessão, seja em grandes fatias do céu de uma vez só – ou, de preferência, de ambos os jeitos: grandes fatias numa rápida sucessão. Supernovas também pedem uma resposta rápida. Uma vez que os astrônomos identificaram uma supernova, eles devem ser rápidos nos estudos necessários – o que nem sempre é possível, quando o tempo de telescópio é agendado com meses de antecedência. E elas são aleatórias. Você nunca sabe onde e quando uma supernova vai aparecer, e assim, mesmo que você seja capaz de reservar tempo no telescópio com meses de antecedência, não sabe onde há uma supernova que valha a pena observar naquela data.

Perlmutter e Pennypacker já testavam novos programas de subtração no telescópio de 1,5 metro de Monte Palomar quando descobriram que não estavam sozinhos.[24] A ideia de procurar supernovas para achar pistas sobre a cosmologia já tinha meio século, e agora havia equipamentos para isso, então, eles não ficaram completamente surpresos ao saber que outro grupo usava supernovas distantes para tentar descobrir o quanto a expansão do Universo mudava ao longo do tempo.

Tentavam e não conseguiam. De 1986 a 1988, três astrônomos dinamarqueses, com o auxílio de outros dois britânicos, se revezaram numa viagem mensal até o telescópio de 1,5 metro do Observatório Europeu Austral (ESO, na sigla em inglês de European Southern Observatory) em La Silla, no Chile.[25] Eles concluíram que, se observassem não uma galáxia de cada vez, mas um aglomerado de galáxias, conseguiriam melhorar suas chances de encontrar a supernova útil, contra as probabilidades de um evento a cada século numa galáxia. Eles selecionaram aglomerados com distâncias bem conhecidas. E fizeram suas buscas com cuidado, escolhendo as noites logo antes ou depois da lua nova, não somente para aproveitar a escuridão do céu, mas também a fim de comparar imagens obtidas com vinte dias de diferença, período que, por uma feliz coincidência, equivale ao ciclo natural da vida (ou, mais corretamente, da morte) do tipo de supernova que eles queriam.

Eles descobriram uma. E possivelmente outra, naquela que acabou sendo a última noite de observação, mas não se preocuparam em perseguir essa linha. Estavam à frente do seu tempo – e, depois de dois anos, o tempo acabara. O telescópio que usavam revelou-se muito pequeno para o que precisavam, e a taxa de descoberta era muito baixa. A menos que pudessem ter acesso a um telescópio maior e a um detector mais potente, precisariam de dezenas de anos para obter uma amostragem útil. Mesmo à taxa de uma supernova por ano, eles precisariam de pelo menos dez anos para completar seus planos.

Para os membros da equipe de supernovas de Berkeley, as notícias sobre esse fracasso suscitaram uma questão potencialmente fatal:[26] como eles poderiam convencer os Comitês de Avaliação do Centro de Astrofísica de Partículas de que o grupo deles teria sucesso onde a equipe dinamarquesa falhara?

Primeiro, a equipe enfatizou que os dinamarqueses *tinham* obtido sucesso ao encontrar uma supernova distante – tão distante que quebrou o recorde de maior desvio para o vermelho de uma supernova, 0,31, o que significava que ela havia explodido há cerca de ¼ do caminho rumo ao passado e ao começo do Universo (ou há 3,5 bilhões de anos). Segundo, a equipe de Berkeley usava equipamentos melhores. O Telescópio Anglo-Australiano, em Siding Spring, Austrália, tinha um espelho de 3,9 metros, mais que o dobro do diâmetro – ou quatro vezes a abertura, a área coletora de luz – do telescópio usado pela equipe dinamarquesa no Chile. E o LBL estava encomendando uma câmera muito maior.

Para se precaver, Pennypacker convidou Gerson Goldhaber para integrar o projeto. Em 1933, quando Goldhaber tinha nove anos, sua família fugira da Alemanha. Ele morou no Cairo e em Jerusalém antes de migrar para os Estados Unidos a fim de cursar pós-graduação na Universidade de Washington. Goldhaber trabalhava no LBL desde 1953, ocupando funções importantes no Bevatron e depois, durante os últimos vinte anos, colaborando com o Centro de Aceleradores Lineares de Stanford. Ele fizera descobertas importantes. Liderara equipes que ganharam o Prêmio Nobel de Física. Como Pennypacker dizia: "Nunca iriam interromper nada em que Goldhaber estivesse envolvido."

Os problemas começaram antes mesmo das primeiras observações. A empresa contratada para construir a câmera entregou um espelho que não respeitava os limites da "tolerância", que é como os óticos chamam as imperfeições.[27] O segundo corte foi prejudicado quando o fluido de limpeza se derramou sobre o espelho. Finalmente, o terceiro corte deu certo.

Pennypacker, no entanto, havia encomendado uma câmera sem filtro,[28] imaginando que quanto mais luz coletasse, melhor – sem entender que, quando se quer comparar o brilho de um objeto em dias diferentes, é preciso observar com filtros diferentes, para "equalizar" o nível de luminosidade. Depois que a equipe técnica do LBL projetou um disco de filtros,

Pennypacker entregou a câmera para uma estudante de pós-graduação e a mandou para a Austrália, de posse do número de série do instrumento, se houvesse qualquer problema com a alfândega. Quando ia passar na aduana, a moça se aproximou dos dois funcionários e disse: "Tenho este número." "Número do quê?", um deles perguntou. (Alguns dias depois, o diretor do observatório na Austrália conseguiu que as autoridades "desconfiscassem" o disco de filtros.)

Mesmo quando a equipe conseguia procurar supernovas, a logística era desencorajadora. Os computadores locais não tinham potência suficiente para o que queria o projeto de Berkeley, então os membros do grupo tinham de levar os dados para o aeroporto de Sydney,[29] preencher toda a papelada e colocar a carga no primeiro voo para São Francisco. Lá, outra pessoa tinha de preencher mais formulários burocráticos antes de receber a carga, levando-a para o outro lado da baía, em Berkeley. Tempo total de viagem: 48 horas. A partir daí, os físicos em Berkeley precisavam de mais dois dias para procurar candidatas a supernova nas imagens, e mais um dia para estudar as cartas de descoberta – mapas que mostram todos os objetos conhecidos numa seção do céu –, a fim de ver se eram realmente supernovas. Cinco dias é muito tempo para esperar se você quer programar as observações seguintes de um objeto que está desaparecendo depressa. Mas logo eles descobriram uma maneira de fazer os dados chegarem a Berkeley sem ter de viajar de avião:[30] um membro da equipe no LBL ligava para a Nasa, dizendo quando precisariam transmitir dados da Austrália, e pedia a alguém da Nasa que ligasse a internet para eles.

Não que a qualidade dos dados ou um atraso nas transmissões fizesse alguma diferença. Ao longo de dois anos e meio, Pennypacker e Perlmutter conseguiram doze noites no Telescópio Anglo-Australiano; dessas doze, nove e meia ficaram nubladas ou com péssimas condições atmosféricas, ou foram usadas para testes. Ainda que eles tivessem conseguido identificar seis candidatas, a contagem final de supernovas de verdade tinha sido pior que a dos dinamarqueses: zero.

A equipe de Berkeley tinha feito um plano ambicioso de três anos, e o executaram. Eles haviam levado a tecnologia da época até o limite, espremendo cada componente até que nada mais houvesse a fazer, e suas tentativas simplesmente não foram suficientes.

A cada poucos meses, a busca de supernovas devia reiterar sua razão de ser para um Comitê Interno do Centro de Astrofísica de Partículas.[31] A cada poucos meses, eles também tinham de justificar sua existência para um Comitê Externo. A justificativa baseava-se na habilidade para conseguir tempo no Telescópio Isaac Newton (em inglês, INT), de 2,5 metros, nas ilhas Canárias, na costa noroeste da África. O telescópio era um pouco menor que o de Siding Spring, mas a câmera era maior, e o tempo, melhor. O próprio Muller fez a proposta a Bernard Sadoulet, diretor do centro: "Olhe, daqui a dois ou três anos nós vamos ter encontrado as supernovas. Teremos feito medições de verdade. Nós teremos resultados. Eu garanto isso. Quando a verba inicial dada pelo Centro de Astrofísica de Partículas tiver acabado, vamos ter algo real para mostrar. E você precisa entender isso. *Você precisa saber disso.*"[32]

A busca de supernovas foi poupada. Se você fosse um veterano no projeto, devia se considerar constantemente sob avaliação. Os recém-chegados, porém, mal conseguiam imaginar aquilo em que tinham se metido.[33] As reuniões da equipe aconteciam numa sala que não tinha cadeiras suficientes. A pessoa estava sentada diante de um computador, digitando alguma coisa, tranquilamente, quando algum superior entrava e dizia que o projeto já havia usado todo o tempo de computação disponível, que a pessoa tinha de desligar o computador *agora*, ou alguém viria em breve desconectar a máquina. Um estudante de pós-graduação leu o anúncio de recrutamento, gostou da ideia de "pesar o Universo" e se comprometeu com o projeto, apenas para descobrir que não haviam encontrado uma supernova sequer.[34] Um pós-doc chegou para seu primeiro dia de trabalho e encontrou um bilhete de Perlmutter em sua mesa, dizendo que viajara para as ilhas Canárias e pedindo que o pós-doc usasse cartas de descoberta para escolher os campos a serem observados por Perlmutter. O pós-doc ficou olhando para o bilhete. Ele tinha treinamento como físico de partículas; não sabia o que era uma carta de descoberta.[35]

E então Pennypacker – segundo suas próprias palavras – "estourou o orçamento".[36] Ele desenvolvera o hábito de gastar o dinheiro que esperava conseguir em dotações futuras. Dessa vez, porém, calculou errado, gastou dinheiro que não tinha e em seguida gastou de novo.

O próprio Pennypacker admitia que não era um bom chefe de equipe, ou pelo menos não daquela equipe, envolvida num projeto heterodoxo e de alto risco. As pessoas gostavam muito de trabalhar com ele; era entusiasmado, de convívio fácil, inteligente e visionário. Porém, a habilidade de traduzir essas qualidades em palavras que um comitê avaliador ou um administrador quisessem ouvir era algo de que ele não dispunha. Também não possuía a compreensão fundamental dos detalhes administrativos. Deixaram claro para ele que, se o projeto das supernovas fosse continuar, deveria ser sob o comando de outra pessoa.

Robert Cahn, o novo diretor do Departamento de Física do LBL, abordou primeiro o pesquisador sênior do projeto, Gerson Goldhaber. Mas, para Goldhaber, a oportunidade de pesquisar supernovas representava liberdade em relação ao tipo de responsabilidade que ele tivera ao longo de quarenta anos trabalhando nos grandes aceleradores de partículas. Muller prosseguiu a busca. O próximo escolhido foi Saul Perlmutter. Cahn conversou com Muller. O garoto estaria pronto? Muller achava que sim.[37] Por duas vezes, relatou Muller, ele fora até Perlmutter com o que considerava um avanço conceitual significativo, e este último respondera "Ah! Esse é um conceito interessante", para então sacar um bloco de notas e procurar, em suas páginas, onde havia descrito aquele conceito; ele já estudara aquilo e descobrira que não dava certo.

Em março de 1992, Perlmutter foi ao Telescópio Isaac Newton para obter o primeiro conjunto de imagens. No final de abril, começo de maio, Pennypacker foi ao INT fazer as observações subsequentes dos mesmos campos, enquanto Perlmutter permanecia em Berkeley e aguardava os dados que chegariam pela BitNet.[38] À medida que o Sol se punha sobre o Atlântico – meio da tarde em Berkeley –, Perlmutter e outros dois membros da equipe se acomodaram em suas cadeiras à frente dos monitores de alta qualidade, no gélido centro de computação, no porão do LBL, cobertos de suéteres e casacos, e começaram a manipular o programa. Lá pelas 10 ou 11h da noite, Perlmutter estava sozinho, e as imagens começavam a surgir na tela. Cada qual tinha centenas de galáxias; até o final da noite, ele tinha dúzias de imagens. Imprimia cada uma delas, por precaução. Algumas vezes o computador o avisava que havia aparecido um pontinho de luz numa imagem, algo que não estava lá no mês anterior, e ele se aproximava da tela para tentar descobrir o que estava errado. O campo muito grande da câmera distorcia a geometria, por isso Perlmutter não confiava em pontinhos de luz nas bordas da imagem. Algumas vezes o pontinho estava muito perto do centro de uma galáxia, o que tornava impossível o acompanhamento posterior. Certas vezes o pontinho era um asteroide. Uma noite, porém, ele encontrou um pontinho de luz que simplesmente não conseguiu descartar, e ficou pensando que tipo de erro básico cometera. Mas não conseguiu pensar em nada, e então tentou pensar que tipo de erro *sutil* ele estava cometendo, mas também não se lembrou de nenhum, e se pôs a refletir sobre o que ele estaria fazendo de errado, quando de repente percebeu: "Espere aí! É isso o que nós estamos procurando": a supernova em potencial que não podia ser descartada.

Para confirmar, ele precisava esperar até que seus colaboradores chegassem pela manhã, e mesmo então não era o momento de celebrar, em parte porque não havia como ter certeza, em parte porque o trabalho estava apenas começando. Os dados eram inúteis sem observações subsequentes revelando se aquilo era de fato uma supernova; e, se fosse, qual o seu desvio para o vermelho.

Algumas dessas observações eles podiam fazer por conta própria, nos próximos dias, quando ainda tinham tempo no INT. Para outras, eles precisavam descobrir que astrônomos estavam usando os grandes telescópios ao redor do mundo; saber se havia alguém do LBL amigo desses astrônomos, então telefonar para eles no meio de uma sessão de observação que os caras tinham planejado durante seis meses ou um ano, e pedir que deixassem tudo de lado e apontassem o telescópio em outra direção. Nesse quesito, Perlmutter tinha um talento singular. Ninguém como ele fazia ligações telefônicas no meio da noite para outros astrônomos em outros continentes. Ele era persistente, convincente, imune a rejeições ou a ofensas. Literalmente, não aceitava "não" como resposta. Algumas vezes o pedido suscitava uma risada, outras vezes um acesso de raiva. Mas de vez em quando ele obtinha dados – apenas o suficiente para saber que o pontinho de luz ainda estava lá, e perdendo intensidade. Eles tinham uma supernova.

Ainda assim, não havia motivo para comemoração. Mais uma vez, os dados eram inúteis para a cosmologia, a não ser que eles pudessem medir a distância até a supernova – seu desvio para o vermelho. Para isso, precisavam de uma análise espectroscópica. Por doze vezes, em quatro observatórios diferentes ao redor do mundo, astrônomos concordaram em fazer as observações seguintes. E em onze vezes o tempo não ajudou. Na décima segunda, o equipamento não funcionou.

À medida que a primavera dava lugar ao verão, Pennypacker começou a imaginar os membros de sua equipe como personagens de *O tesouro de Sierra Madre*:[39] caçadores de recompensa perambulando pelo deserto à procura de ouro. E eles haviam encontrado – os garimpeiros acham um veio, os astrônomos encontram uma supernova. E então a poeira de ouro se esvai pelos dedos e voa com o vento. Walter Huston, Humphrey Bogart ou Tim Holt dizem "Obrigado, mesmo assim" para um amigo num observatório distante, e lentamente desligam o telefone.

Uma noite, no final de agosto, Pennypacker e Perlmutter ligaram para Richard Ellis, um amigo das equipes e também veterano britânico das observações dinamarquesas no final dos anos 1980. Ellis reclamou com eles.[40] Será que não sabiam que as condições de observação nas ilhas Canárias estavam ruins nos últimos tempos, e que ele e outros observadores já estavam atolados de pedidos de observação extras, feitos por astrônomos que haviam de fato obtido tempo no telescópio, ao contrário da equipe de Berkeley?

Mesmo assim ele realizou a observação. Em 29 de agosto de 1992, Ellis pegou sua carta de descoberta e, trabalhando no Telescópio William Herschel, de 4,2 metros, com um aluno de pós-doc, tirou dois espectros de meia hora.[41] Quando terminaram, Ellis ligou para Pennypacker em Berkeley.

O recorde antigo de desvio para o vermelho, aquele descoberto pela equipe dinamarquesa, era de 0,31, equivalente a 3,5 bilhões de anos atrás. O novo recorde de desvio para o vermelho era de 0,458, ou 4,7 bilhões de anos.

Pennypacker deu um grito de alegria. Seis anos depois que ele e Perlmutter debateram sua colaboração na pesquisa de uma supernova cosmologicamente significativa ainda não tinham medido o peso, a forma ou o destino do Universo.

Mas eles estavam no páreo.

5. Mantendo-se dentro do jogo

No começo de 1994, dois astrônomos começaram a trocar ideias. Brian Schmidt tinha acabado de terminar sua tese de doutorado sobre supernovas no Centro de Astrofísica de Harvard e refletia sobre os caminhos a seguir no pós-doc. Nicholas Suntzeff era astrônomo do Observatório Interamericano em Cerro Tololo, no Chile, desde 1986,[1] e trabalhava na pesquisa de supernovas desde 1989. Como especialistas em supernovas, ambos tinham acompanhado os esforços do projeto de Berkeley. Agora, sentados numa sala de computador refrigerada, na sede do Observatório, na cidade costeira chilena de La Serena, Schmidt comentou que estava pensando em formar uma equipe para competir com a do LBL.[2]

Suntzeff não hesitou. "Posso fazer parte?"

Isso, concluiu Schmidt, era sinal de um bom problema em ciência. Não é quando as pessoas dizem "Ah, isso é interessante", mas quando falam "Uau, posso fazer parte do projeto?".

Schmidt tinha que dar crédito a Saul Perlmutter e à equipe de Berkeley. Eles tinham percebido que, graças aos avanços tecnológicos, supernovas podiam ser finalmente usadas em cosmologia, e estavam obtendo sucesso mesmo contra todas as expectativas. Estavam no lugar certo e na hora certa. Mas seriam a equipe certa?

Como muitos outros astrônomos, Schmidt era cético quanto à capacidade dos físicos – mesmo os "físicos que viraram astrofísicos" – para descobrir supernovas distantes de forma consistente. Mesmo depois que o LBL encontrou sua primeira supernova, Schmidt e outros astrônomos continuavam céticos quanto à capacidade dos "físicos que viram astrofísicos" – não importa quão brilhantes fossem – para realizar observações e as análises posteriores, difíceis até para aqueles que tinham muita experiência no assunto. Aparentemente, todos os que estavam em busca de supernovas tinham recebido uma chamada telefônica de Saul no meio da noite, pedindo que largassem tudo e observassem uma candidata a supernova. Perlmutter tinha angariado em seu meio a reputação de ser naturalmente persistente. Mas, pela experiência de Suntzeff, toda vez que ele apontava o telescópio na direção pedida por Perlmutter, o campo estava vazio.[3] "Deve ser muito fraca", costumava dizer Suntzeff de maneira diplomática.

Schmidt e Suntzeff pegaram a primeira pilha de papéis de rascunho e começaram a escrever. No mesmo dia, eles continuaram a conversa no escritório de Suntzeff, e depois no dia seguinte, fazendo planos de como atacar o problema.

Decidiram que Suntzeff ficaria no comando das observações. Ele encontraria as candidatas a supernova e faria as medições necessárias. Schmidt ficaria à frente das análises. Ele pegaria alguns programas de computador já existentes e criaria novos códigos para limpar as imagens, fazer as subtrações e isolar as supernovas.

Suntzeff perguntou a Schmidt: "Quanto tempo vai demorar para você escrever esses novos códigos?"[4]

Schmidt podia até parecer um jovem astrônomo petulante, mas seu jeito sabichão de falar sugeria muito mais ironia que arrogância. Suntzeff preferia vê-lo como um otimista. Mesmo assim Schmidt hesitou em responder. Então lembrou a si mesmo: *"Saul já está fazendo."*

"Dois meses", respondeu.

Quando voltou a Harvard, Schmidt sumia no escritório por horas e horas a fio, dia após dia, semana após semana, escrevendo o código.[5] Mas também circulava pelos corredores, conversava com os colegas, ia às outras salas, sempre anunciando a um seleto grupo que ele e Nick Suntzeff estavam montando uma equipe para alcançar Saul. Todas as vezes recebia a mesma resposta, com o mesmo nível de urgência: *"Posso fazer parte disso?"*

Robert Kirshner nem precisava perguntar. Ele estudava supernovas desde 1970, mais tempo que a idade de alguns de seus alunos. Aos 44 anos, ele agora era um veterano da astronomia, chefe do Departamento de Astronomia de Harvard. Kirshner tinha grande experiência em obter verbas da Fundação Nacional de Ciências, conseguir tempo nos melhores telescópios do mundo e estabelecer políticas para o Instituto de Ciência do Telescópio Espacial (STScI, na sigla em inglês de Space Telescope Science Institute), o centro científico e operacional do Telescópio Espacial Hubble (HST, em inglês). Ele era um dos maiores especialistas em supernovas, bem como mentor de toda uma geração de especialistas em supernovas – os estudantes de pós-graduação que havia recrutado e os pós-docs que contratara para seu pequeno grupo dentro do Centro de Astrofísica de Harvard/Smithsonian (a menos de um quilômetro subindo pela Garden Street, a partir da Harvard Square). Quando a *Nature* recebeu os resultados preliminares da equipe dinamarquesa, em 1988, foi a Kirshner que a revista pediu para revisar o artigo[6] e depois escrever uma análise complementar.[7] Quando o Centro de Astrofísica de Partículas de Berkeley formou seu Comitê Externo de Avaliação e precisou de um guru em supernovas, Kirshner foi chamado. Quando Perlmutter e outros apresentaram seu artigo ao *Astrophysical Journal Letters*, analisando a supernova de 1992, Kirshner foi convidado pelos editores para formular um parecer.[8]

Em todas as leituras críticas que fazia, Kirshner empregava um ceticismo profundo, cultivado por décadas de experiência, em relação à habilidade de qualquer um para realizar uma tarefa de precisão quase cirúrgica que é a análise de supernovas. Mas ele podia ser engraçado. Em conversas informais, costumava fazer caretas, imitar sotaques, rir das próprias piadas. Suas apresentações em conferências eram sempre animadas, cheias de gente. Mas, quando o assunto era supernovas e o que se precisava saber para fazer astronomia com supernovas, Kirshner sabia ser rude, até ríspido.

E ele tinha motivo – vários motivos, na verdade. Se você quisesse estudar supernovas, tinha de saber espectroscopia – a análise do espectro luminoso de um objeto astronômico que identifica sua composição química, bem como sua velocidade de aproximação ou recessão. Devia saber fotometria[9] – a entediante e difícil determinação do brilho de um objeto. Tinha de levar em conta a poeira, tanto na galáxia da supernova em questão quanto em qualquer lugar ao longo do caminho da luz entre a supernova e o observador. Às vezes havia poeira, às vezes, não. Se havia poeira, ela diminuiria o brilho ou avermelharia a luz da supernova. E se você não soubesse quanto a poeira alterava a luz original da supernova, também não saberia o quanto podia confiar em seus dados.

Em relação ao grupo de supernovas de Berkeley, no entanto, Kirshner guardava um nível especial de ceticismo. Em sua opinião, eles estavam fazendo um trabalho malfeito, que trazia péssima fama à sua área de especialização.

Desde o começo, Kirshner tinha dúvidas sobre um bando de físicos de partículas fazendo astronomia, encarando-a como se fosse um hobby, e não uma ciência cujo domínio exige uma vida inteira de dedicação. Até aquele momento ele não tinha visto nada que mudasse suas preocupações. Nos anos 1980, Richard Muller tinha desviado tempo de sua busca de supernovas no Observatório Leuschner para dar atenção ao Projeto Nêmesis.[10] Se ele descobrisse uma estrela companheira do Sol, isso seria espetacular, mas isso era tão pouco provável que seus esforços pareciam capricho e desperdício de tempo precioso ao telescópio. Em 1989, Muller, Pennypacker e Perlmutter atraíram a atenção dos astrônomos ao redor do mundo ao concluir que a famosa supernova 1987A[11] – a primeira supernova a ser vista a olho nu em quatrocentos anos – tinha dado origem a um pulsar, uma estrela de nêutrons girando centenas de vezes por segundo. A "prova" mostrou-se um erro instrumental. E então veio o constrangimento que Kirshner teve a oportunidade de testemunhar, como membro do Comitê Externo de Avaliação: a tentativa, ao longo de três anos, de descobrir uma supernova distante com o Telescópio Anglo-Australiano, que tinha dado resultado zero.

Centenas de milhares de dólares: dinheiro suficiente para manter dúzias de outros programas mais modestos e práticos em astronomia: zero.

Não seria totalmente justo dizer que a física de partículas funciona segundo o princípio de "primeiro arrume a verba, depois faça as perguntas". Mas também não seria injusto. Projetos em física de partículas normalmente envolvem dezenas, centenas, até milhares de participantes; e precisam de máquinas para produzir uma pirotecnia ultraenergética que o Universo não vê desde a primeira fração de segundo de sua existência megacompacta. O levantamento de supernovas de Berkeley não trabalhava nessa escala, mas outros projetos do LBL sim, e o laboratório como um todo era o mais importante signatário do mundo dessa ética de trabalho. De certa maneira, físicos de partículas podem baixar a cabeça e seguir em frente, confiantes de que, juntando o equipamento de 1 milhão de toneladas e a capacidade cerebral coletiva da equipe, eles irão achar a resposta para a pergunta que um dia farão. E a primeira pergunta que a equipe do LBL fez foi: podemos encontrar supernovas distantes?

Na opinião de Kirshner, essa era a pergunta errada. A pergunta correta seria se valia a pena encontrar supernovas distantes. Será que elas poderiam servir como velas-padrão?

A história recente da astronomia já produzira alguns casos de possíveis velas-padrão que sugeriam cautela. Tendo descoberto evidências sobre a expansão do Universo, Edwin Hubble gastou boa parte dos últimos vinte anos de sua vida trabalhando com o pressuposto de que as galáxias poderiam ser velas-padrão, mesmo que não fossem exatamente uniformes. Talvez elas se assemelhassem a velas-padrão o suficiente para que se pudesse usá-las a fim de descobrir a forma ou o destino do Universo. Walter Baade, um de seus colegas em Monte Wilson, bem como colaborador de Fritz Zwicky no artigo sobre "supernova" de 1934, argumentava que Hubble tinha entendido tudo errado: "Você deve entender as galáxias antes de entender a geometria."[12] Allan Sandage, "afilhado" de Hubble e, depois da morte deste, seu sucessor nos observatórios de Monte Wilson e Monte Palomar, escreveria mais tarde: "Hubble entendia isso claramente, só que antes de ser desencorajado; porque essa parte do assunto estava uns trinta anos à frente de seu tempo, e ele se forçava a continuar, com um desprendimento típico dos pioneiros que tentam escalar o Everest sem o equipamento adequado."

Então era a vez de Sandage. Durante 25 anos, ele e o astrônomo suíço Gustav A. Tammann testaram outro candidato a vela-padrão. Se as galáxias não eram uniformes o suficiente, talvez os aglomerados de galáxias fossem – ou, mais precisamente, a galáxia mais brilhante de cada aglomerado. Mas essa ideia também padecia de um entendimento insuficiente da mecânica das galáxias. Algumas galáxias ficavam mais fracas com o tempo, à medida que suas estrelas iam morrendo, enquanto outras ficavam mais brilhantes, pois incorporavam estrelas de galáxias menores. Incapazes de enxergar a diferença, e preocupados com outros fatores que eles nem sequer imaginavam quais fossem, Sandage e Tammann desistiram da investida. "Essencialmente", Sandage anunciou para seus colegas de cosmologia, em 1984, numa conferência sobre a taxa de expansão do Universo, "nós falhamos."[13]

Kirshner nunca perdeu uma oportunidade de dizer que a mesma falta de entendimento dos processos poderia facilmente sabotar a utilidade das supernovas para as medições cósmicas. Àquela altura, os astrônomos já haviam dividido as supernovas em dois grupos – e possivelmente havia mais.[14]

Um tipo era o que Zwicky e Baade tinham profetizado, o que resulta no nascimento de uma estrela de nêutrons. Era o tipo que Zwicky achou ter encontrado em seu estudo dos anos 1930 sobre "suicídios estelares". Em 1940, porém, Rudolph Minkowski, em Monte Wilson, obteve um espectro de supernova diferente da análise espectroscópica das supernovas de Zwicky. A supernova de Minkowski tinha hidrogênio. As de Zwicky, não. Decerto elas eram tipos diferentes de supernova.

Desde então, os astrônomos passaram a acreditar que um tipo de supernova – o tipo previsto por Zwicky e Baade em 1934, que Zwicky julgou observar em 1936 e 1937, e que Minkowski observou de fato em 1940 – era o resultado de uma cadeia de processos nucleares numa estrela com muitas vezes a massa do Sol, levando a uma implosão a 65 mil quilômetros por segundo.

O outro tipo – o tipo que Zwicky observou – começa sua vida como uma estrela rica em hidrogênio, como o nosso Sol. À medida que envelhece, o Sol vai se livrar de sua camada externa rica em hidrogênio, enquanto o núcleo irá se contrair sob efeito da pressão gravitacional. No fim, só restará o núcleo – uma cabeça encolhida chamada de anã branca, com a massa do Sol espremida até o volume da Terra. Se uma anã branca tem uma estrela companheira (e a maioria das estrelas da nossa galáxia tem), então, nesse momento, ela pode começar a atrair gás da outra estrela. Nos anos 1930, o matemático indiano Subrahmanyan Chandrasekhar calculou que, quando uma estrela desse tipo atinge certo tamanho – 1,4 vez a massa do Sol, ou limite de Chandrasekhar –, ela começará a colapsar sob o próprio peso. A pressão gravitacional vai desestabilizar sua composição química, levando a uma explosão termonuclear.

Vistos através de um telescópio terrestre, os dois tipos pareciam iguais, ainda que um seja uma implosão e o outro, uma explosão. Mas um espectroscópio mostraria a diferença – com hidrogênio ou sem hidrogênio, tipo II ou tipo I. Para os astrônomos, a uniformidade das supernovas do tipo I indicava que ela poderia ser uma vela-padrão. Como essas supernovas todas começavam com o mesmo tipo de estrela (uma anã branca) que atingiu uma massa uniforme (o limite de Chandrasekhar), talvez suas explosões tivessem o mesmo brilho.

Nos anos 1980, porém, a diferença clara entre o tipo I e o tipo II começou a se desfazer. Análises espectroscópicas de três supernovas[15] – uma em cada ano, 1983, 1984 e 1985 – mostraram que elas eram formadas por grandes quantidades de cálcio e oxigênio, algo consistente com o interior de estrelas massivas, que morrem como supernovas tipo II; mas não continham hidrogênio, consistente com anãs brancas, que morrem na forma de uma supernova tipo I. Alguns astrônomos, incluindo Kirshner, sugeriram que eles estavam vendo um terceiro tipo de supernova, essencialmente, um híbrido dos outros dois.[16] Ela era produto do colapso de um núcleo que já havia perdido sua camada externa: uma implosão sem hidrogênio.

Eles acrescentaram essa nova espécie à coluna do tipo I, batizando-a de tipo Ib. O antigo tipo I, uma explosão termonuclear sem hidrogênio, virou tipo Ia.

Em 1991, até *essa* classificação – tipo Ia – ficou confusa. Em 13 de abril, cinco astrônomos amadores em quatro cantos do mundo descobriram uma supernova denominada 1991T.* Em 9 de dezembro, um astrônomo amador

---

* Supernovas recebem índices alfabéticos com base na ordem de descoberta em determinado ano, com letras maiúsculas para as primeiras 26 (A, B, C, ..., X, Y, Z), e depois uma

no Japão descobriu uma supernova denominada 1991bg. Estudos espectroscópicos posteriores, feitos por astrônomos profissionais – incluindo Kirshner, em 16 de abril, para a 1991T –, mostraram que ambas eram supernovas tipo Ia. Mas as luminosidades eram muito diferentes entre si. A supernova 1991T era muito mais brilhante que a característica supernova tipo Ia, àquela distância específica; e a 1991bg tinha brilho muito mais fraco que a característica supernova tipo Ia, à *sua* distância particular. Os astrônomos logo descartaram a possibilidade de terem errado a medida das distâncias: a supernova fraquinha era dez vezes menos brilhante que uma supernova observada em 1957 na *mesma galáxia*.

Os astrônomos começaram a suspeitar que, embora cada supernova no Universo seja de um tipo, Ia, Ib ou II, os tipos em si são como famílias. As supernovas de uma mesma família têm traços em comum, mas não são idênticas; são mais irmãs do que clones. Para os astrônomos que queriam usar as supernovas tipo Ia como vela-padrão, escreveu Kirshner, o problema era "sério e real". Você não podia ignorá-lo.

E a equipe de Berkeley não ignorou. Numa tese de doutorado de 1992, um membro da equipe resumiu a atitude geral de todos em relação ao problema: "Ainda há alguma controvérsia" para saber "se cada supernova Ia se encaixa ou não no modelo". Mas acrescentava, ecoando o sentimento que Kirshner tinha percebido na equipe do LBL repetidas vezes: "É evidente que a vasta maioria de supernovas Ia é incrivelmente parecida entre si."[17]

Estava claro? Não para Kirshner, e ele era o especialista – um "realista", como gostava de se denominar, não um otimista.[18]

Em seu papel de membro do Comitê Externo de Avaliação do Centro de Astrofísica de Partículas desde o final dos anos 1980,[19] Kirshner enfatizava que a equipe de Berkeley ainda não tinha encontrado uma única supernova, precisava tomar cuidado com a fotometria, não tinha como levar em conta a poeira e não sabia se as supernovas tipo Ia eram velas-padrão.

---

combinação de duas letras minúsculas para as seguintes, sempre respeitando a ordem alfabética (aa, …, az, ba, …bz).

Mas em 1992 a equipe do LBL encontrou a primeira supernova. No relatório de avaliação para o artigo enviado ao *Astrophysical Journal Letters*, Kirshner reclamou que eles ainda precisavam tomar cuidado com a fotometria, ainda não tinham como levar em conta a poeira e ainda não sabiam se as supernovas tipo Ia eram velas-padrão. Tudo que eles haviam mostrado, segundo Kirshner, era que alguém podia encontrar supernovas longe o bastante para, *em princípio*, fazer cosmologia com elas. Mas os dinamarqueses já haviam realizado isso, e quatro anos antes. Na leitura que Kirshner fez do artigo, o que a equipe do LBL não havia mostrado era que alguém podia encontrar supernovas distantes o suficiente para *de fato* se fazer cosmologia com elas.

Ele recusou o artigo por uma razão simples: "Ainda não aprenderam nada sobre cosmologia"[20] – basicamente, não se podia presumir que anãs brancas explodindo eram velas-padrão perfeitas. Elas *não eram* velas-padrão perfeitas. O melhor que dava para se esperar era que alguém um dia, enfim, descobrisse se as supernovas tipo Ia, por mais imperfeitas que sejam, podem ser boas o suficiente.

Cursando o ensino médio no condado de Marin, no final dos anos 1960, Boris Nicholaevich Suntzeff Evdokimoff jogou no mesmo time de futebol que seu bom amigo Robin Williams.[21] Em Stanford, nos anos 1970, muitas vezes competia nas quadras de tênis com Sally Ride – e perdia. Mas realmente legal foi que no começo dos anos 1980, como professor da Carnegie Institution, Suntzeff teve a oportunidade de conversar sobre astronomia com Allan Sandage.

Suntzeff adorava conexões históricas na astronomia. Um tio-avô dele tinha estudado, na Rússia, com Otto Struve, descendente de uma famosa linhagem de astrônomos. Struve fugiu da Rússia e dos bolcheviques na época da Revolução e foi parar na Turquia, empobrecido, até que um parente seu o colocou em contato com o diretor do Observatório Yerkes, em Wisconsin, que lhe ofereceu uma vaga como espectroscopista. Struve mais tarde se tornaria diretor desse observatório, depois do Observatório

McDonald, no Texas, e do Observatório Leuschner, em Berkeley. A família de Suntzeff também havia fugido da Rússia, embora tenha ido em direção oposta, para a China e depois para São Francisco. Lá, a avó de Suntzeff se reencontrou com Otto Struve. Mundo pequeno.

Agora Nick Suntzeff faria sua parte para tornar a astronomia uma coisa mais próxima. Ele tinha concorrido ao cargo de professor da Carnegie Institution justamente para isso: passar mais tempo com Sandage nos observatórios de Monte Wilson e de Monte Palomar, ambos da Carnegie. Ali, num trecho residencial da Santa Barbara Street, uma rua sem maiores atrativos em Pasadena, Edwin Hubble havia descoberto, em 1923, que a Via Láctea era apenas uma na multidão de galáxias do Universo, e depois, em 1929, que o Universo estava em expansão. Allan Sandage chegou lá em 1948, aos 22 anos, como aluno de pós-graduação do Caltech. Durante os quatro anos seguintes, Sandage evoluiu de aprendiz a assistente e, enfim, a herdeiro intelectual de Hubble.

"Há apenas dois números a serem medidos pela cosmologia!", dizia com frequência Sandage a Suntzeff,[22] parafraseando o título de um famoso artigo que ele escrevera para *Physics Today*, em 1970: "Cosmologia: a busca de dois números."[23] O primeiro era a constante de Hubble. A linha reta com 45° de inclinação que Hubble havia plotado para a distância das galáxias e seus desvios para o vermelho – quanto mais distante a galáxia estivesse, maior seria sua velocidade de recessão – sugeria uma relação quantificável. Se você soubesse a distância até uma galáxia, então seria capaz de conhecer sua velocidade de recessão, e vice-versa.

Nos anos 1930, o próprio Hubble estimou que as galáxias se afastavam numa taxa de velocidade que aumentava em 500 quilômetros por segundo* para cada megaparsec (unidade de distância equivalente a 3,262 milhões de anos-luz). Essa taxa, infelizmente, correspondia a um Universo que teria apenas 2 bilhões de anos – o que implicava um Universo mais novo que a Terra, cuja idade estimada por geólogos da época era de 3 bilhões de anos.

---

* No original, menciona-se apenas a unidade "quilômetros", mas a taxa de recessão é uma velocidade, e as unidades usadas por Hubble eram quilômetros por segundo. (N.T.)

Essa discrepância só prejudicou a reputação da cosmologia como ciência em formação. Mas o próprio Hubble considerava suas observações um "reconhecimento preliminar".[24] Para fazer cosmologia corretamente, ele precisava procurar as nebulosas mais distantes que o telescópio de 2,54 metros de Monte Wilson lhe permitisse; e depois as mais distantes que o telescópio de 5 metros de Monte Palomar, perto de San Diego, lhe propiciasse.

O Telescópio Hale, de 5 metros, foi inaugurado em 1948 – por acaso, o primeiro ano de Sandage nos observatórios da Carnegie Institution. Mas o timing de Sandage foi perfeito por outros motivos também. Os "monges e sacerdotes", como ele chamava a primeira geração de astrônomos da Carnegie, estavam prestes a se aposentar. Lá em cima, no Observatório de Monte Wilson, Sandage circulava entre seus deuses, astrônomos que sabiam que tinham "chegado lá", como ele dizia, quando, na mesa do jantar, não encontravam seus guardanapos dobrados sobre o prato, mas enrolados e envoltos por um anel de madeira com seus nomes gravados. E aqui embaixo, na Santa Barbara Street, Sandage podia examinar por si mesmo "as tábuas de Moisés"[25] – o vasto repertório de arquivos fotográficos, metáfora que funcionava em vários níveis distintos. Como Moisés, Edwin Hubble havia descido da montanha trazendo novas leis da natureza. Mas, ainda como Moisés, ele tivera que peregrinar pelo deserto durante décadas, apenas para morrer antes de chegar à Terra Prometida.

Hubble sofreu um ataque cardíaco em meados de 1949, aos sessenta anos, apenas seis meses depois de ter feito sua primeira observação com o telescópio de 5 metros. Recaiu sobre seu assistente a responsabilidade de chefiar um dos mais ambiciosos programas científicos de todos os tempos. Sandage descobriu que as distâncias para as galáxias mais próximas eram maiores do que Hubble havia calculado, correção que afetou a interpretação de Sandage para as galáxias mais distantes, o que alterou sua interpretação para as galáxias mais distantes ainda. Os dominós foram caindo até onde o telescópio de 5 metros conseguia alcançar. Depois da morte de Hubble, em 1953, Sandage e seus colaboradores determinaram uma constante de Hubble de 180 – valor que ele continuou revisando para baixo ao longo de décadas, até a chegada de Suntzeff nos observatórios da

Carnegie Institution, no começo dos anos 1980, quando Sandage já estava satisfeito com um valor entre 50 e 55.

Apesar de seu nome, a constante de Hubble não é constante – não é um valor inalterável ao longo do tempo. Ela nos diz apenas qual a velocidade de expansão do Universo agora – a taxa de expansão *atual* –, e por isso mesmo os astrônomos às vezes se referem a ela como parâmetro de Hubble. Ela não diz nada, por exemplo, sobre como a taxa de expansão se altera ao longo do tempo. Esse valor – o segundo número de Sandage – é chamado pelos astrônomos de parâmetro de desaceleração, porque ele nos diz como o Universo diminui sua taxa de expansão ao longo do tempo. A partir do parâmetro de Hubble, é possível extrapolar rumo ao passado e, dependendo de quanta matéria haja no Universo, deduzir a idade do Universo. Com o parâmetro de desaceleração, pode-se extrapolar rumo ao futuro e, dependendo de quanta matéria haja no Universo, deduzir seu futuro. Nessa visão, *havia* apenas dois números a se medir em cosmologia: o alfa e o ômega do Universo.

Ambas as medições precisavam de uma vela-padrão, e, na época em que Suntzeff se tornou pesquisador da Carnegie, em 1982, Sandage (juntamente com Gustav Tammann) havia se decidido pelas supernovas. De vez em quando Suntzeff e Sandage iam ao Chile ao mesmo tempo, até as instalações da Carnegie em Las Campanas. Sandage trabalhava num telescópio, Suntzeff em outro, e o primeiro perguntava ao segundo se um pontinho estranho numa placa fotográfica era de fato uma supernova.[26] Doze vezes Suntzeff mudou seu telescópio de direção para fazer as observações subsequentes, e em onze delas teve que dar a má notícia a Sandage: nada de supernova. Afinal Sandage percebeu que ele, literalmente, não tinha o "equipamento apropriado". As placas fotográficas apresentavam defeitos. Quando ele não obteve da Kodak placas que seguissem rigorosamente as especificações, abandonou o projeto.

No entanto, nessa ocasião, Suntzeff já estava bastante interessado nas supernovas. Em noites nubladas, no observatório, ele se recolhia à biblioteca e colocava em dia a leitura sobre elas, ou pedia conselhos a tio Allan, como todos se referiam a Sandage. Estava chegando a hora de Sandage passar o bastão que havia recebido de Hubble para a próxima geração. Ele tinha problemas de visão no olho direito, o que ele usara na ocular de telescópio por mais de quatro décadas, e seu equilíbrio estava ruim, o que representava um risco para quem trabalhava na plataforma de alguns metros de altura sobre um piso de concreto.[27] Logo teria de aposentar a ocular, guardar o porta-guardanapos e descer a montanha.

Além disso, Sandage percebia que seu modo de fazer astronomia estava chegando ao fim. Durante os dois primeiros séculos após a invenção do telescópio, os astrônomos utilizavam somente a luz que lhes atingia os olhos em determinado momento, nada mais. Eles podiam desenhar o que haviam visto, ou explicar em palavras, e anotar medições para designar a posição de um objeto e descrever seus movimentos. Mas o que viam – a luz propriamente dita, a representação visual do objeto num instante de tempo – não era permanente.

A invenção da fotografia, em meados do século XIX, mudou radicalmente a relação entre observadores e suas observações. Para a astronomia, as fotografias tinham uma vantagem óbvia sobre o olho humano. Uma foto preservava o que o astrônomo vira. Ela preservava a própria luz e, portanto, a imagem do objeto num determinado instante. Os astrônomos podiam consultar não só o que eles haviam desenhado, ou descrito com palavras, ou escrito em forma de equação, mas o que de fato haviam observado. E isso valia para qualquer astrônomo, no presente ou no futuro.

Mas a fotografia não permitia só que os astrônomos coletassem a luz. Ela possibilitava que coletassem a luz *ao longo do tempo*. A luz não batia simplesmente na placa fotográfica; ela batia e era captada, e logo em seguida mais luz chegava e era captada, e assim por diante. As fontes luminosas eram tão fracas que os olhos humanos não as percebiam, mesmo com o auxílio de um telescópio, mas a placa fotográfica as captava, porque ela não funcionava como um medidor instantâneo, mas como uma esponja. Ela se embebia de luz ao longo de uma noite inteira. Quanto mais prolongada fosse a exposição, maior era a intensidade de luz na placa; quanto mais luz, mais longe se enxergava.

Agora, porém, dispositivos de carga acoplada, ou CCDs (de Charge-Coupled Device), prometiam fazer para as placas fotográficas o que as placas fotográficas haviam feito para o olho humano. Um CCD é uma rodela fina como uma hóstia de silício que absorve luz digitalmente; um fóton cria uma descarga elétrica. Uma placa fotográfica capta 1% ou 2% de todos os fótons disponíveis; um CCD pode chegar a 100%. Para todos os aspectos da astronomia, as vantagens eram óbvias. A tecnologia digital significava que você podia processar as imagens usando computadores, e mais luz significava que você podia ver mais longe e coletar dados mais depressa. No entanto, para as buscas de supernovas, como Sandage explicou a Suntzeff, o CCD trazia mais um bônus.

A relevância de uma supernova para a cosmologia depende fortemente de sua curva de luz, um gráfico que mostra a ascensão e a queda da luminosidade da supernova ao longo do tempo. Toda supernova tem uma curva de luz que cresce de forma abrupta em questão de dias, à medida que ela vai atingindo sua luminosidade máxima, e depois cai aos poucos, quando a supernova perde brilho. Contudo, como cada tipo de supernova produz um tipo diferente de mistura de elementos químicos (com hidrogênio ou sem hidrogênio, por exemplo) e surge a partir de um processo diferente (explosão ou implosão), essa subida e descida na curva de luz tem um padrão específico. Para identificar esse padrão, você deve saber qual é o pico da curva – quando o brilho atinge um máximo –, e então precisa ter sorte o bastante para descobrir a supernova enquanto o brilho ainda está crescendo. Para desenhar o gráfico, você então deve fazer uma série de observações subsequentes – quanto mais observações, mais pontos há para se plotar; quanto mais pontos, mais confiável é a curva. Mas essas observações são confiáveis somente se você pode ter segurança quanto ao seu conhecimento acerca do brilho da supernova, e isso depende de você conseguir separar o brilho da supernova do brilho geral da galáxia onde ela está. Uma tecnologia que lhe permitisse fazer mais observações e depois quantificar essas informações pixel por pixel ajudaria muito a diminuir a margem de erro. A velocidade e a precisão da tecnologia CCD, como Sandage dizia, fariam de uma curva de luz um arco gracioso e unívoco – aos olhos de um especialista em fotometria como Suntzeff, uma verdadeira obra de arte.

Suntzeff já estava familiarizado com a tecnologia CCD.[28] Quando terminou sua bolsa como pesquisador da Carnegie, em 1986, ele se tornou astrônomo residente no Observatório Interamericano de Cerro Tololo (uma divisão do Observatório Nacional de Astronomia Ótica dos Estados Unidos), no Chile; ele fora recrutado por Mark Phillips, amigo seu dos tempos da pós-graduação – ambos frequentaram a Universidade da Califórnia em Santa Cruz, nos anos 1970. A primeira missão de Suntzeff foi instalar um CCD num telescópio, e ele se juntou a Phillips para testar o equipamento na supernova 1986G. Suntzeff faria a observação e a fotometria, Phillips faria as comparações da curva de luz com as de outras supernovas.

Suntzeff esperava um resultado histórico. Até onde ele e Phillips sabiam, a deles era a primeira curva de luz "moderna", a primeira obtida com um CCD. Apesar de ser realmente histórico, o resultado foi decepcionante. A curva de luz da 1986G parecia significativamente diferente de outras curvas de luz de supernovas tipo Ia. A supernova parecia menos brilhante do que deveria para aquele desvio para o vermelho, e sua curva de luz parecia subir e descer de forma mais abrupta que as de outras supernovas tipo Ia.

Parte do problema de ser um pioneiro na ciência é que você não tem uma amostragem histórica confiável. As únicas curvas de luz de que Suntzeff e Phillips dispunham para as comparações eram as feitas com placas fotográficas. Não havia como saber se a curva estranha que tinham obtido com o CCD era o resultado de uma peculiaridade da supernova observada ou do próprio CCD. Ainda assim, os dois astrônomos estavam tão confiantes em suas correções dos dados que concluíram, num artigo publicado no ano seguinte, que as supernovas tipo Ia provavelmente variavam muito de brilho para ser velas-padrão.

Porém, por mais frustrante que fosse aquele resultado, Phillips e Suntzeff viram ali uma oportunidade. Sua missão seria convencer a comunidade de que as supernovas tipo Ia não eram velas-padrão – ou convencer a si próprios de que estavam errados, e que as tipo Ia *eram* velas-padrão. De qualquer modo, os dois astrônomos agora estavam no jogo.

O timing deles não podia ter sido melhor. Em 23 de fevereiro do ano seguinte, 1987, uma supernova explodiu sobre nossas cabeças. A SN 1987A surgiu na Grande Nuvem de Magalhães, uma das poucas galáxias visíveis a olho nu – e somente no hemisfério sul. Foi a primeira supernova visível a olho nu desde 1604, suscitando um festival de observações entre os astrônomos. Não era tipo Ia, o tipo explosivo que Phillips e Suntzeff haviam estudado. Era tipo II, o implosivo. Ainda assim, com base no acesso que tinham a um CCD no hemisfério sul, e graças à coautoria no artigo sobre a SN 1986G, eles se viram assumindo o papel do que chamaram jocosamente de "os especialistas locais em supernovas".

Em julho de 1989, eles foram a um seminário de duas semanas sobre supernovas em sua instituição de origem, a Universidade da Califórnia em Santa Cruz. O assunto da primeira semana foi a SN 1987A, mas, como o seminário decerto atrairia quase todos os especialistas em supernovas do mundo – todos os cinquenta –, os organizadores acrescentaram uma semana para tópicos sobre supernovas não relacionados à SN 1987A. Naquela ocasião, praticamente todos no seminário trabalhavam havia dois anos com ela, sem parar. Eles tinham resultados: observações, interpretações, teorias. Mas também estavam saturados do assunto. E quanto às supernovas explosivas? As tipo Ia? A primeira semana do seminário seria dedicada ao trabalho; a segunda, à diversão.

Por vezes, nos seminários, o trabalho mais produtivo acontece nos corredores, entre as sessões, ou à mesa do bar, à noite. Para Suntzeff, aconteceu durante uma conversa com um velho amigo. "Há apenas dois números a serem medidos em cosmologia!", clamava tio Allan; e embora Suntzeff não pensasse muito sobre isso na época, ele iria se lembrar depois, de volta ao lar, em La Serena, quando um membro novato de sua equipe no observatório lhe apresentou a ideia para um projeto.

Mario Hamuy chegara a Cerro Tololo como pesquisador assistente em 27 de fevereiro de 1987 – três dias depois da descoberta da 1987A na Grande Nuvem de Magalhães.[29] O projeto original pré-1987A para Hamuy, na condição de novato da equipe, era ir para a montanha a fim de se familiarizar com os instrumentos. Em vez disso, o diretor do observatório o mandou observar a 1987A, e somente ela. Quando voltou a La Serena, um mês depois, Hamuy, se não se tornara um verdadeiro especialista em supernovas, pelo menos era entusiasta no assunto, muito além daquilo que seria característico de sua personalidade.

Agora ele explicava a Suntzeff e a Phillips que havia assistido a uma palestra em Santa Cruz, apresentada por Bruno Leibundgut, astrônomo suíço recém-doutorado.[30] Suntzeff e Phillips conheciam Leibundgut de períodos de observação no Chile, no começo e em meados dos anos 1980, quando ele era estudante de pós-graduação sob a orientação de Gustav Tammann. Os dois haviam assistido à sua palestra também, e Leibundgut lhes confessara que havia sido incorporado ao programa na última hora. Bob Kirshner o contratara recentemente como pós-doc em Harvard, no outono. Em determinado momento de alguma reunião, Kirshner se virara para ele e perguntara quando iria dar uma palestra. Leibundgut respondeu que não daria; Kirshner disse que sim, que daria, e seria agora: Kirshner estava abrindo mão de seu tempo para encaixar a palestra de Leibundgut. E foi assim que este se viu falando para os especialistas em supernovas de todo o mundo sobre sua tese de doutorado: um modelo de supernovas tipo Ia que sugeria que elas poderiam ser velas-padrão.

Para Phillips e Suntzeff, a palestra era parte de um longo e continuado diálogo no interior da comunidade. Eles haviam dado sua própria contribuição, com o trabalho sobre a 1986G. Para Hamuy, porém, a palestra representava uma visão de futuro. Ao ouvir Leibundgut, ele se lembrou de que seu orientador de pós-graduação na Universidade do Chile, José Maza, havia coordenado uma busca de supernovas no final dos anos 1970 e início dos anos 1980. Talvez tivesse chegado a hora de retomar a ideia de busca de supernovas no hemisfério sul, só que agora usando a tecnologia CCD, muito superior. Ao retornar de Santa Cruz, Hamuy levou a Maza a ideia, e este concordou em ajudar. Agora Hamuy queria saber o que Phillips e Suntzeff achavam disso.

Phillips lhe disse que a ideia era boa, mas alertou que a procura de supernovas no hemisfério sul devia ser mais que apenas uma busca de supernovas no hemisfério sul. Foi quando Suntzeff pensou: "Só há dois números a serem medidos pela cosmologia."

Talvez eles estivessem errados em julgar que as supernovas tipo Ia não eram velas-padrão. Talvez Leibundgut, que afinal estudava outras supernovas tipo Ia, enquanto eles se ocupavam da supernova tipo II 1987A, estivesse certo. E se ele estivesse certo, talvez eles pudessem usar supernovas tipo Ia próximas para medir o parâmetro de Hubble – a atual taxa de expansão do Universo. E se esse plano funcionasse, poderiam utilizar supernovas mais distantes para medir o parâmetro de desaceleração – a taxa com que a expansão estava diminuindo.

Hamuy planejou a logística. A busca seria uma colaboração entre dois observatórios, Cerro Calán, o observatório da universidade, no meio da cidade de Santiago, e Cerro Tololo, seu atual empregador. Daí veio o nome: Levantamento Calán/Tololo. Idealmente, a busca de supernovas teria que combinar uma câmera com o maior ângulo possível e a mais nova tecnologia CCD, contudo essa opção não estava disponível para aquele grupo. Em vez disso, eles tiveram de escolher entre um telescópio ao qual não se podia acoplar uma câmera CCD, mas que tinha um ângulo grande de visão, ou um telescópio com CCD, mas com pequeno ângulo de visão. Optaram pelo grande ângulo, sem o CCD, o Telescópio Curtis Schmidt, de 60 centímetros, em Cerro Tololo. Na busca de objetos raros e esquivos como as supernovas, quanto mais galáxias você conseguir observar ao mesmo tempo, maiores são suas chances de encontrar pelo menos uma supernova; para identificar candidatas a supernovas, a quantidade ainda era mais importante que a qualidade. As placas fotográficas eram grandes – 20 × 20 centímetros – e cobriam um pedaço do céu equivalente a cem luas cheias. Para as observações subsequentes, eles usavam um CCD com campo de visão mais estreito, um telescópio que via um pedaço do céu equivalente a apenas uma lua cheia, mas aquela janela era grande o suficiente para se fazer fotometria e espectroscopia numa supernova, se já se soubessem as coordenadas específicas do alvo.

Um dia típico de trabalho para o grupo do levantamento Calán/Tololo começava com o pôr do Sol no Telescópio Curtis Schmidt, onde a equipe de Cerro Tololo obtinha as imagens e revelava as placas fotográficas. Quando o Sol nascia, eles colocavam as placas num caminhão, que as levava até um ônibus, que chegava a Santiago pela autoestrada costeira, umas sete ou oito horas depois. Lá o ônibus era recebido por assistentes de pesquisa de Cerro Calán, que levavam as placas até o observatório e faziam a varredura das imagens da noite anterior, usando como base imagens de algumas semanas atrás. Quando o Sol já se punha novamente, e a cúpula de Cerro Tololo estava prestes a se abrir, Hamuy, Phillips e Suntzeff tinham uma lista de candidatos a supernova que observariam com o CCD naquela noite.

A busca, porém, não descobria apenas supernovas. Ela melhorava a qualidade das observações e análises ao observar também supernovas descobertas por outros profissionais e amadores. A equipe observou as duas supernovas estranhas de 1991 – a muito brilhante 1991T e a muito pouco brilhante 1991bg; Phillips assinou como autor principal um artigo no *Astronomical Journal* analisando a 1991T. Aquelas duas supernovas apenas reforçaram as suspeitas suas e de Suntzeff de que as supernovas não eram velas-padrão. Dava para ver a disparidade de cara, tão diferentes eram as curvas de luz. A curva de luz da brilhante 1991T subia e descia de forma mais gradativa que a característica curva de luz de uma supernova tipo Ia. A curva de luz da fraquinha 1991bg subia e descia de forma mais abrupta que a característica curva de luz de uma supernova tipo Ia.

A mais brilhante caía mais devagar. A menos brilhante caía mais depressa.

Mais brilhante... devagar. Menos brilhante... depressa.

A correlação assustou Phillips.[31] Será que isso se mantinha se ele analisasse as curvas de luz de um grupo grande de supernovas? Se a resposta fosse sim, talvez as tipo Ia não precisassem ser idênticas entre si para ter utilidade na cosmologia. Talvez a velocidade com que a curva de luz subisse e descesse pudesse ser usada como um indicativo de seu brilho em relação a outras supernovas tipo Ia. E se você soubesse as luminosidades relativas entre as supernovas, então, pela lei do inverso do quadrado, poderia deduzir as distâncias relativas. Poderia usar supernovas para fazer cosmologia.

Phillips se lembrou de que, enquanto trabalhava na 1986G – a primeira curva de luz de supernova feita com um CCD –, ele consultara artigos escritos por Yuri Pskovskii, de 1977 a 1984, insinuando uma relação entre ascensão e queda das curvas de luz e suas luminosidades absolutas. Mas Phillips sabia que a qualidade ruim das placas fotográficas fazia da hipótese de Pskovskii algo pouco confiável. Agora, Phillips se dava conta, ele podia usar estudos não fotográficos para resolver a questão.

Ao longo de 1992 Phillips colecionou curvas de luz, inclusive algumas feitas por ele mesmo, que considerou respeitarem os mais rigorosos critérios observacionais, e então as submeteu a uma análise que durou meses. Numa manhã daquele ano, ele viu que seus preparativos haviam terminado. Era chegada a hora de pegar as curvas de luz, nove no total, e plotar os dados.

Para Phillips, uma das vantagens de se morar numa cidade relativamente pequena como La Serena, no Chile, era que podia ir do trabalho para casa a pé e almoçar com a esposa. Normalmente ele não falava de trabalho com ela, que não tinha um interesse particular em astronomia. Ele também não sentia nenhuma vontade especial de falar de trabalho em casa. Mas naquela tarde abriu uma exceção.

"Eu acho", disse à esposa, "que descobri algo importante."

UM DOS PRIMEIROS astrônomos a escrever para Phillips dando-lhe os parabéns foi ninguém menos que Bob Kirshner – uma bênção vinda de longe, vinda de cima. As equipes dinamarquesa e de Berkeley se perguntaram, ambas, se era possível alguém descobrir uma supernova distante o suficiente para ser usada em cosmologia. A resposta, em 1988 e 1992, fora "Sim". Agora o grupo de Calán/Tololo tinha dado o que Kirshner considerava o primeiro passo cientificamente responsável, e respondeu à pergunta de se as supernovas tipo Ia eram velas-padrão: não. Mas eram algo muito próximo disso: velas que você poderia *padronizar*. Você podia relacionar a taxa de queda do brilho numa curva de luz à magnitude absoluta da supernova.

A próxima pergunta, então, era: será que podemos encontrar supernovas tipo Ia distantes de forma continuada e confiável?

Em março de 1994, do nada, a equipe de Berkeley respondeu a essa pergunta de forma veemente: sim. Com um comunicado surpreendente, eles anunciaram que, entre dezembro de 1993 e fevereiro de 1994, haviam descoberto seis supernovas distantes em seis noites diferentes.

Quando Schmidt se reuniu com Suntzeff em La Serena, no final de março, e cogitou a possibilidade de competirem com Saul, a repercussão do comunicado ainda reverberava por toda a comunidade como um dos terremotos que assolavam o interior do Chile. Schmidt e Suntzeff depararam com uma triste realidade. Desde 1989, o grupo de Calán/Tololo havia reunido cinquenta supernovas próximas, 29 das quais eram tipo Ia. Os membros da equipe logo estariam publicando o valor encontrado por eles para o parâmetro de Hubble, e quando isso acontecesse os dados se tornariam públicos, à disposição de todos. Berkeley logo precisaria de supernovas tipo Ia próximas para construir a parte inferior do seu diagrama de Hubble.

Saul usaria os dados deles para derrotá-los em seu próprio território.

Ampliar a busca de supernovas tipo Ia para valores maiores de desvio para o vermelho, ao término da pesquisa nas regiões mais próximas, sempre foi uma possibilidade. Agora se tornara imperativo. Mas eles teriam que ser mais rápidos se quisessem coletar suas próprias supernovas distantes.

Brian Schmidt era beneficiário de uma educação movida a dinheiro do petróleo, uma escola de ensino médio do Alasca que contratava doutores a fim de dar aula para adolescentes. Schmidt não tinha sido o melhor aluno de física de sua turma; ele sabia que dois outros o superavam. Mas fora aquele que dera algum uso prático à física, e atribuía essa diferença à "paixão". Se ele dizia que iria escrever o código para uma busca de supernovas com altos desvios para o vermelho em dois meses, então escreveria o código em dois meses. E foi mais ou menos o que fez. Escreveu pedaços inéditos que foram inseridos num código já existente, empregado nas observações da 1986G, por Phillips e Suntzeff, feitas com CCD;[32] e com base nos "dados" dos testes feitos, ele e sua equipe conseguiram três períodos de duas noites cada no telescópio de 4 metros de Cerro Tololo no começo do ano seguinte, fevereiro e março de 1995. Naquela época, Schmidt estava se mudando para a Austrália com a esposa e o filho de três meses – ele ia morar em Canberra, para trabalhar nos Observatórios de Monte Stromlo e Siding Spring –, e não tinha dinheiro para viajar. Mas imaginou que ele poderia conduzir as observações com a ajuda de colaboradores no local e da internet.

Foi então que Schmidt teve sua primeira epifania: *dados de teste não são para valer.*

Em fevereiro de 1995, a equipe começou a obter imagens de referência – as imagens iniciais que iriam subtrair das imagens posteriores. Por vezes o programa não funcionava. Quando funcionava, Schmidt tinha que lidar com *bugs* e com uma conexão de apenas 100 bytes por segundo. Frequentemente precisava adivinhar qual o problema e fazer pequenas alterações no código, que seus colaboradores no Chile implementavam, e isso levava a longas conversas ao telefone, reunindo Cambridge, La Serena e Canberra, e Schmidt acabava por passar a noite toda acordado, enquanto sua mulher, com o bebê no colo, andava pela casa. Finalmente ele pediu que seus colaboradores no Chile lhe mandassem os dados numa fita, para que pudesse examiná-los.

A fita jamais chegou. Sumiu em algum lugar entre Santiago e Siding Spring.

Foi então que Schmidt teve sua segunda epifania: *de agora em diante, eu sempre irei ao Chile.*

"De agora em diante", porém, presumia que eles tivessem achado uma supernova tipo Ia distante. A primeira noite das observações subsequentes, de 24 para 25 de fevereiro, estava clara, mas o *seeing* – termo que os astrônomos usam para descrever as condições atmosféricas – estava ruim.[33] Na segunda noite, de 6 para 7 de março, o *seeing* estava excelente, e eles obtiveram seis candidatas. Contudo, após análise mais criteriosa, viu-se que não eram supernovas. Na terceira noite, de 24 para 25 de março, com exceção de um breve período, o tempo estava nublado.

No pedido de tempo para observação que a equipe havia submetido em setembro, Schmidt e Suntzeff escreveram: "Com base na estatística de descobertas do projeto de supernovas Calán/Tololo, esperamos encontrar cerca de três supernovas tipo Ia por mês." Decerto eles tentavam se consolar agora, teriam de achar pelo menos *uma*. E ainda assim eles já estavam indo para a última noite de observação, e nada. Será que estavam fazendo alguma coisa errada? Será que o programa tinha algum defeito? Ou simplesmente tinham azar?

Na noite final, de 29 para 30 de março, um borrão de luz de 16 × 16 pixels foi enviado pela internet entre o Chile e a Austrália.[34] Schmidt ficou olhando, olhando para aquela imagem, mas não conseguia decidir. Ele pegou o telefone, ligou para Phillips e Suntzeff e pediu que eles olhassem a imagem e dessem uma opinião. Eles olharam e concordaram que parecia uma supernova, talvez, quem sabe. Mas não havia como ter certeza antes de receber os resultados da posterior espectroscopia, feita pelo Telescópio de Nova Tecnologia, de 3,6 metros, em La Silla, no Chile.

Bruno Leibundgut – cuja palestra em 1989 tinha sido a inspiração para a primeira busca – estava no comando em 2 de abril, um domingo. Tarde da noite, ele ligou para Mark Phillips com um relatório de boas e más notícias.[35]

Primeiro, a má notícia: "É muito fraquinha", disse ele.

Mas a boa notícia era de que pelo menos o borrão ainda estava lá, indicando que aquilo era uma supernova.

Então, eles tinham sido apenas azarados.

A equipe continuou a estudar os dados das observações de março, e na quarta-feira daquela semana descobriram que a candidata a supernova daquela última noite aparecia também na última imagem da terceira noite de observação, um pouco antes de o tempo ficar nublado. "Isso é muito encorajador", Phillips escreveu no e-mail para a equipe.*

Na manhã de quinta-feira, horário do Chile, Schmidt enviou um relatório sobre seu progresso para todos os membros da equipe. Ele sugeria que deveriam submeter a observação à circular da União Internacional de

---

* Neste livro, as citações a mensagens eletrônicas mantêm a ortografia e a pontuação originais.

Astronomia, um procedimento de rotina. Também propôs que criassem um nome para a equipe – "um nome criativo (pelo menos que fizesse jus ao grupo, se não conseguirmos ser criativos)". Eles estavam se desenvolvendo como equipe, ainda que Schmidt preferisse (acrescentou) ter um valor de desvio para o vermelho da galáxia.

Naquela noite, eles conseguiram justamente isso. Mario Hamuy examinara o espectro obtido por Leibundgut quatro noites antes e relatou o resultado para Phillips, que o transmitiu para toda a equipe. A galáxia onde estava a supernova, e com isso a própria supernova, apresentava um desvio para o vermelho de 0,48, o que a colocava a uma distância de 4,9 bilhões de anos-luz, estabelecendo um novo recorde.

Eles não podiam ter certeza de que era uma supernova tipo Ia, o que significava que não sabiam se ela seria útil para a determinação do parâmetro de desaceleração. Leibundgut teria de destrinchar os dados ainda mais antes que pudessem fazer qualquer tipo de afirmação.

Mas como Leibundgut escreveu para Schmidt naquele dia: "Estamos no jogo de novo. Que diferença uma supernova pode fazer."

Haviam derrotado Saul, que tentara derrotá-los em seu próprio território.

6. O jogo

Pop! SN 1994F explodiu!

Pop! SN 1994G explodiu!

Pop! SN 1994H explodiu!

A equipe de Berkeley tinha pendurado etiquetas numeradas em garrafas de champanhe, de um a seis, uma para cada supernova que havia descoberto ao longo do mais recente período de observações no Telescópio Isaac Newton, entre dezembro de 1993 e fevereiro de 1994, além de um zero para a supernova de 1992.[1] Os membros do Projeto de Cosmologia por Supernovas (SCP, na sigla em inglês de Supernova Cosmology Project) – como eles agora se autodenominavam – estavam reunidos na casa de Gerson Goldhaber, nos arredores de Berkeley. Caçoavam deles mesmos por serem "fracos", talvez não conseguissem beber nem duas garrafas daquelas. Mas o champanhe dentro da garrafa não era o mais importante, claro; importante era a quantidade de garrafas. Eles tinham levado quatro anos para encontrar a primeira supernova. E agora, em três meses, tinham achado outras seis.

Mas o grupo não comemorava somente as supernovas. Eles brindavam à sobrevivência. Carl Pennypacker não era mais parte da equipe. Fora expulso? Pedira para sair? Quem sabia? Pelo menos ainda tinham uma equipe. No começo do segundo semestre de 1994, o Centro de Astrofísica de Partículas e a Divisão de Física do LBL tinham criado um Comitê Revisor para decidir se a busca de supernovas deveria continuar. Mesmo quando o comitê decidiu a favor, Bernard Sadoulet suspendeu o financiamento do projeto pela metade, direcionando o dinheiro para uma pesquisa própria; Robert Cahn, chefe da Divisão de Física do LBL, avisou então que estava cortando pela metade a contribuição orçamentária do LBL para o experimento de Sadoulet sobre matéria escura, concedendo o dinheiro ao SCP. Não só o projeto estava no azul, para variar, como eles agora possuíam um anjo da guarda no LBL, um diretor de divisão que entendia por que um laboratório de física queria pesquisar supernovas distantes. E ainda haviam encontrado mais seis supernovas. Não estavam simplesmente no jogo das supernovas distantes, eles *eram* o jogo.

Pop! SN 1994al. Pop! SN 1994am. Pop! SN 1994an.

A festa não durou muito tempo.

Durante anos, como membro do Comitê Externo do Projeto de Cosmologia por Supernovas, Bob Kirshner dissera que a equipe do LBL não sabia o que estava fazendo – que seus membros não levavam em conta a poeira, não prestavam atenção suficiente à fotometria, nem se preocupavam se as supernovas tipo Ia eram realmente velas-padrão. Ele parecia não entender que para o LBL essas preocupações eram irrelevantes – ou *ainda não eram* relevantes. O grupo apenas se interessava em provar que podia realizar aquilo que tentava fazer: detectar supernovas distantes o suficiente para serem usadas em cosmologia. Seus primeiros esforços foram o que os membros da equipe chamavam, em várias ocasiões, de "demonstrações",[2] parte de um "projeto-piloto" num "programa de exploração".[3] Quando finalmente encontraram uma supernova, em 1992, as objeções de Kirshner como revisor do artigo impediram a publicação até 1995, quando um revisor mais simpático, Allan Sandage, o aprovou. Ao chegar a Berkeley vindo de Harvard, Kirshner parecia alheio à crescente consternação, frustração e raiva não só diante de seus argumentos, mas também diante *dele mesmo*.[4] Um colega seu do Comitê Externo, na palestra de um seminário sobre cosmologia, descreveu a contribuição de Kirshner para a discussão da abordagem do LBL: "Não! Isso não deveria funcionar! Eles não poderiam estar descobrindo supernovas com desvios para o vermelho tão altos!"[5]

E agora Kirshner dizia: "Bem, talvez."

Pelo menos a equipe do LBL tivera uma vantagem de seis anos – certamente isso contava para alguma coisa. Além disso, a fé que depositaram nas supernovas tipo Ia como velas-padrão *fora recompensada*. Primeiro,

Mark Phillips demonstrara que a curva de luz para uma supernova intrinsecamente pouco brilhante decai mais depressa – sua descida é mais íngreme – que a curva de uma supernova intrinsecamente mais brilhante.[6] Depois, a equipe de Berkeley criou uma variante própria dessa técnica. Eles uniformizaram as curvas de luz do tipo Ia, tratando-as como se estivessem numa casa de espelhos – "engordando-as" ou "emagrecendo-as" até que se adequassem a um modelo idealizado de curva de luz para uma supernova tipo Ia. (A equipe usava e abusava de uma fotocopiadora do LBL que distorcia as imagens exatamente dessa maneira.[7]) Se as supernovas tipo Ia não eram um tipo, mas uma família, então cada membro da família não chegava a ser uma vela-padrão, mas podia ser uma vela de calibre.

E agora, três anos depois de provar para eles mesmos que conseguiam encontrar supernovas distantes, tinham se superado e descoberto como encontrar supernovas com frequência. Depois de descobrirem três, no começo de 1994, com o Telescópio Isaac Newton, acharam mais três com o telescópio de 4 metros de Kitt Peak, nas montanhas a sudoeste de Tucson, Arizona. Em junho de 1995 já tinham onze supernovas tipo Ia distantes e estavam preparados para dar uma declaração oficial à comunidade, na forma de quatro artigos para a conferência da Otan e do Instituto de Estudos Avançados sobre "Supernovas termonucleares", em Aiguablava, na costa mediterrânea da Espanha: eles haviam inventado uma maneira de descobrir supernovas tipo Ia sempre que quisessem.

Chamavam isso de método do "amontoado".[8] Logo em seguida a uma lua nova, eles faziam até uma centena de observações, cada imagem contendo centenas de galáxias e, se possível, aglomerados de galáxias. Num período de vários dias, eles conseguiam dezenas de milhares de galáxias. Na nova abordagem para o velho método de comparação de galáxia por galáxia, um programa de computador subtraía a imagem original de referência de cada nova imagem vasculhando as centenas de galáxias em busca de algum ponto de luz que significasse o surgimento de uma supernova. Depois, usando novos programas, os astrônomos conseguiam descobrir, *na mesma noite*, se aquele ponto era uma supernova. Eles repassavam então as coordenadas para os membros da equipe em outros telescópios, que usavam o tempo reservado meses antes nesses instrumentos a fim de realizar as análises de fotometria e espectroscopia. (Um histórico de sucessos fazia maravilhas na hora de pedir tempo nos telescópios.) Talvez não se soubesse com exatidão e antecedência onde uma supernova iria aparecer, mas sabia-se que uma ou outra apareceria. Na prática, eles tinham inventado um jeito de "*programar* explosões de supernovas"* – só isso.

Pop, pop, pop.

Então Berkeley tinha uma dianteira de seis anos. E daí? A equipe de Schmidt e Suntzeff tinha *astrônomos* – profissionais que não precisavam aprender fotometria e espectroscopia, que só tinham de fazer bem-feito aquilo que já faziam, e introduzir algumas melhorias quando fosse preciso.

Muitos membros da equipe de Schmidt e Suntzeff também tinham comparecido à conferência da Otan (ela fora organizada por um ex-pós-doc de Kirshner). O pessoal de Harvard e do Chile não fazia muita fé no pessoal de Berkeley. "Acabei de ouvir falar disso, eu acabei de pensar isso, então, isso é assunto meu!", era como Kirshner descrevia a atitude do pessoal do Projeto de Cosmologia por Supernovas em relação ao tema.[9] Os membros do SCP conversavam sobre programar suas observações para coincidir com a lua nova – como se os astrônomos não estivessem fazendo exatamente isso há milhares de anos. O método do "amontoado"? Os radioastrônomos já adotavam essa abordagem nos anos 1960. Supernovas por encomenda? José Maza já fazia isso nos anos 1970.

Naturalmente, com todos aqueles cientistas correndo atrás dos mesmos objetivos e reunidos num mesmo lugar, havia conversas sobre colaboração. Mas alguns dos membros da equipe de Schmidt e Suntzeff saíram da Espanha com a impressão de que, como disse Kirshner, "trabalhar com eles significava trabalhar para eles".[10] Por que um dos mais renomados especialistas em supernovas aceitaria se subordinar a Saul Perlmutter, um neófito em tipo Ia e dez anos mais jovem? Para falar a verdade, por que

* Grifo no original.

qualquer um daqueles astrônomos de verdade deveria obedecer a um físico? Perlmutter vivia declarando que as supernovas eram "raras", "rápidas" e "aleatórias". E eram mesmo! Mas a equipe de Schmidt e Suntzeff preferia dar ênfase a "brilho", "distância" e "poeira" a como descobrir se uma supernova era intrinsecamente pouco brilhante, ou se era pouco brilhante por causa da distância ou da poeira.[11] Enquanto os físicos se preocupavam em encontrar supernovas distantes, os astrônomos se interessavam naquilo que iam fazer com elas, uma vez encontradas.

E eles tinham encontrado (pelo menos *uma* supernova distante). Mas ainda não sabiam de que tipo. O problema estava lá desde o início. Na mesma mensagem eletrônica que Leibundgut mandou a Schmidt em 6 de abril, comemorando a diferença que uma única supernova podia fazer, ele também mencionou, quase como um detalhe, que "o espectro da 'supernova' ainda tinha muito da galáxia em si" – e era difícil separar a luz da supernova aparente da luz da galáxia que a continha. O espectro dizia qual era o desvio para o vermelho da galáxia e, portanto, o desvio para o vermelho da supernova que ali estava. Mas para ver o espectro da supernova propriamente dito cabia isolar sua luz.

O primeiro a tentar foi Mark Phillips. Uma semana depois de avisar à equipe sobre o cálculo de Hamuy, de que aquela era a mais distante supernova já observada, ele já estava prestes a desistir. "Eu investi tempo DEMAIS nos últimos dias para resolver isso", escreveu à equipe. "A conclusão à qual cheguei é que o espectro da supernova tem uma relação SR" – sinal-ruído, a relação entre a luz da supernova de fato e o equivalente ótico de estática vindo da galáxia – "tão baixa que é IMPOSSÍVEL dizer de que tipo ela é."[12]

Depois Leibundgut assumiu a tarefa. E tentou algumas vezes. "Nada do espectro", ele escreveu numa mensagem eletrônica no final de maio. "De várias maneiras diferentes eu tentei extraí-lo, mas sem sucesso." Quando chegou à conferência de Aiguablava, disse a seus colaboradores que também estava prestes a desistir. "Eu não sei o que fazer em seguida", declarou. "Não tenho certeza se é um tipo Ia".

"Droga!", desabafou Suntzeff. "Saul está achando um punhado de supernovas e nós só temos uma, e nem sabemos se é uma tipo Ia!"[13]

Em determinado momento, Leibundgut discutia o problema com Phillips no lobby do hotel. O mar estava logo ali, do lado de fora. Eles estavam lá dentro. Phillips se virou para Leibundgut e disse: "Por que você não subtrai a galáxia?"

"Subtrair a galáxia" é provavelmente a primeira coisa que se faz quando se tenta obter o espectro de uma supernova. Quando se quer isolar a luz da supernova, toma-se o espectro da parte da galáxia que a contém, e que está repleto de luz da galáxia, e depois o espectro de outra parte da galáxia, longe da supernova; e então se subtrai o segundo espectro do primeiro. Idealmente, o espectro da supernova vai se destacar na imagem final.

Essa supernova, porém, estava tão embebida na luz da galáxia que Leibundgut não tentou o óbvio. Ninguém tentou. De Aiguablava ele seguiu até o Havaí, para outra conferência, e depois voltou para casa em Munique. Mexeu um pouco com a luz total da galáxia, dividindo sua intensidade por dez. Por que dez? Nenhuma razão em especial. O espectro da galáxia permaneceria o mesmo, ele não estava alterando a qualidade dos dados. Apenas alterava a intensidade. Subtraiu esse espectro do espectro da supernova (que também continha o espectro da galáxia), e o resultado foi um belo espectro de supernova.

"O espectro de 95K está maravilhoso!", escreveu-lhe Phillips em 1º de agosto. "Eu agora estou convencido de que esta é um tipo Ia legítimo."

Eles tinham voltado ao jogo. Agora só precisavam formalizar a existência daquela equipe.

Desde o início – durante a primeira conversa em La Serena, no começo de 1994 – Schmidt e Suntzeff sabiam que tipo de equipe queriam formar. O pessoal deles não ia parecer uma equipe de colaboração em física de partículas. Não teria a mesma hierarquia rígida, a mesma burocracia morosa, a mesma mentalidade de uma linha de montagem. Em vez disso, a equipe deles seguiria uma estética típica da astronomia. Seria ágil e independente como Hubble em Monte Wilson, ou Sandage em Monte Palomar.

Aquela abordagem já tinha dado certo. Como astrônomos profissionais que eram, perguntaram-se quais seriam os pontos-chave: será que as supernovas tipo Ia são mesmo velas-padrão? Somente depois de descobrir que as supernovas tipo Ia podiam ser calibradas é que começaram a procurar uma tipo Ia distante. E quase não descobriram. Contudo, no final, encontraram uma supernova com alto desvio para o vermelho, e ela era de fato uma tipo Ia. Eles redimiram a equipe e salvaram sua credibilidade fazendo uma descoberta "com o mínimo necessário e de maneira caótica", como Schmidt costumava dizer.[14] O processo não fora bonito – para Suntzeff, era "anarquia"[15] –, mas era astronomia.

Ainda assim, a própria astronomia estava mudando. A estética tradicional do "faça você mesmo" começava a desaparecer. A diversidade da ciência e as complicações tecnológicas impunham uma migração rumo a uma especialização cada vez maior. Não se podia mais estudar simplesmente o céu; estudavam-se apenas as estrelas que explodiam. Não se estudavam mais as supernovas como um todo; estudava-se apenas um tipo. E não se estudava somente o tipo Ia; cabia se especializar no mecanismo que levava à explosão termonuclear, ou em que metais eram criados pela explosão, ou em como usar a luz da explosão para medir a desaceleração da expansão do Universo – como fazer a fotometria, ou a espectroscopia, ou escrever o programa de computador. Um esquema de colaboração poderia se tornar algo difícil de lidar.

Suntzeff e Schmidt sabiam que sua equipe deveria refletir a crescente demanda de especialização. À medida que o projeto ia evoluindo de uma folha de rascunho, no começo de 1994, para algo real, com astrônomos mastigando pastilhas contra azia em observatórios, eles deviam levar em conta não somente quem trabalhava arduamente, mas quem tinha o conhecimento de cada área importante e quem tinha acesso aos telescópios certos. A primeira investida da equipe rumo à legitimidade, o pedido de tempo de observação no telescópio de Cerro Tololo, em setembro de 1994, listava doze colaboradores em cinco instituições de três continentes.[16] Depois que a equipe confirmou que havia encontrado sua primeira supernova distante com aquelas observações, no começo de abril de 1995, Schmidt fez circular um lembrete de quem eram: catorze astrônomos em seis instituições.[17] O artigo anunciando a descoberta no *ESO Messenger*, naquele mesmo ano, listava dezessete autores em sete instituições.[18]

Contudo, mesmo com o crescimento da equipe, Schmidt e Suntzeff queriam manter a agilidade que a moda antiga de fazer astronomia lhes dava – e transformar em vantagem a familiaridade que tinham com aquele método. Afinal, eles estavam correndo atrás do prejuízo.

"Nós só teremos sucesso se formos rápidos", Suntzeff costumava dizer. "A única maneira pela qual conseguiremos fazer isso é recrutar o máximo possível de jovens."[19] Jovens astrônomos. Pós-docs. Alunos de pós-graduação.

Eles também queriam que a colaboração fosse justa. "Estou cansado de ver gente se ferrando por causa do sistema", dizia Suntzeff – o sistema era quando o pós-doc fazia o trabalho e o astrônomo-chefe assinava o artigo como primeiro autor, ganhava todo o crédito, ia às conferências, e o pós-doc acabava desempregado.

Quando Schmidt e Suntzeff reuniram seus colaboradores em Harvard, no final do verão americano de 1995, eles tinham divisado uma estratégia para delegar responsabilidades que faria o projeto avançar de forma rápida e justa. A cada semestre, uma das instituições participantes – Harvard, o Observatório de Cerro Tololo, o Observatório Europeu do Sul ou a Universidade de Washington – ficaria encarregada de reunir os dados de todos os colaboradores, resumi-los e preparar um artigo para publicação. Quem tivesse feito a maior parte do trabalho assinaria o artigo como primeiro autor.

Porém, ao contrário da anarquia, uma democracia – mesmo que revolucionária – precisa ter um líder. De certa forma, Kirshner era a escolha óbvia. Mas ele também era a personificação daquilo que Schmidt e Suntzeff queriam evitar; somado ao "Faça depressa" e "Seja justo", eles tinham um corolário: "Sem medalhões."[20] No começo de 1994, em La Serena, quando haviam elaborado a lista inicial de participantes em potencial para a equipe de busca de supernovas distantes, Kirshner nem fora cogitado. Em sua tese de doutorado, Schmidt usara supernovas tipo II para obter uma constante de Hubble igual a 60, e depois viu Kirshner se gabar disso em várias conferências. Embora soubessem que a exclusão de um dos maiores especialistas em supernovas – e mentor de muitos membros da equipe – não era bom, tanto científica quanto politicamente, Schmidt e Suntzeff continuavam de pé-atrás em relação aos medalhões da área.

E por um bom motivo. Na conferência de janeiro da AAS, em Washington, Mario Hamuy apresentara uma palestra sobre o levantamento Calán/Tololo;[21] ele estava trabalhando num refinamento da descoberta de Mark Phillips, de que haveria uma relação entre as curvas de luz e as magnitudes absolutas. Depois disso, por convite de Kirshner, Hamuy foi a Cambridge, para um colóquio sobre o assunto no Centro de Astrofísica. Após a apresentação, um aluno de pós-graduação convidou-o para ir até sua sala. Adam Riess, que ainda não tinha feito 25 anos, emanava o tipo de autoconfiança nascida do fato de ser o irmão mais novo de duas irmãs que o adoravam. Quando ele entrou para o jogo das supernovas, não entendia por que não poderia resolver o maior problema de todos – como padronizar as tipo Ia. Agora queria mostrar a Hamuy uma técnica que estava desenvolvendo. Como o método de Phillips, o Formato da Curva de Luz de Riess (LCS, na sigla em inglês para Light-Curve Shape) permitia o cálculo do brilho intrínseco da uma supernova; mas, diferentemente do método de Phillips, o LCS também fornecia uma medida estatística – uma maneira para refinar a margem de erro. O método quantificava a qualidade do resultado.

Hamuy examinou o trabalho e disse a Riess que o considerara – como os cientistas dizem para elogiar uma ideia – "robusto".

No entanto, Riess confessou ter um problema. Até então ele não tivera a oportunidade de testar o método LCS com dados de verdade. Será que podia fazer isso com os dados de Hamuy?

Hamuy hesitou. Seus dados são seus dados. Até que você os publique, eles são seus e somente seus. Mas Riess foi persistente, e Hamuy era um convidado (*em Harvard*... e *de Bob Kirshner*), e acabou cedendo. Concordou em mostrar a Riess suas primeiras treze curvas de luz, mas não antes de obter uma promessa: Riess poderia usar os dados apenas para testar sua nova técnica, e não como parte de um artigo sobre o método.

Algumas semanas depois, Hamuy recebeu uma mensagem eletrônica de Riess. O método funcionava. Riess estava animado. Será que ele poderia publicar os resultados?

Hamuy lembrou a Riess que isso não fazia parte do acordo. Mas novamente cedeu, não sem antes exigir outra promessa: que Riess não publicaria seu artigo usando os dados antes que o próprio Hamuy publicasse um texto sobre as treze supernovas. Riess devia esperar até que o artigo de Hamuy recebesse OK do revisor do *Astronomical Journal*.[22] Quando isso aconteceu, no começo de setembro de 1994, Hamuy avisou Harvard – quer dizer, Riess e Kirshner, e também William Press, que lhe tinha dado suporte com a matemática – de que estavam liberados para submeter o artigo deles.

Eles assim fizeram. Mas submeteram o artigo ao *Astrophysical Journal Letters*, publicação que, como o nome sugere, divulga artigos curtos, e portanto é muito mais ágil.

Hamuy teve de batalhar para convencer o *Astronomical Journal* a acelerar o processo de publicação de seu texto. Enfim, os dois artigos foram publicados em janeiro de 1995. Ambos usavam os dados para calcular um valor para a constante de Hubble. E ambos chegaram a uma constante de Hubble na casa dos 60 – o de Hamuy, "62-67", o de Riess, "67±7".[23] Para todo o sempre, como Hamuy percebeu, os dois artigos seriam citados em conjunto, como publicações simultâneas.

"Como eu pude ser tão burro e dizer sim?",[24] reclamava Hamuy para seus colegas no Chile. "Mario! Mario! Mario!", ele lamentava, amaldiçoando a si mesmo tanto quanto os pedidos de Riess.

Nick Suntzeff enxergava as desastradas digitais de Kirshner naquela manobra que levou à publicação precoce do artigo de Riess e colaboradores. Além disso, ele já estava sofrendo da própria fascinação pelo "encontro com a grandiosidade na astronomia". Allan Sandage encorajara Suntzeff a usar a tecnologia CCD nas supernovas tipo Ia para calcular o parâmetro de Hubble, e Suntzeff havia ajudado sua equipe a fazer justamente isso, mas o valor obtido pelo grupo de Calán/Tololo estava do lado "errado" do 60. Astrônomos tinham estimado que as estrelas mais velhas num aglomerado globular tinham entre 16 e 18 bilhões de anos. Uma constante de Hubble de 50 correspondia a um Universo que talvez tivesse 20 bilhões de anos; uma constante de Hubble maior que 60 dizia que o Universo talvez tivesse 10 bilhões de anos – um Universo mais jovem que suas estrelas mais velhas.

Suntzeff já conhecia a fama de Sandage quando eles começaram a ficar amigos, no começo dos anos 1980. Todo mundo na astronomia conhecia a reputação de Sandage.[25] Até Sandage.[26] Mas ele não podia fazer nada; encarava o parâmetro de Hubble como algo pessoal. Sandage tinha herdado a pesquisa do próprio Hubble, trabalhara nisso por quatro décadas, forçara o valor para baixo, dos ridículos três dígitos iniciais para um valor realista de dois dígitos. Nos anos 1970, Gérard de Vaucouleurs tomou para si a missão de desafiar a metodologia e os pressupostos de Sandage e chegou a um valor de 100 para a constante de Hubble. Outros astrônomos tinham começado a encontrar valores que ficavam entre 50 e 100. Sandage não arredava pé. A constante de Hubble tinha que ser menor que 60, ele insistia; a idade do Universo exigia isso. "A resposta virá", Sandage costumava cutucar, "quando pessoas responsáveis tiverem acesso ao telescópio."[27]

Agora Suntzeff tinha se juntado à massa dos irresponsáveis. Ele recebera um recado de Sandage, acusando-o de ser vítima de influências desagradáveis.[28] Suntzeff tentou contato com Sandage. Phillips tentou também. Mas Sandage já não os atendia mais.

Porém, Suntzeff não desistiu de Sandage. Tendo ajudado a calcular o valor de um dos dois números da cosmologia, agora preparava uma investida rumo ao outro. Ele estava convencido de que a "disputa" com Sandage só existia na cabeça de Sandage; era o tio Allan dando uma de tio vingativo. Ele sempre soubera que um dia Sandage poderia se voltar contra ele, do mesmo modo que já havia se voltado contra outros acólitos e colegas quando julgava que estes tinham se voltado contra *ele*. Mas essa história com Hamuy e Kirshner era outra coisa. Não era somente desapontador num nível pessoal. Era profissionalmente perigoso.

Na verdade, a briga em si, como Suntzeff a entendia, não era entre Hamuy e Kirshner. Era Calán/Tololo contra Kirshner. Não dava para pôr a culpa em Riess, um sujeito afável, aluno de pós-graduação guiado pela vontade de um poderoso mentor. Mas Kirshner deveria ter agido de outra maneira. Conhecimento de causa ele tinha. Mas não se importou com nada. José Maza, o astrônomo da Universidade do Chile que servira como mentor de Hamuy, havia abandonado o grupo antes mesmo da primeira série de observações, em fevereiro de 1995. O próprio Hamuy, enojado e desiludido, decidiu que aquela era uma boa hora para voltar aos estudos e entrar para o doutorado; ele iria para a Universidade do Arizona no outono americano de 1995.[29] O colega de Suntzeff em Cerro Tololo, Mark Phillips, havia adotado uma atitude de "nós temos que superar isso";[30] Kirshner havia sido do conselho do Cerro Tololo, e fora ele quem contara a Phillips sobre a 1986g, a supernova que dera início às carreiras de Phillips e Suntzeff no jogo das supernovas. Ainda assim, até Phillips reconhecia que o que Kirshner fizera tinha sido "impróprio".

E então a coisa piorou, pelo menos do ponto de vista da parte chilena da colaboração. Mesmo antes de os artigos de Hamuy e colaboradores e Riess e colaboradores saírem simultaneamente em janeiro de 1995, Riess e Kirshner tinham submetido outro artigo usando os dados de Hamuy, dessa vez para estudar os movimentos locais das galáxias. A equipe Calán/Tololo sentia-se, como Suntzeff disse, "com fogo nas ventas".[31] Será que o pessoal de Harvard não sabia que aquele era um assunto que provavelmente interessava a Hamuy? Será que não podiam pelo menos ter entrado em contato com ele e o convidado para uma colaboração?

Agora, apenas um mês depois que *aquele* artigo fora publicado no *Astrophysical Journal*,[32] Suntzeff devia decidir se Kirshner iria liderar a equipe que ele e Schmidt estavam criando.

Suntzeff não seria o líder; ele sabia disso desde o começo. Embora fizesse questão que a parte chilena da equipe ganhasse crédito, ele tinha consciência de sua situação.

"Eu sou um astrônomo residente no Chile", disse ele a Schmidt.[33] Esse tipo de projeto demandaria cem por cento de comprometimento, e ele já tinha um emprego em tempo integral – e um emprego num lugar que o deixava "muito isolado". Contudo, havia uma consideração ainda mais importante, ele argumentava: o cargo pedia alguém que conseguisse transitar em ambos os mundos – ou pelo menos em ambos os hemisférios. O cargo impunha Schmidt.

Em termos de chefiar a equipe, Schmidt equivalia a Kirshner em tudo, menos no tempo de serviço. Ele tinha ajudado a fundar o grupo. Liderara os trabalhos no Chile. Talvez a coisa mais importante: não era mais de Harvard, mudara-se para a Austrália no começo de 1995 (um quarto continente!). E, nos anos recentes, tanto como pós-doc quanto agora como astrônomo, ele tinha ido ao Chile vezes o suficiente para conhecer todo mundo e para que todo mundo confiasse nele.

Schmidt relutava. Mas era aquele cara que achava que podia escrever um código novo em dois meses.

"Sim", finalmente ele admitiu para Suntzeff. "Posso fazer isso."[34]

Suntzeff fez uma campanha discreta a favor de Schmidt. Brian, argumentava ele, tinha a personalidade necessária para manter o grupo unido e possuía motivação para realizar a tarefa. Suntzeff já falara com todos os membros da equipe de colaboração. Todos, menos Kirshner.

Kirshner fazia campanha para si próprio. Seu argumento era de que conhecia o jogo das supernovas melhor que ninguém.[35] Em grande parte, nos últimos 25 anos, ele tinha *construído* o jogo das supernovas. Possuía grande experiência em escrever pedidos de verba, angariar apoio e manter os colaboradores unidos. Sempre lembrava aos membros da equipe que ter todos aqueles jovens talentos juntos num só lugar – o Centro de Astrofísica de Harvard – "não era um acidente". Fora ele quem identificara os estudantes de pós-graduação mais promissores; fora ele quem contratara os pós-docs. "Isso é algo", dizia Kirshner, "que tem a ver com a vontade de construir um lugar onde esse assunto é estudado no mais alto nível."

Quanto mais ele falava, mais soava como um medalhão.

A equipe se encontrou numa sala de seminários no subsolo do Centro de Astrofísica. Kirshner e Schmidt esperaram do lado de fora. Depois de pouco tempo, a porta se abriu.

O medalhão estava fora. O jovem rebelde estava dentro.

Schmidt aprendera a lição: dessa vez ele foi ao Chile.

E não só foi ao Chile para a temporada de observação do outono americano de 1995, como chegou lá quase uma semana antes, a fim de testar o novo código que havia escrito.[36] Schmidt imediatamente descobriu que o código não funcionava. Ele ainda estava à mercê dos computadores do observatório; se alguns aspectos dos computadores haviam mudado desde que escrevera o código na Austrália, então ele teria que reescrever o código. Em seu primeiro dia no Chile, teve de trabalhar dez horas tentando consertar o código. No segundo dia, trabalhou doze ou catorze horas. Terceiro dia, dezesseis ou dezoito. Quarto dia, vinte horas, e mais vinte horas no dia seguinte, e mais vinte horas no outro. Quando ficou com febre e palpitações cardíacas, percebeu que era hora de dormir um pouco.

Dada a logística-padrão de agendamento de observação nos telescópios, sua equipe tivera de submeter o trabalho para obter tempo em Cerro Tololo na primavera anterior,[37] antes mesmo de terem descoberto a primeira supernova distante. Se eles não houvessem descoberto a 1995K, quem sabe se teriam recebido a luz verde? Se não tivessem se convencido de que ela era um tipo Ia, quem sabe se teriam usado o tempo concedido, ou pelo menos usado esse tempo para procurar supernovas distantes? Mas agora eles eram uma equipe de verdade; tinham até incorporado a ideia de supernovas distantes no nome do grupo: a equipe High-z ("alto-z", *z* sendo a letra usada para representar o desvio para o vermelho). Tudo dera certo. Mas quando Schmidt avisou a todos por e-mail que eles tinham conseguido tempo no telescópio, acrescentou: "As más notícias são que Perlmutter tem mais noites que nós."

As duas equipes tinham pedido tempo para a mesma temporada observacional, e a Comissão de Alocação de Tempo de Cerro Tololo usara o método salomônico de atribuir noites alternadas aos dois grupos. Tornando a situação ainda mais constrangedora, uma das funções de Nick Suntzeff no observatório era fornecer suporte técnico aos observadores visitantes.[38] Nas noites em que ele não participava dos esforços observacionais de sua própria equipe para achar supernovas, ele, meio a contragosto, devia auxiliar o grupo de Saul. O astrônomo objetivo dentro dele considerou o trabalho de equipe de Berkeley "bem impressionante". Mas, pessoalmente, podia apenas balançar a cabeça e dar o veredicto a seus colaboradores: "Eles estão muito adiante de nós."

As rolhas espocavam, uma para cada supernova, mas agora a maior parte do champanhe era jogada fora.

Durante aquela série de observações em Cerro Tololo, durante o outono americano de 1995, a equipe do SCP descobriu onze supernovas, dobrando o número que eles tinham conseguido descobrir nos três anos anteriores. Eles agora dominavam a técnica. Os astrônomos coletavam os dados no Chile, mandavam para seus colegas em Berkeley, que repassavam a informação para os colegas no novo telescópio de 10 metros do Observatório W.M. Keck, no Havaí, onde a equipe já tinha tempo alocado, porque sabia, meses antes, que deveria observar supernovas naquela data. Para os astrônomos nos telescópios, as observações ainda envolviam algum drama: correções do código, dúvidas em relação às condições meteorológicas, decisões sobre qual o alvo, crises de disenteria e, no Chile, um ou outro terremoto. Porém, de volta a Berkeley, a entrega de dados de um dia para outro já tinha virado rotina. Afinal, num Universo com bilhões de galáxias, estrelas explodiam a toda hora. As supernovas existiam aos milhares, aos milhões, todas as noites, só à espera de serem observadas. A equipe de Berkeley tinha aperfeiçoado a colaboração, transformando-a na espécie de linha de montagem que Alvarez e Muller haviam previsto quase duas décadas antes. Eles estavam produzindo um paradoxo intuitivo e antes impensável, "supernovas por encomenda".

Em algum lugar do Universo, uma civilização morria. Em Berkeley, eles bocejavam.

Em janeiro de 1996, na reunião da AAS em San Antonio, Saul Perlmutter procurou Robert Williams, o diretor do Instituto de Ciência do Telescópio Espacial – o quartel-general controlador do Telescópio Espacial Hubble.[39] Perlmutter queria conversar com ele sobre o método do "amontoado".

"Acho que, com essa técnica, temos agora pela primeira vez a possibilidade de submeter um pedido para o HST acompanhar essas supernovas com altos desvios para o vermelho", disse ele. E explicou que a equipe do SCP já tinha descoberto 22 supernovas distantes – em sua maioria tipo Ia – pelo método do amontoado. Eles tinham provado que conseguiam prever a data em que iriam encontrar uma supernova: sempre que tivessem tempo no telescópio. E podiam prever onde: entre os milhares de galáxias que decidissem observar. Podiam garantir a descoberta de supernovas. A escolha de quando e onde era *deles*, e não do céu noturno.

O HST exigia exatamente esse tipo de certeza. Ele não era como os telescópios terrestres. Não se podia submeter uma proposta e seis meses depois aparecer lá com uma carta celeste. O instrumento exigia uma programação extremamente complexa. Cumpria ter uma carta celeste metafórica meses antes da data, com muito pouca margem para ajustes de último minuto (na verdade, de última semana). O argumento de Perlmutter era de que esse tipo de preparação era exatamente o que o método do amontoado permitia. A combinação de confiança e especificidade correspondia à intrincada dança de demandas que acompanhava a marcação de tempo de observação no HST.

Os detalhes logísticos continuariam assustadores, mas eles valeriam a pena. O Telescópio Espacial Hubble não via muito; seu campo de visão era minúsculo, quando comparado ao velho telescópio de 5 metros ou ao novo telescópio de 10 metros, em terra firme. No entanto, o que ele via, via com uma clareza que nenhum outro telescópio podia ter. Com uma câmera CCD num telescópio terrestre, uma galáxia muito distante era vista como um borrão de pixels. A subtração da luz da galáxia para isolar a luz da supernova era tarefa difícil; prova disso eram os quatro meses que Leibundgut levara para identificar a "fraquinha" 1995K como tipo Ia. A alta resolução do HST, porém, faria uma supernova sobressair de sua galáxia hospedeira.[40] A subtração da luz da galáxia não seria somente mais fácil, seria também muito mais precisa.

Essa melhoria na precisão fotométrica era fundamental. Naquela ocasião, talvez aquela fosse a única justificativa para usar o HST na busca de supernovas. Como todos na astronomia sabiam, a razão de existência do HST era fazer ciência que só pudesse ser realizada no espaço. As duas equipes de supernovas distantes já tinham demonstrado que era possível fazer o que queriam a partir do solo – não tão bem quanto o que poderia ser feito com o HST, mas era possível mesmo assim. O que Perlmutter queria de Williams era um pedaço do "tempo a critério do diretor", vantagem que acompanhava o título de diretor de um observatório.

Williams disse que a ideia parecia promissora. Ele sugeriu que Perlmutter submetesse uma proposta. Foi o que Perlmutter fez um mês depois.[41]

Todavia, Williams não era autoridade quando se tratava de busca de supernovas distantes. Poucas pessoas o eram, e, com exceção de alguns dinamarqueses, todas elas integravam uma das duas equipes rivais. Três meses depois, no simpósio anual de maio, no instituto, a proposta do SCP foi apresentada em discussão aberta.[42] Bob Kirshner estava na plateia. Ele participara de um comitê de alocação de tempo para o HST que recebera pedido semelhante do SCP e tinha votado contra, porque, afinal, a missão do HST era fazer ciência que só poderia ser realizada do espaço.[43] Kirshner começou a protestar, mas Williams disse que a discussão continuaria em particular.[44] No primeiro intervalo, Williams convidou Kirshner, bem como Mark Phillips e Nick Suntzeff, para acompanhá-lo a seu escritório.[45]

"Essa ideia é boa?", ele perguntou.

Kirshner imediatamente respondeu.

"Não. É a ideia errada." A ideia de um telescópio *espacial*, como lembrou a Williams, era fazer observações que não podiam ser realizadas no solo. Era isso que diziam as regras para a proposta de observação. Esse tinha sido um ponto importante para o antigo diretor do STScI.

Williams escutou, e então disse: "Sim, mas eu sou o diretor agora, e posso fazer o que eu quiser. Esse me parece um bom projeto científico, e eu acho que o Telescópio Espacial deve fazer tudo que for realmente bom."

Kirshner não concordou. Ele e Williams ficaram batendo boca um bom tempo. De vez em quando Phillips e Suntzeff diziam alguma coisa em apoio a Kirshner. Os três membros da equipe High-z sabiam o que estava em risco: se Saul conseguisse tempo no HST, ele certamente venceria o jogo. E estava claro que Williams queria dar tempo no HST para Saul. Ele não queria ouvir o argumento de que ninguém deveria usar o Telescópio Espacial Hubble para fazer um acompanhamento fotométrico de supernovas distantes. Ele queria a melhor ciência possível sendo produzida pelo HST. Queria a melhor ciência feita com o telescópio *dele*.

Talvez todos tenham se dado conta ao mesmo tempo.[46] Talvez cada qual tenha percebido em um momento diferente. Mas em algum ponto cada um dos três membros da equipe High-z naquela reunião entendeu o que Williams estava falando nas entrelinhas. Se eles pedissem tempo no HST, ali e já, iriam conseguir.

Eles pediram.

"Meu Deus, que idiota!", pensou Suntzeff enquanto saía do escritório de Williams. "Em vez de ir atrás das coisas que eu quero, estou tentando argumentar, com razões morais, por que não deveríamos obter os dados que queremos. Como alguém pode ser tão estúpido?"

Da Costa Oeste, o SCP assistia a tudo ansioso. Não era difícil ligar os pontos. Bob Williams fora diretor de Cerro Tololo de meados da década de 1980 até 1993. Mark Phillips e Nick Suntzeff haviam trabalhado lá para Williams. Bob Kirshner fora conselheiro em Cerro Tololo naquele período. Se você quisesse ver uma rede de relacionamento entre velhos conhecidos, não precisava procurar muito.

Bob Cahn, o diretor da Divisão de Física do LBL, ligou para Kirshner e gritou com ele por um tempo.[47] Kirshner telefonou para Williams e gritou por algum tempo.

Williams reagiu com calma, tentando explicar sua lógica. O HST era um recurso importante, a busca de supernovas com alto desvio para o vermelho era uma nova área de pesquisa, e o HST certamente teria melhores resultados se ambos os grupos tivessem acesso a ele para realizar seus experimentos quase idênticos.

Cahn respondeu que estava familiarizado com recursos importantes. Ele explicou que a física de altas energias também usava recursos importantes. Lembrou a Williams que esse recurso importante era algo que o LBL tinha ajudado a inventar, o acelerador de partículas gigante. Mas quando um grupo pedia tempo de uso num acelerador de partículas gigante a proposta era confidencial. Não era assim que funcionava na astronomia?

Williams reconheceu que era assim que a astronomia operava de modo geral. Ele sugeriu um acordo. As duas equipes teriam acesso direto ao "tempo a critério do diretor", e o SCP seria o primeiro.

Cahn e Perlmutter não tinham outra opção a não ser aceitar. Depois disso, porém, sempre que os membros da equipe do SCP conversavam entre si sobre seus rivais, eles o faziam reconhecendo como eles eram formidáveis. Na cultura da física de altas energias, os cientistas sempre tiveram que trabalhar com um sistema de colaboração ampla, e essa colaboração devia ser duradoura. Não era possível se dar ao luxo de antagonizar seus competidores, pois eles logo poderiam ser seus parceiros. Os astrônomos, porém, ainda tinham uma mentalidade do tipo Velho Oeste, em que os recursos eram escassos, a competição, feroz, e a sobrevivência dependia de pequenas alianças de conveniência, que em geral duravam apenas o tempo necessário para a publicação de um artigo. Os astrônomos podiam se dar ao luxo de ser mais contundentes.

Não que os físicos de altas energias não fossem competitivos. Porém, no fim do dia, eles tinham de se dar bem se quisessem obter algum resultado. Podiam ser bem durões. Mas, se comparados aos astrônomos, eles eram, como disse um partidário do SCP, "uns mariquinhas".

No outono americano de 1997, as duas equipes tinham dados suficientes para tentar obter pelo menos uma resposta preliminar sobre o quanto se desacelerava a expansão do Universo, ou seja, se o Universo estava rumando para o big crunch ou o big chill.

Como parte da filosofia "rápida e justa" da equipe High-z, Schmidt tinha distribuído as responsabilidades não somente entre as instituições, mas também entre os astrônomos mais jovens. Nessa brincadeira de pique, Schmidt, representando os observatórios de Monte Stromlo e Siding Spring, da Universidade Nacional da Austrália, era o primeiro "pegador". Ele deveria escrever o artigo introduzindo em linhas gerais os métodos e objetivos da colaboração. Depois era a vez de Harvard e Peter Garnavich; ele pegaria três supernovas tipo Ia que a equipe medira fotometricamente com o HST na primavera de 1997, acrescidas da 1995K, e tentaria obter um valor para a constante de Hubble. O que era muito importante: esse artigo ajudaria a justificar futuros pedidos de tempo de observação no HST.[48]

Do lado do SCP, não havia ninguém em particular ocupado com o problema. Mantendo a tradição da cultura da física de partículas, a equipe avançava coletivamente. Na verdade, eles já tinham avançado: um ano antes, anunciaram o resultado das primeiras sete supernovas tipo Ia,[49] sugerindo que o Universo era plano – nem se expandiria para sempre nem se contrairia depois de muito tempo. Mas as margens de erro e o tamanho da amostra, na melhor das hipóteses, faziam desse resultado algo meramente preliminar.

Ou algo errado, como a equipe começou a suspeitar, com base nos dados da única supernova da qual tinham uma fotometria confiável feita com o Hubble. Aquele "cara", como os astrônomos chamavam a evidência, sugeria uma mudança em outra direção, para um Universo aberto.

Uma abordagem que os astrônomos poderiam usar nessa determinação era a construção de um histograma. Na manhã do dia 24 de setembro, Gerson Goldhaber estava em sua mesa no LBL, se preparando para a reunião semanal da equipe.[50] À diferença de um gráfico, que plota cada dado individualmente, o histograma reúne vários dados num determinado instante e os "transforma" em categoria. Naquela manhã, Goldhaber pegou todas as supernovas que o SCP tinha até o momento, 38, e, com base em seus brilhos e desvios para o vermelho, colocou-as em colunas de acordo com a quantidade de matéria que aquela supernova específica sugeria ser necessária para que o Universo cessasse a expansão: 0% a 20% da densidade de matéria necessária; 20% a 40%, e assim por diante, até 100%. Quando Goldhaber terminou, as duas maiores colunas, de longe, uma com dez supernovas e a outra com nove – metade de toda a amostra –, lhe diziam não só que o Universo não possuía massa suficiente para frear a expansão, como ainda que ele tinha de 0% a 40% *negativos*.

"Ora, vejam só!", disse ele a si mesmo.

Na equipe High-z, Adam Riess estava trabalhando numa abordagem estatística para o problema.[51] Sua missão era pegar todos os dados existentes sobre as supernovas – todos os pixels de espectroscopia e fotometria, todas as subtrações de galáxias, todas as curvas de luz, todas as margens de erro – e desenvolver um programa de computador que compararia isso aos milhões de diferentes modelos de Universo. Alguns desses modelos eram absurdos: relações de magnitudes e desvios para o vermelho que, num gráfico, eram muito diferentes da linha reta inclinada em 45°, aparecendo em regiões distantes do gráfico, perto das margens do papel. Outros modelos, porém, se encaixavam na linha reta com alguns desvios pequenos. Nesse subconjunto, alguns modelos se encaixavam com desvios ainda menores, pequenas variações em relação ao "normal". Um desses universos se encaixaria nos dados.

E um deles se encaixou. Era um Universo que tinha matéria suficiente para frear a expansão e ainda possuía uma densidade de massa *negativa* de 36%. Era um Universo sem matéria. Um Universo que não existia.

"Ora, vejam só!", disse Riess a si mesmo.

As duas equipes estavam trabalhando com o pressuposto de que o Universo estava preenchido por matéria e somente por matéria. Eles sabiam que uma quantidade dessa matéria era escura, claro, mas o que faltava era fundamentalmente matéria. Eles então presumiram que apenas a matéria estaria influenciando a expansão do Universo.

Abandonados esses pressupostos, porém, os resultados aparentemente sem sentido poderiam significar alguma coisa, afinal. Se ambas as equipes considerassem a hipótese de que alguma outra coisa afetava a expansão – que o Universo era composto de outra coisa além de matéria –, então o Universo teria matéria dentro de si novamente. Eles olharam para as barras de erro e perceberam que a matéria, escura ou não, era talvez 20 ou 30 ou 40% do total. O que fazia com que os outros 60 ou 70 ou 80% fossem… outra coisa.

Quanto ao destino do Universo, eles tinham uma resposta. Talvez tivessem *a* resposta – uma resposta que podiam quantificar: o Universo se expandiria para sempre.

O que eles não tinham – entre a matéria escura que eles não podiam ver e essa nova força que eles não podiam imaginar – era qualquer ideia sobre o que era o Universo.

PARTE III

O rosto do abismo

7. A Sociedade do Universo Plano

As noites de segunda-feira, ao longo dos anos 1980,[1] no Centro de Cultura Científica do Condado de DuPage, eram palco do que talvez fosse o único curso do catálogo deles, se tivessem um catálogo.[2] A sala de aula era o porão de uma casa suburbana de dois andares.[3] O corpo estudantil era pequeno: um punhado de pesquisadores, pós-docs e estudantes de pós-graduação da Universidade de Chicago e do vizinho Laboratório Nacional de Aceleradores Fermi (Fermilab), e, frequentemente, algum visitante famoso. Os estudantes faziam as vezes de instrutores também. A inscrição custava cinco pratas por semana, o que lhes garantia pizza (ou, algumas vezes, hambúrgueres de "emergência", ressuscitados do freezer), cerveja e um lugar ao quadro-negro.[4]

Os tópicos mudavam de semana a semana e a cada instante.[5] O primeiro tópico da noite podia ser um artigo recém-publicado e totalmente equivocado, o que quer que "totalmente" significasse, ou uma hipótese altamente especulativa que alguém queria testar. A partir daí, a noite ganhava vida. O giz passava de mão em mão, de forma febril, entre gritos de crítica ou aprovação, berros de alguma revelação súbita ou arrependimento instantâneo; e, no fim da aula, os participantes prometiam escrever uma resposta detonando o tal artigo recente totalmente equivocado, o que quer que "totalmente" significasse; ou um novo artigo levantando a bandeira de uma teoria original que – não importa se um dos participantes chegara ali com ela ou se ela tinha surgido ao longo da noite – já tinha passado pelo exame de vários revisores. (Finalmente o centro instituiu um período de dois ou três dias para acalmar os ânimos antes que seus participantes começassem a escrever os artigos.) Porém, qualquer que fosse o caminho tomado numa determinada noite, quantas voltas se houvesse dado ou quantas discussões tivessem ocorrido, o tópico era basicamente o mesmo: o que fazer com o modelo do big bang?

Aquele modelo agora tinha quase vinte anos. Enquanto os observadores tentavam medir os dois números da cosmologia – a taxa atual da expansão do Universo e o quanto essa expansão diminuía –, os teóricos buscavam entender como a própria expansão funcionava. Como Jim Peebles em seu clássico instantâneo, *Physical Cosmology*, eles queriam tornar explícita a conexão entre a física do Universo muito jovem e o Universo que vemos hoje.

Aquela conexão sempre fora implícita, desde a ideia de Lemaître, do átomo primordial. Ao longo das décadas, outros teóricos haviam tentado fazer os cálculos que revelariam como o Universo tinha saído daquilo e chegado até aqui de hipóteses sobre uma bola de fogo primordial até observações das galáxias atuais. A descoberta da radiação cósmica de fundo, porém, fazia do diálogo entre físicos de partículas e astrônomos algo *necessário*.

Quando os físicos de Princeton visitaram Holmdel, no começo de 1965, para perguntar sobre a detecção de um sinal em 3K, os astrônomos dos Laboratórios Bell explicaram que, para detectar qual o comprimento de onda, tinham projetado sua antena e haviam levado em conta a excitação dos elétrons – tópicos que os físicos de Princeton conheciam bem. O colega deles, Jim Peebles, já tinha feito os cálculos da temperatura residual da bola de fogo primordial, e o próprio Bob Dicke inventara alguns dos equipamentos do experimento dos Laboratórios Bell. Depois os astrônomos dos Laboratórios Bell escutaram o que os físicos de Princeton tinham a dizer sobre os modelos do big bang e do Universo estacionário, e como Dicke esperava descobrir evidências de um Universo oscilante – tópicos que os astrônomos dos Laboratórios Bell entendiam. Arno Penzias e Bob Wilson, como a maioria dos astrônomos, não tomavam partido no debate entre os dois modelos, ainda que Wilson tivesse estudado com Fred Hoyle e pendesse um pouco para o lado do Universo estacionário. Mas aquele encontro em Monte Crawford, sem dúvida, marcava o momento em que físicos de partículas e astrônomos começaram a conversar para valer, com a sensação de que a conversa os levaria a algum lugar daqui até lá – da atual constituição do Universo para frações de segundos cada vez menores do começo de sua história.

Daí o apelido para o Centro de Cultura Científica do Condado de DuPage: Pizza Primordial. A instituição de verdade era o Centro de Astrofísica da Nasa e do Fermilab, a cinco minutos de distância, e Edward "Rocky" Kolb e Michael Turner tinham sido contratados para dirigi-lo, em parte porque eram pouco ortodoxos. Como a Pizza Primordial funcionava às segundas, as reuniões às vezes aconteciam em feriados nacionais.[6] Tudo bem. Convites para capitanear um seminário eram enviados a visitantes importantes, que decerto achavam estranho o fato de serem convocados ao Fermilab em pleno feriadão; e que, depois de terem apresentado uma palestra nas respeitáveis dependências de uma sala de aula ou no auditório do Fermilab, logo se viam sentados no "ambiente pouco elegante"[7] de uma casa toda bagunçada, bombardeados de perguntas feitas por estudantes dezenas de anos mais jovens.

Kolb tinha mulher e três filhos, então, a honra de bancar o anfitrião recaía sobre Turner. Na tradição das duplas de comediantes memoráveis – o Gordo e o Magro, Abbott e Costello, Cheech e Chong (o exemplo preferido de Turner[8]) –, eles tinham estilos complementares, mas a mesma sensibilidade cômica e cósmica. Kolb era o pai de família rígido, um cara grande com um bigodão; Turner era o homem-bomba, cabelos compridos e paciência curta.

Kolb e Turner tinham frequentado o Caltech – Turner como aluno de graduação, Kolb como pós-doc. Lá eles descobriram que, mesmo em reuniões informais, você devia estar meticulosamente preparado e prever todas as objeções possíveis. Você tinha medo de estar errado. Subindo pelo litoral da Califórnia, Luis Alvarez promovia suas famosas reuniões movidas a biscoitos e cerveja no "Castelo", sua propriedade nas colinas de Berkeley.[9] A cada semana, um estudante de pós-graduação ou um pós-doc devia apresentar novidades inéditas sobre alguma coisa da física. "Não acredito nisso", Alvarez cutucava, logo que a apresentação tinha começado, ou "isso não faz sentido", ou "a barra de erros não me parece correta".[10] Você tinha de explicar e defender a pesquisa como se ela fosse sua, mesmo que você estivesse apresentando algo que obtivera por telefone com amigos de Colúmbia ou Harvard, depois de implorar por alguma novidade. E Stanford, onde Turner fizera pós-graduação, "estraçalhava seus jovens".[11] Nessas instituições, estar preparado era tudo.

No Centro de Cultura Científica do Condado de DuPage, porém, preparação não era nada. Preparar uma apresentação para a Pizza Primordial era uma violação do seu mais sagrado e solene dogma: *Não tenha medo de estar errado.*[12] A diretriz valia do mesmo modo para estudantes de pós-graduação e ganhadores do Prêmio Nobel. O bate-bola era mais importante que o resultado. Você se levantava e improvisava. Era uma *jam session*. Você fazia cosmologia como se estivesse tocando jazz.

Turner herdara aquela sensibilidade, como depois percebeu, do teórico quântico e tocador de bongô Richard Feynman, no Caltech – embora Feynman fosse, como o próprio Turner compreenderia, "o pior orientador". Algumas vezes Feynman guiava seus alunos de pós-graduação para estudar um tema que, apesar de ser do interesse pessoal dele, estava muito além da compreensão dos estudantes, e eles não eram capazes de concluir uma tese; outras vezes ele orientava estudantes de doutorado em temas tão obscuros – de novo por interesse próprio – que eles não conseguiam vaga no pós-doc. Foi Feynman quem incentivou Turner a fazer pós-graduação em Stanford. Só quando este chegou a Palo Alto é que percebeu que Feynman havia sugerido Stanford porque lá havia um acelerador linear usado para fazer experimentos de física de partículas que interessavam ao próprio orientador. Turner compreendeu: "Feynman tem interesse naquilo que interessa a Feynman, ponto-final."

Qual era o interesse de Turner? Ele não sabia. Morava com alguns estudantes de medicina, e ele perguntava a si mesmo o que significava resolver uma equação quando comparado a salvar uma vida. Logo ele abandonou a pós-graduação e foi trabalhar como mecânico de automóveis.[13] Chegou a ganhar US$ 500 para estudar remédios experimentais (maconha, Valium) no Hospital dos Veteranos local. Trabalhava nos fins de semana limpando a sujeira dos mais de mil animais dos laboratórios de pesquisa de Stanford. Essas experiências lhe serviram pelo menos para dar valor à vida que tinha abandonado – a vida do espírito. Então, com o passar do tempo, Turner começou a frequentar – ou pelo menos a se sentar no fundo da sala e fazer anotações – um curso sobre relatividade geral.[14]

A relatividade geral também não o satisfez. Mas pelo menos o curso o levou de volta às salas de aula – e de volta à física. Depois que Turner terminou sua dissertação, em 1978, o astrofísico da Universidade de Chicago David Schramm o convidou para um pós-doc. Alguns anos antes, Schramm tinha se inspirado em *Physical Cosmology*, e desde então tentava juntar dois temas que, independentemente, não tinham atraído a atenção de Turner: física de partículas e cosmologia. Agora Schramm dizia a Turner, da mesma maneira displicente, que Bob Dicke manipulara Jim Peebles quando lhe sugeriu que ele calculasse a temperatura da radiação cósmica de fundo: "Por que você não pensa sobre isso?"[15]

Turner levou o problema a seu orientador de doutorado em Stanford, o físico Robert Wagoner. "Aquela coisa de cosmologia do Universo jovem? Não faça isso", Wagoner lhe disse.[16] O próprio Wagoner havia participado da revolução do big bang. Como pós-doc em Stanford nos dois anos imediatamente posteriores à descoberta da radiação cósmica de fundo, tinha trabalhado no mesmo tipo de física de partículas primordiais que Schramm adotara na década seguinte. Mas ele tinha algo a dizer. No final dos anos 1970, a caravana do big bang estava empacada. Faltava-lhe a única coisa que a impediria de escorregar de volta para o lado místico da balança que equilibrava a física e a metafísica, a única coisa que uma teoria precisa para ser considerada ciência: uma previsão a ser verificada.

Quaisquer que fossem os defeitos de Feynman como orientador, ele havia ensinado a Turner uma lição: não tente resolver um problema até que você ache que tem a resposta.[17] Essa abordagem era o contrário do modo como a física de partículas normalmente funciona. Na física de partículas, a matemática vem em primeiro lugar. A matemática lhe diz que uma partícula deve existir, e que você pode criar aquela partícula hipotética a partir de partículas já existentes. Aí vocês (milhares de colegas) usam um acelerador e colidem aquelas partículas existentes em velocidades próximas à velocidade da luz, e esperam a partícula hipotética aparecer.

Nada de errado com essa abordagem. Ela funcionava.

Mas Feynman ensinara a Turner que às vezes você não precisava resolver a matemática antes. Em vez disso, precisava confiar em sua intuição, saltar direto para a conclusão. Imaginar como o Universo deveria ser, e só então fazer os cálculos. Com sorte, eles se encaixariam.

"Não faça aquela coisa do Universo jovem", lhe disse seu orientador em Stanford. "Venha a Chicago e faça coisas maravilhosas!", anunciara Schramm.

Schramm conseguia convencer qualquer pessoa de que ela faria coisas maravilhosas. De certo modo, ele era a personificação da cosmologia: grande, destemido e corajoso. Seus colegas o chamavam de Schrambo ou Big Dave.[18] Com 1,93 metro de altura e mais de 100 quilos, tinha o porte de um ex-lutador (que realmente era) e o jeito de um piloto amador (também): rei e conquistador de tudo o que ele cobiçasse. Quando se decidiu pela física do Universo jovem, durante uma época em que o big bang estava fora de moda, não só não pediu desculpas, como também disse a todos que aquela era a sua área, de mais ninguém. Aviação Big Bang, foi como batizou a corporação que controlava seu avião particular, da qual ele era o único dono. "Big bang" era o que estava escrito nas placas de seu Porsche.

Turner talvez não se importasse com cosmologia ou física de partículas de forma isolada, mas a combinação de ambas se mostrou irresistível – um equilíbrio entre o barulhento e altamente especulativo e o silêncio "simples e arrumado".[19] Na astrofísica de partículas, Turner podia conciliar as duas tendências dominantes em sua vida. O boêmio que abandonara os estudos e o intelectual que voltara à academia. O descuidado e o cuidadoso.

E assim Michael Turner foi para Chicago. Ele poderia fazer coisas maravilhosas – desde que a cosmologia traçasse alguma previsão.

Em outubro de 1981, cupons dourados apareceram nas caixas postais dos cosmólogos ao redor do mundo, só que a terra das maravilhas em que iriam entrar na hora e no dia determinados não era a Fantástica Fábrica de Chocolates, mas a conferência de Nuffield de Stephen Hawking.[20] A Fundação Nuffield, dedicada a caridade, tinha concordado em promover uma conferência anual por três anos consecutivos. No segundo ano, Hawking e Gary W. Gibbons, também de Cambridge, decidiram gastar todo o dinheiro restante e fazer algo memorável: um ataque à mais longínqua fronteira da cosmologia, o "Universo muito jovem", que o convite definia como "< 1s".[21]

Entre as três dezenas de teóricos que receberam os convites estava Turner. Ele imaginou que Hawking e Gibbons sabiam de sua existência porque um de seus colegas da Universidade de Chicago era colaborador frequente de Hawking.[22] Não que houvesse muitos teóricos trabalhando nessa parte específica da cosmologia. E, claro, uma boa conferência devia ter um número razoável de cabeças jovens como garantia contra a calcificação de velhas ideias e da sabedoria-padrão. Mas Turner teria de fazer por merecer o convite. Ele era um dos poucos convidados que iriam apresentar uma palestra e também escrever um artigo.

Quando chegou a Cambridge, no primeiro dia do verão inglês de 1982, Turner apresentou a versão preliminar de seu artigo a Hawking. Este agradeceu e fez um sinal a seu assistente, que entregou a Turner o artigo de Hawking. Alguns outros textos também estavam circulando. Havia chegado a hora de encarar a questão que assombrava os cosmólogos desde o dia em que Einstein estendeu a relatividade geral para o Universo: por que o Universo era simples?

Como a carta de Hawking e Gibbons deixava claro, a cosmologia do big bang "pressupõe algumas condições iniciais".[23] Esses pressupostos, porém, eram evidentemente ad hoc, que em latim quer dizer "para isso". Tipo: *para isso* acontecer assim – a criação de um modelo cosmológico a partir da teoria da relatividade geral –, Einstein pressupôs a homogeneidade, que o Universo é igual em grande escala. *Para isso* acontecer assim – a criação de um modelo cosmológico não estático –, outros teóricos tinham acrescentado o pressuposto da isotropia, que o Universo era igual em todas as direções.

E o Universo realmente parecia homogêneo e isotrópico. A descoberta da radiação cósmica de fundo, dezessete anos antes, tinha convencido a maioria dos cosmólogos de que agora eles tinham uma resposta para a pergunta sobre se o Universo era simples: sim. Na maior escala possível, ele seria igual independentemente de onde você estivesse dentro dele. E eles tinham respondido à questão de quão simples o Universo era: muito. A radiação cósmica de fundo era extremamente homogênea, exatamente como a teoria previra.

Mas presumir que algo é como é – mesmo que esses pressupostos se mostrem corretos, como a teoria do big bang aparentemente mostrava – não equivale a entender por que algo é como é. Por que o Universo, entre todas as coisas que ele podia ser, era simples – e não só simples, mas *tão* simples? Em retrospecto, talvez a resposta para a pergunta de quão simples o Universo é não devesse ser a gratificante palavra "muito", mas sim a suspeita palavra "demais".

Agora, no entanto, a cosmologia tinha uma possível resposta para como o Universo ficou tão simples. Tarde da noite do dia 6 de dezembro de 1979, um professor não tão jovem assim, com um cabelo e um sorriso joviais e uma preocupação séria sobre como pagar o aluguel, sentou-se a sua mesa de trabalho, em seu apartamento, como frequentemente fazia àquela hora da noite.[24] Naquela ocasião, porém, Alan Guth recebeu uma visita noturna da musa da matemática. Na manhã seguinte, ele pegou sua bicicleta, foi até o escritório no Centro de Aceleradores Lineares de Stanford (estabelecendo um novo recorde pessoal de nove minutos e 32 segundos) e imediatamente pegou seu caderno de anotações para resumir a longa noite de trabalho.

"Descoberta espetacular", escreveu ele no alto da página em branco, e então fez algo que nunca tinha feito antes com o título de uma anotação. Desenhou duas caixas ao redor das palavras.

Quando chegou a época da conferência de Nuffield, dois anos e meio depois, a história já se tornara uma lenda na ciência. Guth tivera um genuíno momento "Eureca!". Ele teve aquele tipo de entendimento que faz com que seus colegas batam na testa e gritem "Mas é óbvio!". Um dia depois que Guth deu o seminário sobre sua descoberta espetacular, em janeiro de 1980, ele recebeu telefonemas de sete instituições diferentes convidando-o a apresentar novamente a palestra ou perguntando se ele estava interessado num emprego. Naquela ocasião, Guth já tinha batizado sua ideia com um nome que pegou: inflação, uma brincadeira com a palavra que definia tanto a propriedade física de sua descoberta quanto a preocupação econômica da época.*

De acordo com seus cálculos, o Universo havia passado por uma expansão monumental no primeiro momento de existência. Com a idade de um trilionésimo de um trilionésimo de um trilionésimo de segundo – ou 1/1.000.000.000.000.000.000.000.000.000.000.000.000s – o Universo cresceu 10 setilhões de vezes – ficando com 10.000.000.000.000.000.000.000.000 de vezes o tamanho anterior.

Essa sugestão se originava de uma ideia que outro físico, Edward P. Tryon, tinha apresentado vários anos antes, num artigo de 1973 na revista *Nature*.[25] Como Gamow e "Rotating Universe?" – o artigo da *Nature* que tinha inspirado parcialmente a tese de mestrado de Vera Rubin –, Tryon apresentou uma ideia contraintuitiva, na forma de uma pergunta: "O Universo é uma flutuação quântica?"[26] Segundo as leis da mecânica quântica, partículas virtuais podem surgir a partir do espaço vazio – e isso realmente acontece, o que já foi comprovado em experimentos desde a metade do século XX. Tryon se perguntou se o Universo poderia ser o resultado de uma dessas borbulhas quânticas.

A proposta se tornava menos sensacional se você lembrasse que em mecânica quântica tudo é uma questão de probabilidades. Assim, tudo é possível. Talvez alguns eventos específicos fossem estupidamente improváveis – a criação do Universo a partir do nada, por exemplo. Mas eles não eram impossíveis. Ao longo da eternidade, por que um ou outro desses eventos extremamente improváveis não poderiam ter acontecido?

---

* Guth, filho de um "dono de mercearia que havia virado dono de lavanderia" de Nova Jersey e sempre parecia estar prestes a ir à falência, era afeito a considerações econômicas. Seu insight possivelmente salvou a cosmologia, mas também salvou uma carreira que já estava na quarta bolsa de pós-doutorado.

O Universo, escreveu Tryon, "é simplesmente uma daquelas coisas que acontecem de vez em quando". Ou, como Guth gostava de dizer, "o Universo é o derradeiro almoço grátis".[27]

O problema com a ideia de Tryon era que ela não dava conta do tamanho do Universo. Mas a inflação dava. Guth percebeu que o Universo muito jovem poderia ter passado por um processo que os físicos chamam de "transição de fase", e que todo o resto da população chama de "aquela coisa que acontece quando a água vira gelo, e vice-versa".[28] Quando a temperatura da água muda, a transformação não acontece toda ao mesmo tempo. Não é como se a notícia se espalhasse e de repente todas as moléculas de H_2O no lago derretessem e virassem água ou congelassem e virassem gelo. Em vez disso, a transformação acontece aos poucos. Mesmo em pedaços pequenos do lago, o gelo não está congelando nem derrete de forma uniforme. Rachaduras e fissuras aparecem timidamente, então se cristalizam, dando ao resultado final uma aparência venosa. Guth descobriu que se você usasse essa transformação matemática nas condições do Universo jovem, a transição de fase teria provocado um vácuo temporário. Esse vácuo, por sua vez, criaria uma pressão negativa – uma forte repulsão gravitacional – que faria o espaço se expandir exponencialmente. O Universo teria dobrado de tamanho, e depois dobrado de novo, e dobrado mais uma vez. Ele teria feito isso pelo menos umas cem vezes, ao longo de 10^{-35} segundos (ou $1/10^{35}$). Depois disso, teria havido o decaimento do vácuo, e a expansão exponencial do Universo teria cessado, e teria começado a expansão regular do Universo – aquela da teoria do big bang e que podemos ver pelo desvio para vermelho de galáxias distantes.

De cara, Guth se lembrou de uma palestra de Bob Dicke a que ele assistira no ano anterior, parte de uma série que Dicke e Peebles estavam ministrando sobre um tema que chamavam de "o problema da ausência de curvatura". Eles explicavam para a plateia que o destino do Universo dependia de quanta matéria existia nele: o suficiente para reverter a expansão, não o suficiente, ou a quantidade exata entre um caso e outro. A designação que os cientistas tinham inventado para a medida que determinava o destino do Universo era, com propriedade, a última letra do alfabeto grego, ômega. Se o Universo tivesse metade da massa necessária para parar a expansão, então se dizia que o ômega era de 0,5; ou se o Universo tivesse ¾ do total da massa necessária, o ômega seria de 0,75. Se o Universo possuísse mais matéria que o necessário para parar a expansão, então ômega seria maior que 1 – 1,5 vez, ou duas vezes, ou cem vezes. E se o Universo tivesse a quantidade de matéria exata para parar a expansão sem forçar um colapso posterior, então ômega valeria 1.

Os astrônomos até conseguiriam medir ômega se tivessem uma vela-padrão que pudessem enxergar nos confins do Universo. Mas talvez você não precisasse de observações para saber o valor de ômega, dizia Dicke. A teoria sozinha podia bastar.

Segundo Dicke, qualquer desvio significativo do 1 na época do Universo jovem teria provocado, efetiva e quase imediatamente, o fim do Universo: uma expansão exponencial rumo ao infinito ou um colapso. Calculando de trás para a frente, quanto mais próximo você chegasse ao big bang, mais próximo de 1 deveria ser ômega. Aos três minutos depois do big bang, ômega estaria a 100 trilionésimos do 1.[29] Um segundo depois do big bang, ômega estaria a um quadrilionésimo do 1 – ou seja, entre 0,999999999999999 e 1,000000000000001. No cálculo dele, quanto mais jovem fosse o Universo, maior o número de casas decimais. Em algum momento você simplesmente admitiria: ômega era virtualmente 1.

E se ômega valia 1, então ele tinha que valer 1 agora, porque o valor de ômega dependia da quantidade de matéria no Universo, e, fosse qual fosse a quantidade de matéria no Universo no passado, ela era a mesma agora e para sempre.

Mas, para teóricos do big bang como Dicke e Peebles, um Universo plano trazia um problema similar ao que Newton e Einstein já haviam enfrentado: por que um Universo recheado de matéria não colapsava sob os efeitos da gravidade? Newton teve de postular um Universo com estrelas igualmente espaçadas – e Deus. Einstein teve de postular um Universo com estrelas aleatoriamente espaçadas – e lambda. Evidências para um Universo em expansão permitiram a Einstein abandonar lambda e estimularam as gerações futuras a tentar inventar métodos para medir o quanto a expansão estava se desacelerando. Mas agora Dicke e Peebles sugeriam que, no modelo do big bang, ômega valia 1. A expansão pararia, e o Universo ficaria assim para sempre. Toda a matéria do Universo teria que atingir um estado de equilíbrio gravitacional – um evento com a mesma probabilidade de um lápis se equilibrar sobre a ponta para sempre. Não é impossível, segundo as leis da física clássica, mas também não é provável.

No entanto, naquela noite de dezembro de 1979, Guth percebeu que, se a inflação era real e o Universo, na verdade, era 10 setilhões de vezes maior que o que vemos, então o que era plano não era o Universo, mas somente parte dele – a parte que sempre acreditamos ser o Universo todo. Nossa parte do Universo pareceria plana para nós, assim como um campo de futebol parece plano, ainda que a Terra seja redonda. O Universo *como um todo* poderia ter qualquer valor de ômega; o Universo que *vemos*, porém, tinha um valor próximo o suficiente de 1, que, para todos os efeitos, era praticamente 1.

Lá se foi o problema da ausência de curvatura.

Algumas semanas depois de inventar a inflação, Guth estava conversando com alguns colegas na hora do almoço quando tomou conhecimento de outra aparente contradição em um Universo homogêneo e isotrópico, o "problema do horizonte". Olhe o Universo numa direção e depois olhe o Universo na direção oposta. Isso é essencialmente o que fazem as antenas que medem a radiação cósmica de fundo. A luz de uma direção estará chegando até você, e a luz da outra direção estará chegando até você, mas a luz da primeira fonte não terá tido tempo de chegar até a segunda fonte, e vice-versa. Ainda assim, a radiação cósmica de fundo revela uma homogeneidade na temperatura de uma parte em 100 mil. Como uma parte do Universo "sabia" a temperatura da outra parte e ambas se conciliavam, se as duas partes nunca haviam "se comunicado"?

"Sim", Guth pensou, "a inflação resolve isso também."[30] Se a inflação realmente aconteceu, então essas duas partes distantes do Universo estiveram em contato uma com a outra quando o Universo tinha menos de 10^{-35}s de existência. Guth pensou mais um pouco. E então disse a si mesmo: "Essa pode realmente ser uma boa ideia, afinal."

O artigo de Guth, "The inflationary Universe: a possible solution to the horizon and flatness problems", foi publicado no começo de 1981.[31] Ainda que a conferência de Nuffield fosse oficialmente chamada de "O Universo muito jovem", logo ela se transformou num referendo sobre a inflação. Dezessete das 36 sessões abordavam o tema diretamente, e muitas outras o mencionavam.[32]

A questão não era tanto se a inflação fazia sentido. A inflação explicava dois postulados ad hoc – a homogeneidade e a isotropia. Ela resolvia dois problemas – a ausência de curvatura e o horizonte. Bom demais para não ser verdade – ou pelo menos era o que muitos teóricos ali presentes pensavam. A questão, na verdade, era se eles conseguiriam corrigir as falhas.

A ideia original de Guth estava contaminada por um problema que ele mesmo não havia identificado.[33] Uma vez que sua versão da inflação começava, ela não parava mais. Outros teóricos – Andrei Linde, do Instituto Lebedev de Física, em Moscou, e, de forma independente, Paul Steinhardt e Andreas Albrecht, da Universidade da Pensilvânia – identificaram o problema e encontraram a solução. Eles repensaram o período inflacionário como Guth tinha originalmente concebido, menos como um borbulhar de água fervente do que como a solidificação de uma bolha de gelatina. O problema com o modelo inflacionário de uma só bolha, porém, era que ele ainda tinha que dar conta do Universo visível – homogêneo e isotrópico, mas não *tão* homogêneo e isotrópico, do contrário não estaríamos aqui.

Todos bebiam na fonte de Hawking. Em 1973, este redefiniu o estudo do Universo jovem com seu trabalho sobre buracos negros;[34] ele descobriu que, graças a uma combinação de efeitos quânticos e gravitacionais, eles não eram uma viagem só de ida rumo à singularidade. Na borda do horizonte de eventos – a região sem volta ao redor de um buraco negro –, os efeitos quânticos ditam que partículas e antipartículas surjam do nada, enquanto os efeitos gravitacionais ditam que um parceiro da dupla desapareça dentro do buraco negro, e o outro, não. Em vez de se aniquilarem um ao outro "imediatamente", um cairia rumo ao buraco negro, mas o outro escaparia em direção ao espaço e ao Universo tal como nós o conhecemos.

Buracos negros, como Hawking resumiu, não são negros, afinal. Eles deixam escapar radiação – a radiação de Hawking, como ficou conhecida.

Na prática, Hawking estava começando a aproximar as duas teorias do século XX, aparentemente irreconciliáveis, a mecânica quântica e a relatividade geral – passo necessário se a ciência pretende, de fato, descrever a época mais remota e espumejante logo após a singularidade, ou talvez descrever a própria singularidade. Dois anos depois, Hawking e Gibbons estenderam o conceito de gravidade quântica para o Universo como um todo, e descobriram que ele seria preenchido por flutuações térmicas. No começo de 1982, nos meses que antecederam a conferência de Nuffield, Turner e Paul Steinhardt tinham começado a trabalhar na ideia de que aquelas flutuações poderiam estar presentes durante o período inflacionário.

Para Guth, Turner e alguns outros presentes, Nuffield era mais uma parada do que eles já estavam chamando de "circo itinerante" de cosmólogos.[35] No começo de 1982, eles tinham participado de conferências em Londres, nos Alpes franceses e na Suíça.[36] Em abril, Steinhardt e Hawking visitavam a Universidade de Chicago ao mesmo tempo; um bate-bola com Turner era inevitável. Em maio, Steinhardt visitou Harvard; Guth pegou a bicicleta e foi vê-lo. Em junho, duas semanas antes de Nuffield, Hawking deu uma palestra em Princeton; Steinhardt pegou seu carro na Filadélfia, foi vê-lo e depois ligou para Guth e Turner com as últimas notícias sobre a nova inflação.

A conferência de Nuffield foi exatamente assim, só que mais condensada, mais intensa. Gibbons e Hawking tinham limitado o programa a dois seminários na maior parte dos dias, deixando o resto do tempo para "debates informais".[37] E eles debateram. Os participantes conversavam durante visitas a Londres.[38] Conversavam enquanto jogavam críquete e bebiam chá no gramado da casa de Hawking.[39] Conversavam até altas horas da madrugada, batendo nas portas dos quartos uns dos outros. E, à medida que conversavam, a concepção sobre a inflação ia mudando, mudando, mudando cada vez mais. Para Turner, Nuffield era um daqueles raros eventos cosmológicos, "um seminário onde dava pra fazer algum trabalho de verdade".[40]

Em sua apresentação, Turner tentou reproduzir essa troca constante de ideias adotando o tom de voz de um apresentador de telejornal e recapitulando tudo o que já se havia dito ao longo da conferência, numa série de "boletins extraordinários".[41] Muitos riram, mas entenderam seu ponto de vista: só o fato de eles estarem analisando o problema já era um progresso. Haviam conseguido resolver a nova inflação? Não. Mas tinham caminhado para uma solução que talvez funcionasse. Agora sabiam que tinham as equações certas, mesmo que não soubessem como resolvê-las. Eles tinham conseguido forçar o Universo a deixar de ser simples "demais" – uma simplicidade ad hoc –, tornando-o "muito" simples novamente. Tinham até conseguido convencer a si mesmos de que a cosmologia estava fazendo uma previsão: o Universo era plano.

"Brincadeira de criança", pensou Turner.[42] Agora vinha o trabalho duro – e divertido.

O QUE ERA A INFLAÇÃO – o que era Nuffield –, se não o exercício de uma fé ao estilo de Feynman? No começo dos anos 1980, cosmólogos tinham chegado a uma conclusão precipitada, aceitando a inflação simplesmente porque ela explicava e resolvia muitas coisas, para depois voltar às pranchetas e fazer a matemática funcionar. E tiveram sucesso. Nas semanas que se seguiram a Nuffield, Turner e outros participantes chegaram a um consenso sobre as equações da nova inflação, e a cosmologia de repente tinha um novo modelo-padrão: não somente o do big bang, mas o do big bang com inflação.

Um consenso, porém, não é ciência. O trabalho continuaria – o refinamento e as reflexões que a fé ao estilo de Feynman exigia. Todo mundo estaria refinando e refletindo. A diferença é que Turner e Kolb fariam isso ao estilo de Schramm – e com a essência de Schramm.

No verão europeu de 1981, num passeio pelas montanhas Dolomitas, Schramm e Leon Lederman, o diretor do Fermilab, debateram a ideia de fundar um instituto dedicado à interseção científica que Schramm liderava já havia uma década: física de partículas e cosmologia.[43] A ideia era um pouco radical. Como explicou Turner: "As duas disciplinas têm pouco em comum, a não ser a indiferença de uma em relação à outra." Mas a Nasa (talvez como prêmio de consolação por ter dado o Instituto de Ciência do Telescópio Espacial a Harvard, e não ao Fermilab) concordou em subsidiar o novo instituto, e Lederman e Schramm contrataram Turner e Kolb para chefiar o Centro de Astrofísica da Nasa e do Fermilab.

"O big bang", dizia Schramm com frequência, citando Yakov Zel'dovich, teórico russo, "é o acelerador de partículas do homem pobre". Aceleradores na Terra conseguiam atingir energias similares às dos instantes iniciais do Universo – quanto mais primordial o instante, maior a energia –, mas não podiam simular os primeiros e mais energéticos instantes. Mesmo que você quisesse chegar a um nível de energia acessível, um acelerador de partículas não é o tipo de equipamento que você consegue colocar embaixo do braço e levar emprestado por uma tarde. O que você podia fazer era calcular como algumas partículas se comportariam a certas temperaturas e depois ver se os cálculos concordavam com as observações dos elementos no Universo nos dias atuais.

A ideia em si não era nova. Gamow, Ralph Alpher e Robert Herman já tinham tentado fazer esses cálculos no final dos anos 1940, trabalhando com a hipótese do big bang. Fred Hoyle também o tentara, trabalhando com a hipótese do Universo estacionário. Os cálculos do pessoal do big bang conseguiam explicar as abundâncias relativas de 75% de hidrogênio e quase 25% de hélio, mas não davam conta nem de cerca de 1% dos outros elementos, chamados pesados. No modelo do Universo estacionário, o problema era o oposto – era possível explicar a criação dos elementos mais pesados, mas não a de hidrogênio e hélio. Esse impasse duplo não ajudou em nada a reputação da cosmologia.

Em 1957, no entanto, os físicos Geoffrey e Margaret Burbidge, Willy Fowler e Fred Hoyle colaboraram num *tour de force* de 104 páginas para a *Reviews of Modern Physics* que fez para a origem dos elementos o que Darwin tinha feito cerca de um século antes para a origem das espécies.[44] B^2FH, que é como os cientistas passaram a se referir àqueles quatro colaboradores, tinham trabalhado por dezoito meses numa sala sem janelas no Laboratório de Radiação Kellogg, do Caltech, rabiscando num quadro-negro, revendo os trabalhos de Zwicky e Baade, dos anos 1930, sobre o funcionamento das supernovas; e chegaram à conclusão lógica de como as reações nucleares em gerações sucessivas de estrelas tinham destruído os blocos fundamentais do Universo, recombinando-os de formas diferentes e mais complexas. Assim como Darwin explicou como as criaturas unicelulares poderiam evoluir e se transformar em diferentes espécies, B^2FH explicaram como átomos de um próton só podiam, com o tempo, formar os elementos da tabela periódica. Eles escreveram a conclusão ecoando a última frase do livro de Darwin *A origem das espécies*: "Os elementos evoluíram e continuam a evoluir."

Gamow, Alpher e Herman não precisaram se preocupar com os elementos pesados. *Conseguiram* explicar o hidrogênio e o hélio, e isso já estava bom o bastante; então as supernovas dos B^2FH passariam a dominar o processo e a criar os elementos mais pesados. Seguindo-se à descoberta da radiação cósmica de fundo e ao ressurgimento do interesse no big bang, os físicos, incluindo Fowler, Hoyle e Wagoner, começaram a aprimorar os cálculos originais. A diferença agora, para Schramm e para o Centro de Astrofísica da Nasa e do Fermilab, que ele entregava a Turner e Kolb, era que ele queria que os físicos do muito pequeno e os físicos do muito grande conversassem como se eles fossem de uma mesma disciplina – na verdade, queria criar essa disciplina.

De pronto, Turner e Kolb começaram a organizar "Espaço interior/espaço exterior", uma conferência que ampliaria não só a ideia de Schramm, como também sua estética. Eles criaram um logotipo que mostrava alguns traçados numa câmara de bolhas superpostos à foto de uma galáxia,[45] e o imprimiram em algumas camisas como suvenir.[46] Organizaram uma corrida ao redor do túnel do acelerador, com os duzentos participantes se movendo como uma manada de bisões.[47] Exibiram os búfalos que viviam soltos nos arredores do Fermilab. Inventaram um piquenique "Estilo Búfalo (ou qualquer outra proteína equivalente)"[48] e o promoveram com pôsteres que prometiam uma palestra de "J. Fonda (ou qualquer outra proteína equivalente)". Nos anais do evento, eles incluíram o pôster e outros desenhos divertidos feitos por Turner. E acrescentaram também um posfácio que podia ser entendido como manifesto.

"A cosmologia do século XX", eles escreveram, "sempre foi prejudicada pela falta de confiança por parte dos cosmólogos, o que geralmente levou a oportunidades perdidas."[49] Einstein não confiou nas suas equações: ele perdeu a oportunidade de prever que o Universo estava em expansão. A geração seguinte não confiou nas equações de Gamow: eles perderam a oportunidade de descobrir a radiação cósmica de fundo. A geração deles, prometiam Kolb e Turner, não cometeria o mesmo erro. "O que quer que os cosmólogos do futuro escrevam sobre a cosmologia dos anos 1980, podemos ter certeza de que não será sobre como essa época teve medo de levar a sério até as ideias mais ensandecidas", concluíam. "Nós continuamos sempre otimistas!"[50]

O proselitismo prosseguiu (Turner até se referia ao Centro de Astrofísica como "a 'igreja-mãe'"). Em 1989, Kolb e Turner publicaram *The Early Universe*, livro que eles esperavam que fizesse pela astrofísica de partículas e pela cosmologia o que o livro de Peebles fizera pela física e pela cosmologia, e ainda mais. "Talvez os cosmólogos do futuro riam de nossa inocência", escreveram na parte final do livro.[51] "Mas, se o fizerem, podemos torcer para que admirem nossa coragem e nosso destemor no ataque a problemas que já foram considerados além do alcance da compreensão humana. O tamanho da nossa recompensa pela coragem e o destemor permanece incerto." "Os autores", concluíam eles, "permanecem sempre otimistas!" Para a publicação da edição em brochura, incluíram um novo prefácio: "Apesar de estarmos quatro anos mais velhos", escreveram, "não estamos menos otimistas; na verdade, nos sentimos mais otimistas ainda!" E reconhecendo que estavam se transformando em verdadeiros ícones da comunidade assinaram apenas "Rocky e Mike".[52]

Ótimo: faça barulho. Proclame suas ideias. Ser maluco é bom, quanto mais maluco melhor. Arranque o giz da mão do seu colega. Descansando no bar e de olho em tudo, Schramm provavelmente se divertia com a guerra de comida intelectual que acontecia nas noites da Pizza Primordial.[53]

Mas depois disso não faça barulho. Se acalme. Volte para sua sala pela manhã, pegue seu caderno e aprimore a ideia maluca até que a matemática fique perfeita. E tenha certeza de que a matemática faz uma previsão que alguém vai poder testar. "A navalha de Schramm", era como seus colegas chamavam essa insistência numa previsão testável. E agora a cosmologia tinha uma previsão: o Universo era plano.

Então, onde estavam as evidências?

O "espaço interior" tinha mudado ao longo dos anos. Na visão original de Schramm, espaço interior era o da física de partículas, e ele e seus colegas tinham conseguido resumir os processos de formação dos elementos ao que eles chamavam de "era da nucleossíntese" – o período em que o Universo tinha de 1 a 100 segundos de idade e o nevoeiro cósmico esfriara o suficiente para permitir a formação dos elementos. Eles sabiam o que deveria estar acontecendo na fração de segundos anterior, quando prótons, nêutrons e elétrons ricocheteavam. Mas Hawking e Guth tinham mudado o jogo; eles chegaram ao problema vindo do lado oposto – não do presente, retroagindo no tempo, mas a partir do início. Eles levaram em conta não só a física de partículas, mas a física quântica. Se a inflação estava certa, então a atividade quântica durante o período inflacionário – todos os 10^{-35} segundos – tinha se congelado como fissuras num lago cósmico, os veios de gelos, criando estruturas ao redor das quais a matéria (escura ou não) tinha se aglomerado, levando ao Universo como hoje o conhecemos.

Mas o "espaço exterior" também tinha mudado. Já acabara há muito tempo a época de se debater o efeito Rubin-Ford – os dados que Vera Rubin e W. Kent Ford haviam obtido em meados dos anos 1970, e que aparentemente mostravam que as galáxias locais não estavam apenas retrocedendo por causa da expansão, mas se movendo em massa numa direção comum. Em 1976, no mesmo ano em que Vera Rubin e alguns colegas publicaram o artigo sobre o efeito Rubin-Ford,[54] uma equipe liderada por Richard Muller e George Smoot, no LBL, acatara a sugestão de Peebles em *Physical Cosmology* e, instalando um radiômetro de Dicke a bordo de um avião U2, tentou medir o movimento de nossa galáxia em relação à radiação cósmica de fundo, para determinar se nosso Universo como um todo girava. Em vez disso, descobriram que nossa galáxia parecia estar correndo através do espaço a cerca de 600 quilômetros por segundo. Smoot anunciou a descoberta em abril de 1977, numa reunião da Sociedade Americana de Física, tomando parte do tempo de uma palestra de Peebles com a autorização dele. O fenômeno "é um verdadeiro dilema para os teóricos", disse Peebles, e Smoot suspeitou que eles dois eram os únicos físicos presentes que tinham entendido as consequências: para um Universo tão volátil localmente permanecer homogêneo e isotrópico em grande escala, essa escala teria de ser muito maior do que qualquer um já tivesse imaginado.

Naquele mesmo ano, Jim Peebles compilou um mapa com os milhões de galáxias que o Observatório Lick observara, e percebeu que não apenas as galáxias estavam fazendo o que fazem as galáxias que interagem gravitacionalmente entre si – se aglomerando; mas que os aglomerados estavam fazendo o que fazem aglomerados que interagem gravitacionalmente entre si – se superaglomerando. Em 1981, Allan Sandage e Gustav Tammann anunciaram que Gérard de Vaucouleurs (e, por extensão, Vera Rubin) estava certo: a própria Via Láctea pertencia a um superaglomerado local – na verdade, o Superaglomerado Local, como De Vaucouleurs o batizou. No mesmo ano, um grupo que incluía Robert Kirshner descobriu evidências do resíduo que a aglomeração de galáxias provocava: um "grande vazio". No ano seguinte, outra colaboração descobriu que o grande vazio não era tão grande assim; na verdade era bem típico: "O fenômeno do superaglomeramento é geral e sempre acompanhado por grandes buracos no espaço que se mostram bastante deficientes em termos de galáxias."[55] Uma busca mais demorada e abrangente de galáxias realizada pelo Centro de Astrofísica de Harvard deixou a comunidade em polvorosa quando identificou uma "grande muralha" de superaglomerados – um filamento de galáxias.[56] Mas a grande muralha também se revelou algo típico, à medida que as grandes buscas com base nos desvios para o vermelho iam ficando cada vez mais abrangentes. O padrão era consistente: quanto maior fosse a fatia de espaço estudada, mais longos eram os filamentos; quanto mais longos os filamentos, maiores eram os vazios.

A própria escala dessas estruturas se mostrava um desafio para os teóricos da matéria escura. Suas simulações e cálculos podiam mostrar galáxias e aglomerados se formando nas proporções corretas, num passado distante, mas nesse caso os superaglomerados não teriam tido tempo de se desenvolver depois, até o estágio atual observado. Ou seus modelos podiam mostrar os superaglomerados se formando nas proporções corretas, no passado recente, mas nesse caso galáxias e aglomerados deveriam ter se formado muito antes do observado. Ainda assim, para os objetivos de Turner e Kolb, pelo menos a distribuição das galáxias, como um artigo daquela época a descrevera, era "como espuma".[57]

Será que a espuma de galáxias do espaço exterior se encaixava com os soluços quânticos do espaço interior? Desde a descoberta da radiação cósmica de fundo, em 1965, o destino da teoria do big bang dependia de futuras detecções de anomalias na até então bem homogênea radiação – as inomogeneidades que deviam estar lá para que nós estejamos aqui.

O Universo é plano? Desde a invenção da inflação, em 1979, o futuro da interpretação quântica daquelas inomogeneidades estava ligado ao futuro da detecção da ausência de curvatura.

No começo dos anos 1990, Turner, Kolb e todos os outros cosmólogos já esperavam havia anos para ter as respostas a essas duas perguntas – mais ou menos. O satélite Explorador Cósmico de Fundo (Cobe, na sigla em inglês de Cosmic Background Explorer), lançado em 1989, tinha sido projetado para fazer essas duas medições com um nível de sensibilidade sem precedentes – um nível de sensibilidade de que muitos cientistas (incluindo Turner) duvidavam.

Em 1990, John Mather anunciou que o Cobe tinha feito medições do espectro da radiação cósmica de fundo e apontado consistências com a detecção de Penzias e Wilson mais de duas décadas antes,[58] e refinou a medida da temperatura para 2,735K (mais ou menos 0,06K). Em 1992, Smoot*

* Ele agora já tinha entendido que a inflação podia explicar por que sua experiência de 1977 com o U2 não havia conseguido medir a rotação do Universo: o Universo como um todo pode até estar rodando, mas nós não conseguiríamos detectar esse efeito em nossa pequena bolha inflacionária.

anunciou que o Cobe detectara flutuações na radiação numa proporção que concordava com as previsões da inflação. O Universo era plano.

Ou não.[59] Em Princeton, por exemplo, Ruth Daly estava usando radiogaláxias – galáxias que emitiam jatos de plasma para ambos os lados, de modo que pareciam halteres – como medidores-padrão. Como os astrônomos que usavam supernovas como velas-padrão e torciam para ver supernovas mais brilhantes (e, portanto, mais próximas) do que "deveriam ser" a distâncias cosmológicas, Ruth Daly e alguns outros astrônomos torciam para ver radiogaláxias mais duradouras (e, portanto, também mais próximas) do que "deviam ser". Suas observações preliminares correspondiam a um ômega de 0,1 – 1⁄10 da densidade necessária para fazer um Universo fechado. Também em Princeton, Neta Bahcall estudava aglomerados de galáxias torcendo para conseguir extrapolar, a partir de suas massas e distribuição, um "peso" para o Universo. Suas observações preliminares mostravam um ômega de 0,2 – 1⁄5 da densidade necessária para fechar o Universo. O Universo, segundo Daly e Bahcall, era aberto.

O Universo era plano. O Universo era aberto.

E assim estava a cosmologia à medida que a década avançava: em estado de suspensão "nem isso/nem aquilo" que precisava de outras observações, uma pausa tensa, de proporções épicas.

No fim de 1997, o impasse tinha atingido uma importância além do nível profissional para David Schramm, quando ele recebeu o convite para participar de um evento no Museu de História Natural do Smithsonian. O evento aconteceria em abril de 1998 e haveria um "grande debate" entre Schramm e Jim Peebles sobre se o Universo era plano ou não. Esses debates, em geral, não dependem das convicções de seus participantes; por natureza, eles são mais retóricos. Ainda assim, o lado competitivo de Schramm garantia que ele não iria lá só para cumprir tabela. Ele queria estar com razão. Queria saber o valor de ômega.

E queria saber o que Saul Perlmutter sabia.[60]

Por muitos anos, o grupo de Perlmutter prometeu uma medição precisa de ômega usando supernovas tipo Ia como velas-padrão. Eles haviam publicado vários artigos dando pistas do resultado, e agora todos comentavam que conseguiam supernovas às dúzias, que tinham obtido tempo no Telescópio Espacial Hubble, que talvez estivessem no limiar de um veredicto.

"O que Saul tem?", Schramm costumava perguntar, passando pela sala de Turner. Depois de alguns dias: "O que Saul tem?"

Turner disse-lhe que logo saberiam, na reunião de janeiro da AAS. Estava prevista uma palestra de Saul. A outra equipe também faria uma apresentação. Tudo que eles podiam fazer agora era aproveitar os feriados em casa.

Tarde da noite, no dia 19 de dezembro, Michael Turner recebeu um telefonema. Era Judith, a mulher de Schramm. Ela estava na casa deles em Aspen, esperando pelo marido, que deveria ter voado para lá em seu Swearingen SW-3,[61] mas já estava atrasado havia horas e o noticiário local informava sobre a queda de um avião.

Turner disse algo para acalmá-la, e ele e Judy combinaram manter contato.[62] Mesmo depois que ela ligou novamente, Turner achava impossível acreditar que David Schramm não tivesse sobrevivido ao acidente, não tivesse se arrastado para fora das ferragens e agora não estivesse perdido num campo congelado, sozinho na escuridão.

8. Olá, lambda!

No dia 8 de janeiro de 1998, quatro astrônomos sentaram-se à mesa numa sala de conferências do Hotel Hilton, em Washington, para dar o veredicto da ciência. Ruth Daly estava lá com seus dados sobre as radiogaláxias, Neta Bahcall estava lá com seus dados sobre aglomerados de galáxias; representantes dos dois grupos de supernovas estavam lá – Peter Garnavich pela equipe High-z e Saul Perlmutter pelo Projeto de Cosmologia por Supernovas. Os comunicados à imprensa das várias instituições tinham funcionado. Cerca de duas dezenas de jornalistas ali se encontravam, incluindo repórteres do *New York Times* e do *Washington Post*, e as câmeras montadas em tripés se enfileiravam no fundo da sala, as lâmpadas de metal irradiando luz e calor. Os quatro astrônomos representavam ali quatro equipes diferentes, mas se expressavam em uníssono: o Universo se expandiria para sempre.

Uma voz, porém, era mais alta que as outras. Perlmutter tinha voado para Washington, depois de uma série de observações no Havaí.[1] No avião de Honolulu a São Francisco, ele usara o telefone de bordo pela primeira vez,[2] ligando para seus colegas em Berkeley, a fim de ditar os dados recém-obtidos no Telescópio Keck, no Mauna Kea. Fez uma parada em Berkeley só para imprimir um pôster com os dados novos. Até aquele momento, o SCP tinha tornado públicas sete supernovas, num artigo publicado na *Nature*, uma semana antes.[3] Mas a equipe dispunha de mais de quarenta outras supernovas na manga – quantidade que por si só já era importante, porque dizia à comunidade que o sistema funcionava, e que o SCP tinha domínio sobre ele.

Mas, para Perlmutter, esses resultados representavam a realização do sonho de usar a física para resolver grandes mistérios. "Pela primeira vez", anunciou ele na coletiva de imprensa da AAS, "vamos realmente ter os dados, e você, para descobrir qual a cosmologia do Universo, poderá apelar para um cientista experimental, e não para um filósofo."[4] Depois ele continuou sentado à mesa de conferência[5] por mais uma hora,[6] apresentando um minisseminário para o pessoal da imprensa. Eles o cercaram, e Perlmutter se manteve firme. Mais tarde, quando foram ouvir as fitas de gravação, talvez os jornalistas tenham pensado que, sem querer, haviam apertado a tecla FAST-FORWARD. Mas não. Era apenas Saul Perlmutter, em sua velocidade habitual, tentando convencer hipercineticamente a todos de que a manchete ali não era apenas o destino do Universo, mas que nós afinal conseguíramos *conhecer* esse destino – empírica, cientificamente.

No dia seguinte, Michael Turner fez uma visita a Perlmutter no lobby central do hotel.[7] A equipe do SCP fazia parte da sessão de pôsteres da reunião da AAS naquele dia. Dezenas de apresentações em painéis enfileirados próximos aos estandes onde representantes da indústria bélica sentavam-se a mesas cobertas com toalhas brancas tentavam provar por que seus telescópios eram os melhores. Perlmutter queria mostrar a Turner algo nos dados, algo que ele não tinha mencionado na coletiva de imprensa.

Turner gostava de Perlmutter e gostava do projeto. Não precisava ser convencido de que a pesquisa de supernovas era algo que valia a pena e merecia o apoio das Comissões de Alocação de Tempo nos telescópios, da NSF ou do Departamento de Energia. Turner se inclinou em direção aos painéis – oito no total.[8] Os primeiros explicavam a metodologia de pesquisa de supernovas para os não iniciados. Um deles mostrava a logística do projeto: as observações iniciais no telescópio de 4 metros de Cerro Tololo; as observações subsequentes em Cerro Tololo, três semanas depois; a espectroscopia no Keck; a fotometria com os telescópios em Kitt Peak, no Telescópio Isaac Newton e, para os maiores desvios para o vermelho, com o Telescópio Espacial Hubble. O segundo cartaz exibia as curvas de luz de 21 supernovas da equipe, o terceiro mostrava alguns espectros, e o quarto, uns desvios para o vermelho. O quinto explicava como o SCP tinha calculado a fotometria, feito algumas correções e usado o método da deformação dos gráficos para converter as supernovas tipo Ia em velas de calibre, e como essa calibração permitia a eles plotar as supernovas num diagrama de Hubble, relacionando desvios para o vermelho e magnitudes. O sexto pôster apresentava o diagrama de Hubble do artigo da *Nature*, a base para o argumento de que o Universo irá se expandir para sempre. Nada que Turner ainda não soubesse.

Então vinha o sétimo pôster. Ele expunha dois gráficos. Eram gráficos de contorno – gráficos que pegam o efeito estatístico acumulado (e não pontos individuais) de todos os dados e os registra numa região que representa todos os cenários possíveis para a vida no Universo. Se o seu contorno cai aqui, desse lado do gráfico, então há um Universo sem big bang; se cai ali, naquele pedaço, então há um Universo com big bang que se expande para sempre; e se cai um pouco mais para lá, então há um Universo com big bang que colapsa sobre si mesmo depois de um tempo.

O gráfico da esquerda, como o diagrama no sexto pôster, era do artigo da *Nature*. Ele representava os efeitos estatísticos de seis supernovas, inclusive a supernova de 1997, que a equipe do SCP tinha analisado com o Telescópio Espacial Hubble. E mostrava que a inclusão de uma supernova do HST alterava a figura para cima, na direção correspondente a um Universo que se expandiria para sempre.

O gráfico da direita, porém, era novo. Ele mostrava os efeitos estatísticos de dezenas de outras supernovas que a equipe tinha encontrado – quarenta no total. Como era de esperar, a inclusão de todos aqueles dados tinha diminuído os contornos, estreitando as áreas plotadas. Olhar para o gráfico da esquerda e depois para o da direita era como colocar óculos; de repente, os contornos embaçados do mundo – o Universo – entravam em foco.

A análise era preliminar, mas o efeito, notável. Se você soubesse o que estava vendo, perceberia de primeira. Sim, o Universo iria se expandir para sempre. Porém, as evidências pareciam indicar que, para existir, o Universo não poderia ser feito somente de matéria, fosse ela escura ou não. Ele precisava de algo mais.

Turner se aprumou. "Dave teria gostado disso", falou.[9]

Turner estava na AAS, coordenando a cerimônia póstuma em homenagem a David Schramm. Ele já coordenara uma solenidade em Aspen e presidiria outra depois, no mesmo mês, na capela Rockefeller, no campus da Universidade de Chicago. Aqui estavam as supernovas sobre as quais Schramm tanto perturbara Turner. Contudo, se os dados estivessem corretos, aqui também estava o prenúncio de uma nova tragédia. Schramm passara décadas tentando repensar o Universo só para morrer, como Hubble em Monte Palomar, vislumbrando a Terra Prometida – talvez até de forma mais sofrida. Nos primeiros cinquenta anos de funcionamento, o telescópio em Monte Palomar não conseguira mostrar o que Hubble esperava: os dois números que tinham feito seu aprendiz Allan Sandage se lamentar até o dia da aposentadoria. Mas se os dados do SCP fossem corretos, a ciência entraria numa era que Schramm havia previsto: uma nova cosmologia.

Em 1917, ao pensar sobre as implicações da relatividade geral, Einstein viu que o Universo era irremediavelmente instável. Assim como Newton recorrera a Deus para impedir que sua visão de Universo colapsasse, Einstein adicionou um símbolo às suas equações – arbitrariamente, a letra grega lambda, Λ. O que quer que fosse, lambda contrabalançava a gravidade, porque, em sua visão de Universo estável, *alguma coisa* devia ser estável. Por isso, um Universo cheio de matéria que atrai matéria pela força da gravidade não colapsaria. Depois da descoberta de Hubble, de que o Universo se expandia, o Universo não precisava de lambda, e Einstein o descartara. Ao contrário do Deus de Newton, porém, lambda não podia ser ignorado por completo. Afinal, ele estava na equação.

O que se podia fazer era dizer que lambda valia 0. Foi isso que gerações de observadores e teóricos fizeram. Algumas vezes eles deixavam esse pressuposto implícito, simplesmente não mencionando lambda. Por vezes falavam explicitamente: "Vamos assumir que $\Lambda = 0$." Para a maior parte dos observadores e teóricos, lambda estava lá e não estava lá. Ele tinha uma existência em paralelo, como um fantasma no sótão.

Só porque lambda não era necessário, isso não queria dizer que não se pudesse usá-lo, e de tempos em tempos alguns teóricos faziam justamente isso. Em 1948, quando Hermann Bondi e Thomas Gold, e, de maneira autônoma, Fred Hoyle, tentavam criar um novo modelo de Universo que não dependesse da singularidade inicial de densidade infinita, mas ainda assim estivesse se expandindo, eles usaram o que Bondi e Gold chamaram de "termo cosmológico hipotético e muito debatido".[10] Como Einstein, eles não sabiam o que era aquilo, mas recorreram a um valor não nulo, porque *alguma coisa* tinha de alimentar a expansão. Contudo, a validação da teoria do big bang pela descoberta da radiação cósmica de fundo eliminou a necessidade daquilo que já estava sendo chamado de "a constante cosmológica". Lambda não morreu, como o Universo estacionário, mas abandonou seu corpo, como uma alma que se esvai.

Sua próxima parada foi nos quasares, aquelas misteriosas fontes de grandes energias a distâncias absurdas. Em 1967, um trio de teóricos de Cornell publicou um artigo no *Astrophysical Journal* examinando, como o título dizia, "Quasi-stellar objects in Universe with non-zero cosmological constant".[11] Eles estavam tentando resolver algumas possíveis inconsistências no comportamento dos quasares. No entanto, com o melhor entendimento da evolução dos quasares, a necessidade de lambda diminuiu. Depois, em 1975, dois preeminentes astrônomos disseram na *Nature* que estudos de galáxias elípticas como velas-padrão indicavam que "os modelos cosmológicos mais plausíveis têm uma constante cosmológica positiva".[12] Um ano depois, escreveram outro artigo explicando por que as galáxias elípticas não eram boas candidatas a velas-padrão, derrubando implicitamente seus argumentos anteriores.

Por quatro vezes, agora, incluindo Einstein, os cosmólogos tinham subido ao sótão, e por quatro vezes voltaram com a mesma história: foi só o vento.

Então veio a inflação. Ela resolvia os problemas da ausência de curvatura e do horizonte. Explicava improbabilidades, homogeneidade e isotropia do Universo na maior das escalas. E ainda que os participantes da conferência de Nuffield ("O Universo muito jovem") em Cambridge, durante o verão inglês de 1982, não estivessem de acordo quanto a um modelo de inflação, eles concordaram, e de forma crucial, que esse modelo podia existir. E nas semanas e meses seguintes à conferência formou-se um consenso em torno de um modelo, dando base matemática sólida à inflação.[13] No entanto, o que era mais importante para sua sobrevivência ou obsolescência, a inflação trazia consigo uma previsão: o Universo era plano; a quantidade de matéria no Universo era igual à quantidade crítica que o impedia de colapsar; ômega era igual a 1.

O problema para os teóricos da inflação, porém, era que, de modo consistente, os observadores estavam encontrando evidências de que a quantidade de matéria no Universo era só 20% de quantidade crítica – ômega era igual a 0,2.

Na sessão final da conferência de Nuffield, o físico teórico Frank Wilczek resumiu a pauta da conferência e concluiu com uma "lista de perguntas". Uma delas indagava se ômega era igual a 1. "Se não for", dizia Wilczek, "devemos desistir da inflação."[14] Uma simples subtração o levaria a entender que, para ômega ser 1 – enquanto os observadores obtinham evidências de que era 0,2 –, os observadores deviam estar ignorando 0,8 (ou 80%) do Universo.

A discrepância não era tão preocupante quanto se poderia imaginar. Duas opções se apresentavam de imediato. Talvez o resto da matéria existisse numa forma que os astrônomos ainda não haviam conseguido detectar. Apenas havia pouco tempo a comunidade aceitara a ideia de que eram fortes as evidências a favor da matéria escura, e os teóricos ainda trabalhavam nas implicações dessa matéria para a estrutura e a evolução do Universo. Ou os observadores estavam simplesmente errados, e observações mais precisas, com instrumentos melhores, aumentariam o valor de ômega e resolveriam a discrepância.

Havia uma terceira opção, e se ela também se mostrava imediata fazia isso de longe, ou até mesmo de outra dimensão. De qualquer modo, era fácil e provavelmente recomendável ignorá-la. Wilczek terminou a conferência de Nuffield com a última questão de sua lista de perguntas: "E a constante cosmológica? 'Onde não se pode falar, deve-se ficar em silêncio' (Wittgenstein)."[15]

Fique quieto? Faça barulho! Michael Turner foi para casa depois da conferência de Nuffield, pegou um pedaço da Pizza Primordial e, com os teóricos Gary Steigman e Lawrence Krauss, começou a trabalhar num artigo que estudava as opções para tornar ômega igual a 1, intitulado "Flatness of the Universe: reconciling theoretical prejudices with observational data".[16] Os tais "preconceitos teóricos" faziam referência à previsão da inflação, de que o Universo é plano, e o artigo explorava duas maneiras de conciliar preconceitos e dados. Uma delas era uma partícula de algum tipo, da época da nucleossíntese do big bang – um assunto no qual Schramm era pioneiro. A outra possibilidade era uma "constante cosmológica relíquia".

"A constante cosmológica", como Turner gostava de dizer, "é o último refúgio dos cosmólogos canalhas, a começar por Einstein."[17] Ele mesmo, "do fundo de sua alma", acreditava que a constante cosmológica devia ser 0. Mas também sabia que ela tinha "todo o direito de estar ali". [18] E como Turner e Rocky Kolb sempre insistiam, a geração deles não iria cometer o mesmo erro de Einstein e outros cosmólogos do século XX, de não levar a sério qualquer opção remotamente cabível.

Ainda por cima, o autointitulado cientista conservador Jim Peebles levava mais a sério essa ideia que Turner – no entanto, Peebles se orgulhava de confiar mais nas observações que a maioria dos teóricos.[19] "O que é melhor", dizia ele, dando de ombros, "é aquilo que é verdadeiro."[20] Para ele, a verdade tinha aparecido num artigo escrito em 1983 por Marc Davis, astrônomo da Universidade da Califórnia em Berkeley, usando o então mais atual e abrangente recenseamento de galáxias para medir suas velocidades, inferir suas massas e obter a densidade da massa do Universo.[21] Peebles analisou os dados e pensou: "Uma densidade alta de massa é um cavalo morto."[22] Conclusão: ômega igual a 0,2.[23]

No ano seguinte, Peebles escreveu um artigo, "Tests of cosmological models constrained by inflation", que apresentava sua interpretação teórica dos dados. Talvez ômega realmente fosse 0,2 e lambda fosse 0, mas, nesse caso, "nós perdemos a atraente explicação inflacionária para a homogeneidade do Universo em grande escala".[24] Ele *não queria* uma constante cosmológica. "É feio", dizia com frequência.[25] "É um acréscimo."[26] Se ele estivesse construindo um Universo, pensou, não adicionaria uma constante cosmológica: "Nada de frescuras." Mas talvez porque a inflação resolvesse o problema da ausência de curvatura que ele descrevera com Dicke, ou talvez porque desconfiasse intrinsecamente de um Universo simples, Peebles aceitava essa condição com alguma serenidade. "Considerando as observações", dizia ele, "acho que o Universo talvez possua alguma frescura – uma constante cosmológica."[27]

O artigo encontrou muita resistência, o que de certa forma agradava a Peebles.[28] Ele percebeu que podia dar conferências, apresentar uma palestra, as pessoas iam reclamar com ele, e depois todo mundo ia esquecer tudo. Meses mais tarde ele dava a mesma palestra e as mesmas pessoas iam reclamar. Percebeu que nem precisava preparar uma nova palestra. Podia apresentar a mesma várias vezes seguidas. Isso durou uma década.

Teóricos estão sempre falando alguma coisa. É isso o que eles fazem. Não precisam acreditar naquilo que dizem. O objetivo de um teórico não é estar certo, mas fazer sentido – dar uma declaração internamente consistente e que os observadores tentem comprovar ou refutar. Do outro lado, os observadores veem os teóricos com paciência e irritação, como um cachorro que sempre traz alguma coisa aos seus pés: um graveto, um brinquedo, um pássaro morto. Na maioria do tempo, os brinquedos simplesmente ficam ali, pelo chão. Mas de vez em quando os observadores pegam um brinquedo e jogam longe, para o cachorro. *Vá pegar!*

Em 1992, os observadores jogaram para os cosmólogos teóricos o maior brinquedo desde a descoberta da radiação cósmica de fundo, mais de 25 anos antes: os resultados do Cobe – aqueles que diziam que o Universo era plano. No ano seguinte, Turner e Kolb acrescentaram um prefácio à versão em brochura de *The Early Universe,* comentando os resultados do Cobe e dizendo que eles eram "um grande incentivo" à existência de um Universo plano.

À medida que novas observações se acumulavam e indicavam um Universo com pouca densidade de matéria – especialmente os estudos de galáxias na maior escala possível, que tinham atraído Peebles uma década antes –, os teóricos se viram cada vez menos relutantes em sugerir (e os observadores se viram cada vez menos relutantes em considerar) a possibilidade de uma constante cosmológica. "Por que uma constante cosmológica parece inevitável?",[29] lia-se numa das seções de um grande e influente jornal. "The observational case for low-density Universe with a non-zero cosmological constant" era o título de outro artigo.[30] E sempre havia Turner, de novo com Lawrence Krauss: "The cosmological constant is back."[31] A constante cosmológica ainda era o último refúgio, mas, de todo modo, era um refúgio.

Vera Rubin resumiu a situação com uma piada.[32] Havia um rabino muito sábio, dizia ela, que tentava mediar uma disputa conjugal. O marido reclamava da esposa. "Você está certo", dizia o rabino. A esposa reclamava do marido. "Você está certa", dizia o rabino. Então, a própria esposa do rabino apareceu de trás de uma cortina, onde escutava tudo. "Como os dois podem estar certos?", perguntou ao marido. E o rabino respondeu: "Você está certa também."

Vera contou essa piada na conferência "Diálogos críticos em cosmologia", em Princeton, integrando as celebrações do 250º aniversário da universidade, no verão de 1996. O objetivo da conferência era juntar os principais cosmólogos do mundo para debater os maiores desafios da área. Um evento desse tipo inevitavelmente teria de falar sobre o valor de ômega, e isso foi feito num debate. De um lado estava Avishai Dekel, que recentemente medira movimentos galácticos consistentes com ômega igual a 1.[33] Do outro lado, Turner argumentava que a quantidade de matéria no Universo não era suficiente para levar ômega até 1. Mas ele não parou por aí. Usou a oportunidade para defender que ômega era de fato 1, porque a constante cosmológica poderia dar conta do que estava faltando.

O mediador do debate era ninguém menos que Bob Kirshner. Em determinado momento da discussão, ele se dirigiu a Saul Perlmutter, que tinha chegado a Princeton trazendo resultados preliminares das sete primeiras supernovas do SCP, e perguntou o que achava.

Como qualquer cosmólogo lidando com ômega, o grupo do SCP tinha falado de lambda artigo após artigo: "(Para $\Lambda = 0$)",[34] "(Para $\Lambda = 0$)",[35] "Se assumirmos a constante cosmológica = 0".[36] Um ano antes, em 1995, Perlmutter e Ariel Goobar tinham arrancado a constante cosmológica de seu purgatório, fazendo de sua existência tema de um artigo no *Astrophysical Journal*.[37] Ou melhor, fazendo de sua *não* existência o tema, já que o pressuposto deles quando o escreveram era de que a matéria seria capaz de dar conta de tudo.[38] Eles acharam que explicariam aos astrônomos como usar supernovas para mostrar de uma vez por todas que lambda era igual a 0.

E era sobre isso que Perlmutter estava pronto para debater quando chegou a Princeton.[39] Sim, ele apresentou seu relato. As sete primeiras supernovas do SCP mostravam-se consistentes com um Universo onde ômega é 1 e lambda é 0.

"Isso pode ser a morte de lambda", disse Jim Peebles a um jornalista.[40]

Morte de lambda. Perlmutter gostou daquilo: tire lambda do caminho para que ele nunca mais nos atrapalhe.

Como seu mentor David Schramm, Michael Turner não gostava de perder um debate. E, como Schramm, ele não tinha receio de praticar o que os cosmólogos do Fermilab e de Chicago chamavam de "ciência da jugular".[41] Durante um intervalo das atividades em Princeton, enquanto vários astrônomos e cosmólogos subiam as escadas rumo a um auditório, Turner passou um recado a Perlmutter. Falando de maneira ostensiva para um astrônomo que estava a seu lado, Turner elevou o tom da voz:

"Eu não acho que Perlmutter seja tão estúpido assim."

Perlmutter não deu demonstrações de que ouvira.

"Eu disse", repetiu Turner ainda mais alto, "que não acho que *Saul* seja tão *estúpido.*" [42]

Turner foi mais diplomático na apresentação, mas não menos provocador. "Eu estou esperando ansiosamente os resultados das duas buscas mais aprofundadas de supernovas", disse ele, em referência às equipes rivais. "Acho que elas irão trazer uma luz importante sobre isso. Tirar qualquer conclusão agora seria roubar o momento de glória deles, no futuro."[43]

O SCP enviou seus dados das primeiras sete supernovas para o *Astrophysical Journal* em agosto.[44] Se eles usassem o pressuposto de sempre sobre lambda – "uma cosmologia com $\Lambda = 0$" –, então ômega valia 0,88. Mas, considerando-se a margem de erro, seria possível interpretar esse resultado, coerentemente, como ômega igual a 1. Se eles usassem o pressuposto menos comum de que o Universo era plano com um possível componente de lambda, então ômega era igual a 0,94, ainda mais próximo de 1, enquanto lambda seria 0,06, valor desprezável e, dada a margem de erro, próximo de 0.

O Universo era plano. A matéria sozinha era capaz de fazer ômega chegar a 1, e não precisávamos de lambda. Pelo menos essa interpretação, como dizia o artigo, era "consistente" com os resultados obtidos.

Para azar da equipe do SCP, a interpretação não era consistente com a próxima leva de dados.

O *Astrophysical Journal* aceitou o artigo em fevereiro de 1997 e o publicou na edição de 10 de julho. Na ocasião, a equipe do SCP já estava terminando a análise das duas supernovas que observara com o HST. Como a fotometria do Hubble seria muito superior às análises feitas em solo, eles dariam ênfase especial ao que ela revelasse.

Peter Nugent fora contratado como pós-doc por Perlmutter um ano antes, integrando uma campanha a fim de atrair astrônomos para o projeto. Nugent tinha escrito sua tese sobre supernovas tipo Ia, e Perlmutter o incumbira da fotometria. Nugent possuía um estilo vigoroso. Ele não teria se sentido deslocado na Universidade de Chicago; seu jeito e sua atitude lembravam um pouco David Schramm ou Rocky Kolb: um cara do tipo "Eu posso fazer", "Respondo a qualquer pergunta", "Conheço os restaurantes com as melhores cartas de vinho".[45] Em 30 de junho, ele terminou a fotometria das duas supernovas do HST, obtendo as magnitudes, a medida-padrão da luminosidade dos objetos celestes.[46] A análise espectroscópica já tinha fornecido os desvios para o vermelho das duas supernovas. Agora Nugent estava fazendo o gráfico cruzado dos dois valores, desvio para o vermelho num eixo, magnitude no outro.

Era de esperar que os pontos no gráfico ficassem próximos do padrão, na reta inclinada a 45° – a relação para galáxias próximas que Hubble havia descoberto em 1929. A linha reta em si representa um Universo que se expande uniformemente, sem efeitos gravitacionais – em outras palavras, um Universo sem massa, um Universo vazio. Em algum momento, a uma grande distância no espaço e há muito tempo, os pontos teriam que deixar de formar uma linha reta para representar um Universo com massa. Mas que tipo de Universo? A medida do desvio desses pontos distantes em relação à reta será pequena, mas dirá quão mais brilhantes serão esses objetos em referência ao que seria esperado para aqueles desvios para o vermelho em particular – quanto mais brilhante a supernova, maior o valor de ômega. E esse valor nos diz o peso, o formato e o destino do Universo: aberto, fechado ou plano; sela, globo ou sem curvatura; big chill, big crunch ou Cachinhos Dourados.

Nugent começou a plotar as duas supernovas do HST. Primeiro olhou ao longo do eixo do desvio para o vermelho – a medida que corresponde à distância. Depois subiu pelo gráfico até o valor de magnitude que havia obtido por fotometria. Ele presumiu que os dois pontos iriam cair na região do desvio – uma curva um pouco mais para baixo – consistente com a conclusão do último artigo do SCP: um Universo plano, só com matéria, onde ômega é 1. Mas não foi lá que os pontos caíram. Eles estavam caindo do outro lado da reta de 45° de Hubble, no que seria uma curva *acima* do esperado. A diferença entre o que deveriam ser as luminosidades para aqueles valores de desvio para o vermelho e as luminosidades de fato era de aproximadamente meia magnitude, o que significava que as supernovas eram 1,6 vez *menos brilhantes* que o esperado.

"Lá se vai o Universo", escreveu Nugent numa mensagem eletrônica para a equipe. Não que ele estivesse preparado para tirar qualquer conclusão cosmológica. Afinal, como escreveu, "são apenas dois pontos". E não era o membro da equipe responsável pelas medições de ômega e lambda. Mas a discrepância entre as magnitudes esperadas e as medidas sem dúvida era perturbadora. "Espero que isso seja o suficiente para escrevermos um artigo ainda esta semana", acrescentou Nugent. "Eu realmente acho que devemos fazer isso agora, já que a outra equipe muito provavelmente vai mandar alguma coisa em breve (muito breve) [falando de seus próprios resultados no HST]. Os dados são bons – são o que são. Vamos a público com essa coisa!"

Mas eles não foram. A equipe percebeu que não precisava só decidir se publicaria, mas também o que publicaria.

No jargão da ciência, as duas supernovas do HST estavam "brigando" com o resultado anterior, um Universo só com matéria e ômega igual a 1. Naquele verão, a equipe descartou duas das sete primeiras supernovas –

análise mais criteriosa mostrara que uma delas era uma supernova implosiva, e não uma tipo Ia; e a outra era, obviamente, um ponto fora da curva. Também eliminaram a supernova 1996 do Hubble, pois acharam que, embora as medições individuais houvessem sido precisas, eles não dispunham de observações suficientes – pontos suficientes na curva de luz – para mandar os dados a um revisor externo. Contudo, a semelhança dos resultados das supernovas 1996 e 1997 observadas com o HST reforçou a confiança da equipe nos dados de 1997. Em setembro eles tinham se decidido por seis supernovas no total, bem como por uma conclusão – uma conclusão ainda inconsistente com um artigo que tinham publicado apenas dois meses antes.

Um membro da equipe escreveu a Nugent:

> Você deve perceber que nós ficaremos muito mal perante a comunidade se mudarmos nossos limites toda vez que acrescentarmos *uma* SN à amostra total sem discussão [no artigo]. Como alguém pode confiar no que falamos se sabe que iremos dizer algo diferente alguns meses depois, sem nenhuma explicação?

Afinal, os dois artigos não se baseavam em duas amostras diferentes ou num conjunto significativamente maior de dados. O novo texto tinha duas supernovas *a menos* que o anterior. A única novidade nos dados era uma supernova do HST.

O objetivo do artigo, como Nugent respondeu, seria demonstrar o que o HST podia fazer pela pesquisa de supernovas distantes – e NÃO declarar que o Universo tem este ou aquele valor de ômega ou lambda, "segundo Deus". A quantidade de supernovas não importava. "Eu nunca dei a mínima para um ponto no gráfico (ou mesmo para uma quantidade menor que dez) quando a barra de erros é tão grande." O *método* é que merecia ser relatado.

Mesmo assim, escrever um artigo que refutava um resultado, ainda que de modo implícito, exigia algum tato. Não antes de setembro de 1997 a equipe produziu uma primeira versão a ser submetida à *Nature*, e naquela ocasião já haviam adornado as palavras amenizando tanto as coisas que até um Kirshner ficaria engasgado: "Nós usamos palavras como 'preliminar', 'inicial' e 'se' no artigo todo", Nugent tranquilizou um colega numa mensagem no dia 27 de setembro. Quando o texto chegava na parte de ômega e lambda, ele dava uma dupla suavizada: "Essas novas medições *sugerem* que *podemos* estar num Universo com baixa densidade de massa" (grifos meus).

A equipe submeteu o artigo sobre a supernova do HST à *Nature* na primeira semana de outubro.[47] Exatamente como Nugent havia previsto no final de junho, claro, a equipe High-z concluiu seu artigo sobre supernovas do HST, tendo Garnavich como autor principal, e colocou-o na internet em 13 de outubro. O artigo da High-z relatava que sua amostra também "sugeria que só a matéria não era suficiente para produzir um Universo plano".[48] Os dois grupos claramente convergiam quanto ao resultado que tinha motivado suas buscas de supernovas: o destino do Universo.

Se não houvesse a constante cosmológica, ômega era pequeno, e o Universo era aberto – fadado a se expandir para todo o sempre. Mesmo que houvesse uma constante cosmológica, ainda assim ômega era pequeno, e o Universo era plano – ia parar de se expandir lentamente até virtualmente parar, jamais colapsando. De qualquer modo, a expansão do Universo prosseguiria para sempre. Naquele outono americano, a AAS convidou as duas equipes para participar de uma coletiva de imprensa na reunião da sociedade, em janeiro de 1998. O Departamento de Comunicação da AAS geralmente organizava quatro ou cinco coletivas de imprensa durante os cinco dias de reunião semestral, e um debate sobre o futuro do Universo parecia algo que ia atrair a atenção de muita gente. Claro, as duas equipes disseram à AAS que teriam prazer em enviar representantes à coletiva de imprensa.

Contudo, uma questão mais sutil, e certamente mais esotérica, persistia: *havia* uma constante cosmológica?

Gerson Goldhaber achava que sim.[49] Em 24 de setembro ele mostrou ao grupo os histogramas que compilavam todas as supernovas; um histograma para um Universo sem lambda, outro para um Universo plano, onde ômega mais lambda era igual a 1. Para uma medição tão delicada quanto a que a equipe tentava fazer, empilhar supernovas em categorias pouco precisas não seria tão convincente quanto plotar os pontos individuais. Mas uma tendência se revelava claramente. Quanto mais supernovas a equipe analisava, menor era o valor calculado de ômega. Duas semanas depois, as minutas de outra reunião da equipe refletiam essa tendência: "Talvez a coisa mais perturbadora seja que as primeiras sete" – a amostra que servira de base para o primeiro artigo – "eram consistentes entre si, mas as outras 31 supernovas parecem mostrar uma resposta consistente e de menor valor."[50]

Nos anos 1930, Fritz Zwicky descobriu um conjunto de supernovas que presumiu serem exemplos do processo de *implosão* que ele e Walter Baade tinham previsto; em retrospecto, aquelas supernovas todas eram exemplos do processo de *explosão* que ainda não fora descoberto. Agora a equipe do SCP percebia que eles também haviam desafiado as probabilidades. Mesmo depois de eliminar o ponto fora da curva e a supernova tipo II da amostra original de sete, aquelas cinco supernovas ainda pareciam muito brilhantes. E isso fazia com que o acréscimo das dezenas de supernovas pouco brilhantes puxasse o valor de ômega para baixo. Na análise por histograma dos dados, um pico agudo se formava em torno de ômega igual a 0,2.

Em 14 de dezembro de 1997, Goldhaber apresentou suas descobertas num seminário no Instituto de Física Teórica da Universidade da Califórnia em Santa Barbara. Kirshner integrava o quadro do instituto naquele outono, aproveitando um período sabático em Harvard, e como sempre Goldhaber o considerou "inamistoso".[51] Kirshner interrompeu a apresentação: um ômega de 0,2? E daí, qual a novidade? Mas Goldhaber achava que estava mostrando que ômega só poderia ser 0,2 se estivesse acompanhado de lambda. Pelo menos o diretor do instituto, David Gross, entendeu assim; contudo, quando perguntou a Goldhaber por que ele acreditava nos resultados, tudo que este conseguiu falar foi que tinha um longo histórico interpretando histogramas. "Eu estou convencido", disse ele.

Perlmutter também estava apresentando resultados preliminares para o público naquele outono, de colóquio em colóquio, carregando suas transparências com gráficos de espalhamento que mostravam um ômega baixo:

o primeiro, em 23 de outubro, no Departamento de Física da Universidade da Califórnia em San Diego; o segundo, em 1º de dezembro, no Departamento de Física da Universidade da Califórnia em Berkeley; o terceiro, no Departamento de Física da Universidade da Califórnia em Santa Cruz. Como no artigo da *Nature*, Perlmutter teve cuidado com as palavras ao apresentar seus comentários, mas fez questão de que a plateia soubesse que os dados mostravam a possibilidade de "algumas consequências monumentais para a física", como declarou no colóquio de Berkeley. "Em especial, se considerarmos o caso de um Universo plano – o caso do Universo inflacionário, que todos preferem –, uma massa desse nível, uma densidade de massa desse nível, significa que a constante cosmológica deve estar contribuindo com uma densidade de energia de cerca de 0,7." Para os cosmólogos da plateia que não tivessem entendido, o astrofísico Joel Primack se levantou ao final da apresentação de Perlmutter em Santa Cruz para dizer que os resultados "abalariam as fundações". E então acrescentou um adendo importante: "Se forem verdadeiros."[52]

Para a equipe High-z, a "bola" agora estava com Adam Riess. Ele sabia que sua equipe se encontrava em desvantagem no que se referia à quantidade de supernovas, algo que Peter Nugent fazia questão de lhe lembrar. Os dois faziam parte de um grupo que se encontrava durante os fins de semana num parque da cidade para jogar uma variação de futebol americano que eles chamavam, por razões óbvias, de futebol de lama.[53] Algumas vezes os xingamentos entre os times era algo do tipo "Minha pesquisa de supernovas distantes é melhor que a sua". Um dia Riess decidiu que estava cansado de ouvir sobre quantas supernovas o SCP estava encontrando e como as pesquisas do High-z estavam atrasadas. Se não era possível vencer o SCP em quantidade, pensou ele, cabia vencê-lo em qualidade.

Em sua dissertação de mestrado, Riess tinha atacado o problema da falta de brilho. Seu método para o formato das curvas de luz propunha uma solução matemática para obter a luminosidade a partir da ascensão e da queda do gráfico da curva de luz. Na tese de doutorado, Riess atacara o problema da poeira. Se você estava tentando determinar a distância de uma supernova por meio da medição do desvio para o vermelho, então deveria saber qual a influência da poeira no avermelhamento da luz (assim como a poeira na atmosfera faz a luz do Sol poente ficar avermelhada). No método multicor para o formato das curvas de luz, ou MLCS (na sigla em inglês), as observações da luz com vários filtros de cor forneciam uma medição cumulativa do efeito da poeira, permitindo ao observador determinar a distância com mais precisão.

Como perito da equipe em corrigir dados levando em conta a poeira intergaláctica entre a supernova e o observador, Riess às vezes conseguia limpar a supernova de tal forma que as barras de erro eram menores que as do SCP. Ele nem precisaria de um número maior de supernovas – ainda que quanto mais tivesse, melhor. Até supernovas próximas ajudariam. Se ele conseguisse fixar a primeira parte do diagrama de Hubble com dados confiáveis, então a outra parte, a das supernovas com altos desvios para o vermelho – embora com uma amostragem menor que a do SCP – seria mais confiável também. E ele sabia onde podia encontrar supernovas próximas; em suas próprias observações, como parte da pesquisa para a tese, no Telescópio de Monte Hopkins, de 1,2 metro, no Arizona. Vinte e duas supernovas ao todo. Todas inéditas.

O acréscimo daquelas supernovas, porém, criou um novo problema. Esqueça um Universo sem matéria. Os cálculos estavam indicando um Universo com matéria *negativa*.

"Eu sou apenas um pós-doc", Riess disse a si mesmo. "Tenho certeza de que fiz umas dez besteiras diferentes." Os computadores, pensou ele, não sabem física. Só sabem aquilo que você os programou para saber. Obviamente, ele tinha programado seu computador com uma física impossível. Riess conferiu a matemática, conferiu o código de computador que havia escrito e não conseguiu achar nenhum erro. Claro, as equações de Einstein davam margem a outra possibilidade, um Universo com lambda positivo. Inserindo seus dados *naquele* Universo, fez aumentar a quantidade de matéria, para o lado positivo. Mas aquela solução, como ele sabia, não seria atraente para muitos astrônomos – por exemplo, o chefe da equipe, Brian

Schmidt, costumava dizer que os astrônomos que conversavam sobre a constante cosmológica eram pessoas sem muitos amigos.

Riess enviou os resultados a Schmidt.

"Adam é descuidado", Schmidt observou para si mesmo.[54] Brilhante, mas propenso a erros de matemática. E concordou em revisar os resultados. Em geral, os matemáticos revisam o trabalho dos colegas sem olhar tudo o que foi feito, só refazendo os cálculos a partir do zero, para não cair nas mesmas armadilhas. Schmidt e Riess logo desenvolveram uma rotina.[55] O segundo enviava um problema por e-mail e no dia seguinte o primeiro lhe respondia. "Comecei com essa imagem, e minha análise me diz que essa supernova tem esse brilho – e você?", ou "Nós observamos com esse filtro, e eu calculei o desvio para o vermelho com esse valor – e você?" Eles assinavam suas mensagens como Pons e Fleischmann, alusão aos dois físicos que, em 1989, "descobriram" a fusão a frio, e que depois de um período de difamação tinham caído no ostracismo.[56] Se você é Stephen Hawking e comete um grande erro, você ainda é Stephen Hawking.[57] Se você é um pós-doc com menos de trinta anos e comete um grande erro, você já era. Algumas vezes, quando Riess não aguentava esperar pela resposta, o telefone da casa de Schmidt tocava.[58] A esposa de Schmidt, acordada e tomando conta de um bebê de seis meses, dizia: "Se for o Adam, manda ele ir..."

Schmidt: "Olá, *Adam*."

Riess: "Oh." Uma pausa. "É muito cedo aí?"

Schmidt: "São quatro da manhã."

Riess: "Oh." Uma pausa. "Então, o que você descobriu?"

O que Schmidt tinha descoberto, noite após noite, era sempre a mesma coisa: até agora estava tudo correto.

Riess se lembrava de que um dia, quando ainda era estudante de pós-graduação em Harvard, Kirshner tinha trazido Michael Turner e Alan Guth à sua sala e encorajado Riess a mostrar-lhes em que estava trabalhando.[59] Riess acabara de pegar a primeira supernova tipo Ia da equipe, a 1995K, e a colocara no diagrama de Hubble. A supernova ficou do lado "brilhante" da reta de 45°, mas seu lugar não era importante e era apenas um ponto. O importante era que a equipe tinha agora um ponto no gráfico. Ainda assim, Turner não conseguiu evitar a menção de que o ponto estava na parte "errada" do diagrama.

"Que vergonha", Riess pensou. "Nunca houve tanta inteligência na P-306" – sua sala na época –, "e provavelmente estamos mostrando a eles que nem fazemos o experimento de forma correta."

Mas agora, alguns anos depois, ele achava que a localização daquele ponto fora mais importante do que se poderia imaginar. Talvez a resposta sobre o futuro do Universo estivesse bem diante deles desde a primeira supernova.

Riess estava para se casar em janeiro de 1998 – no fim de semana seguinte à reunião da AAS, para ser mais exato. Quando sua futura esposa voou de Berkeley para Connecticut algumas semanas antes do grande dia, a fim de ficar com a família e cuidar dos últimos preparativos, Riess se isolou em sua sala no prédio Campbell, no campus de Berkeley, e começou a escrever um artigo que apresentaria os resultados – se eles fossem reais.

O campus estava vazio por causa dos feriados de fim de ano. O aquecimento estava desligado, e Riess tinha que se encapotar; mesmo na Califórnia, dezembro é um mês frio. Mas todos os dias, passando diante das salas trancadas, sob as lâmpadas apagadas dos corredores, ele ia trabalhar. No dia 22 de dezembro, traçou um plano para o artigo e começou a escrever a primeira versão. O artigo de Garnavich sobre o HST, o primeiro do grupo, fora uma pequena carta. Riess imaginou que o próximo deveria ser uma espécie de *Guerra e paz*, como os cientistas gostam de dizer; se você está anunciando algo surpreendente, deve destrinchar tudo o que foi feito. Nos dias seguintes, Riess entrou em contato com Nick Suntzeff, no Chile, e pediu que ele revisasse a fotometria, embora não tivesse explicado por quê, a fim de não afetar o resultado. Em determinado momento, chamou um colega até sua sala.

Alex Filippenko, que também estava aproveitando os feriados para avançar com o trabalho, cumprimentou Riess com seu sorriso de sempre, largo e sincero, retangular e profundo.[60] Ninguém podia estar o tempo todo feliz daquele jeito, e Filippenko não era exceção. Ele já fora membro do SCP e, como astrônomo numa equipe com a mentalidade de física de partículas, vivera o choque cultural mais que qualquer um de ambas as equipes. Filippenko não gostava da estrutura hierárquica que garantia a Perlmutter o lugar de primeiro autor dos trabalhos importantes;[61] ele frequentava as conferências de astronomia e ouvia falar "dessa pesquisa de supernovas" que Saul organizara, e depois tinha de explicar a seus colegas que fazia parte daquela equipe. Filippenko viu seus colegas no jogo das supernovas – Kirshner, Riess, Schmidt, Suntzeff – se unirem e formarem um grupo próprio. Reclamou com eles, dizendo que avisara seus companheiros do SCP sobre a possível ausência de padrão das supernovas tipo Ia, sobre a poeira, sobre as dificuldades da espectroscopia e da fotometria – tudo o que Kirshner estava falando como membro do Comitê Externo. Filippenko confessou que achava que os físicos do Laboratório de Berkeley encaravam essas preocupações como "chatices" ou "estorvos", e não como espadas de Dâmocles no contexto da astronomia de supernovas. Ele se sentia marginalizado e ignorado pela equipe do SCP, e acreditava que era mantido na equipe como "astrônomo de estimação", alguém que podia conseguir tempo de observação nos telescópios.

Mas tudo o que seus amigos podiam fazer era dar de ombros e dizer que adorariam tê-lo na equipe, mas que ele fazia parte do outro grupo.

Em 1996, Filippenko desertou. Alguns meses depois, obteve uma pequena vingança. Enquanto Riess estava terminando sua tese de doutorado em Harvard, Perlmutter entrou em contato com ele, oferecendo-lhe um emprego no LBL e, por conseguinte, uma vaga na equipe do SCP. Filippenko, na Universidade da Califórnia em Berkeley, contra-atacou com a oferta de uma Bolsa Miller – honraria que ele mesmo já recebera quando era recém-doutor.

Riess não precisou pensar muito. Ele estaria fazendo astronomia com um amigo. E estaria fazendo astronomia numa equipe à qual já pertencia. Ele estaria fazendo *astronomia*.

Isso mesmo. Para Filippenko, o método MLCS de Riess era exatamente o tipo de ferramenta que um astrônomo reconhecia como necessária, que um astrônomo sentiria a necessidade de inventar antes de dar o próximo passo. E agora Riess aparentemente queria mostrar a ele para onde o levava o próximo passo.

Riess mostrou um caderno em sua mesa. Ele explicou a Filippenko todos os cálculos que havia feito, descreveu o bate-bola que mantinha com Schmidt e disse que o resultado não estava mudando. Filippenko examinou o caderno por alguns instantes e de repente ficou sério. Ele balançou a cabeça.

"Cara", disse Filippenko, "tenha muita certeza de que as medições sejam feitas da forma correta."[62]

Sim, claro.

Em 4 de janeiro, Riess já tinha feito tudo o que podia.[63] Ele mandou o artigo para Schmidt, para a revisão final. E então ficou esperando.

"Olá, lambda!", escreveu Schmidt num e-mail para Riess, em 8 de janeiro, dia da coletiva de imprensa da AAS. Ele terminara a revisão e não tinha encontrado um erro sequer. Seu nível de confiança era igual ao de Riess: 99,7%. Estava na hora de avisar o resto da equipe.

Quando Peter Garnavich chegou à reunião da AAS, ele já tinha estudado o artigo do SCP na *Nature* e, como autor principal do texto da equipe High-z sobre as supernovas do HST – que seria publicado no *Astrophysical Journal* de 1º de fevereiro –, certamente iria atrás dos dados mais recentes do SCP por conta própria.[64] Mas também sabia que sua equipe estava chegando a um resultado bizarro; Riess e Filippenko tinham lhe confidenciado isso antes da coletiva de imprensa. Eles também lhe deram instruções para não comentar o assunto. Em 9 de janeiro, Garnavich foi à sessão de pôsteres da reunião da AAS para ver com os próprios olhos o quanto a equipe do SCP estava próxima de chegar ao mesmo resultado bizarro.

Ela estava próxima.

Era evidente que as supernovas do SCP indicavam um valor baixo para ômega. O destino do Universo era se expandir para sempre. E daí?

Mas e a constante cosmológica? Será que o SCP podia argumentar que havia evidências de um lambda diferente de 0? Será que eles podiam alegar com alguma convicção que o Universo teria massa negativa – ou seja, que ele não existia – sem o acréscimo de um lambda positivo às equações?

Não, até onde Garnavich pôde perceber. As barras de erro acima e abaixo dos pontos nos gráficos representando as supernovas certamente podiam ter essa interpretação. Alguns dos limites superiores e algumas das próprias supernovas estavam na região da curva ascendente que representaria um Universo com lambda não nulo. Mas outros, não. Garnavich concluiu que o SCP não estava pronto para fazer qualquer afirmação explícita, dizer qualquer coisa definitiva. Ele avisou os seus colegas que o High-z ainda estava no jogo do lambda.

Riess voou para o leste, para seu casamento, em 10 de janeiro. Voltou a Berkeley dois dias depois, para uma parada de uma noite antes da lua de mel. Naquela noite, ele deu uma olhada nos e-mails.[65] A lista de mensagens não lidas, em negrito, ocupava a tela toda. Riess foi navegando pela barra de rolagem. Mais mensagens não lidas. Quando chegou ao fim da lista, olhou as datas para ver por quanto tempo a conversa estava acontecendo sem ele. Quarenta e oito horas – "uma eternidade".

Ele começou por baixo – uma pergunta de Schmidt: "O quanto estamos confiantes nesse resultado?"

"Em seu coração", Kirshner respondeu, "você sabe que isso está errado, ainda que seu cérebro lhe diga que você não se importa e que está apenas descrevendo as observações."

"Eu não sei quanto aos outros", respondia outro membro da equipe, no mesmo dia, "mas MEU coração não me diz nada sobre a constante cosmológica." Eles tinham um resultado, eles tinham um nível de confiança. E isso levava à segunda pergunta: eles precisavam acreditar no resultado para publicá-lo?

Kirshner não queria correr o risco de publicar evidências de uma constante cosmológica que depois talvez tivessem de desmentir. "Isso seria como dizer 'ômega tem de ser 1' com base em quatro supernovas, e depois dizer 'ômega tem de ser 0' quando se adicionasse mais uma supernova. Perlmutter já fez isso. Ele está muito à nossa frente, mas não creio que queiramos repetir esse caminho em particular!"

Bruno Leibundgut, escrevendo da Alemanha no mesmo dia, concordou: "Não faz sentido escrever um artigo se não estivermos muito certos de que temos a resposta correta."

Mark Phillips, no Chile, anuiu:

> Comunicados à imprensa e uma pilha de artigos no *Astrophysical Journal Letters* e na *Nature* podem impressionar o público ou os cientistas que têm apenas um interesse eventual pelo assunto, mas a comunidade cosmológica de verdade não vai aceitar esses resultados, a não ser que, como Bruno disse, nós possamos realmente defendê-los.

Schmidt, no entanto, discordava. "Por mais desconfortável que eu me sinta com uma constante cosmológica, não acredito que devamos ficar sentados sobre nossos resultados até descobrir uma razão para que eles estejam errados (esse também é o jeito errado de fazer ciência)."

Jeito certo ou errado, havia outra preocupação: prioridade.

"Claro que queremos nos manter fiéis aos nossos ideais científicos", escreveu outro membro da equipe. "Mas isso deve ser pesado junto com o pragmatismo."

"Quem sabe?", escreveu Filippenko. "Essa pode ser a resposta certa. E eu odiaria ver outro grupo publicando primeiro." E se for a resposta errada? Outro membro da equipe defendeu que não havia lado negativo. "Se ficar provado de uma vez por todas que existe uma constante cosmológica, eles" – o SCP – "poderão dizer que foram eles que a descobriram. Se não ficar provado nada, a alegação deles será esquecida, e ninguém os culpará por ter errado." Relatar aquela mesma conclusão antes da equipe do SCP era algo que não podia falhar. Se a equipe High-z estivesse certa, eles teriam a prioridade; se eles estivessem errados, eles se safariam. O High-z tinha um bom argumento, então, por que não usá-lo?

Por que não? Riess não via motivos. Ele se inclinou sobre seu teclado e começou a escrever uma resposta para todo o grupo. Quando olhou por sobre a tela, viu sua noiva, que o encarava.

"Eu não acredito", disse ela, "que você está trabalhando por e-mail quando estamos saindo do casamento para a lua de mel."

"Bom, isso é realmente importante."

"Eu acho que vou escutar essa desculpa muitas vezes."

"Não, não", respondeu ele. "Isso... Você não vai. Isso aqui é realmente... É o mais importante."

Ela balançou a cabeça e saiu da sala. Riess voltou ao teclado, para escrever uma mensagem que respondesse a todas as perguntas.

Coração ou cérebro?

"Os dados exigem uma constante cosmológica não nula!", digitou. "Analisem esse resultado não com o coração ou com o cérebro, mas com os olhos. Nós somos observadores, afinal!"

Publicidade? Prioridade? Pragmatismo?

"Vejam, eu me sinto como a tartaruga correndo contra a lebre. Todos os dias vejo o pessoal do LBL correr, mas acho que, se eu ficar quietinho, posso surpreendê-los... Shhhhh..."

Finalmente, artigo pequeno ou *Guerra e paz*?

"Acho que posso resolver o dilema do grupo entre um artigo curto e certeiro ou uma explicação detalhista... Vocês todos disseram que querem uma exposição detalhada dos dados, então é nisso que eu tenho trabalhado. Brian falou que acrescentar isso ao artigo só deve levar uma semana, então eu já fiz antes do casamento."

Ele apertou ENVIAR e na manhã seguinte foi para a lua de mel no Havaí (e também para algumas observações no Observatório Keck).

PARA PERLMUTTER, o esforço adicional que ele fizera durante os preparativos para a reunião da AAS valera a pena. A cobertura da imprensa se concentrara principalmente, e com razão, no consenso a que os participantes da coletiva tinham chegado – o futuro do Universo. O *New York Times* pôs a notícia na primeira página, com a manchete "Novos dados sugerem que o Universo se expandirá para sempre". O *San Francisco Chronicle*, jornal da cidade natal da equipe do SCP, também deu a notícia na primeira página. O jornal local da reunião da AAS, o *Washington Post*, publicou a história na página A3: "O Universo vai continuar a se expandir para sempre, dizem equipes de pesquisadores." Mas foi o SCP que o *Post* destacou. "Perlmutter surpreendeu a plateia com uma amostra inesperadamente grande", dizia o artigo. "A equipe de Garnavich apresentou três."[66] E então, mais importante ainda para a comunidade astronômica, veio um artigo na *Science*, três semanas depois.

O autor do texto, James Glanz, doutor em ciências astrofísicas, comentava o assunto com extrema seriedade. Ele já escrevia sobre a pesquisa de supernovas havia anos, mas o último artigo mencionara uma descoberta iminente.[67] Na edição de 31 de outubro, Glanz escreveu que as duas equipes tinham submetido artigos concluindo que o Universo iria se expandir para sempre – cenário que se sustentava caso o Universo fosse aberto ou plano, caso ômega fosse igual ou menor que 1. Mas ele acrescentava que essa expansão sem fim poderia ser "ampliada por forças repulsivas em grande escala".[68]

"Os resultados", continuava Glanz, alguns parágrafos adiante, "ainda deixam abertura para algumas teorias em que a matéria e seu equivalente energético, fornecido pela constante cosmológica, se somam para produzir um Universo plano."

O artigo de final de janeiro também incluía uma referência ao "borbulhar quântico do espaço vazio chamado constante cosmológica".[69] Mas dessa vez Glanz se concentrava na contribuição do SCP durante a reunião da AAS:

> Os resultados não só corroboram as evidências iniciais de que a taxa de expansão diminuiu muito pouco para que a gravidade faça o Universo parar de crescer; eles também sugerem que algo está dando um empurrãozinho a favor da expansão. Se eles [os resultados] se mantiverem, diz Perlmutter, "isso nos traria evidências importantes de que existe uma constante cosmológica".

"Seria uma descoberta mágica", acrescentou Michael Turner...

Desde a troca frenética de e-mails no começo do mês, a equipe High-z produzia esboços examinando a matemática, corrigindo o código (Schmidt e Riess tinham cometido pequenos erros, nada de importante), analisando fotometria, espectroscopia, mapas, gráficos e tabelas – tudo para apresentar algo cientificamente responsável. Agora eles tinham uma preocupação extra. O artigo de Glanz, complementado pela reprodução de uma curva de contorno mostrando a análise preliminar das quarenta supernovas do SCP, parecia sugerir que o Projeto de Cosmologia por Supernovas estava ganhando deles novamente, e em seu próprio campo.

Alex Filippenko falaria no III Simpósio Internacional sobre Fontes e Detecção de Matéria Escura no Universo, da Ucla, em Marina Del Rey.[70] A equipe High-z enviaria seu artigo para publicação apenas algumas semanas depois. Por que esperar? – indagou Filippenko, sugerindo que podia anunciar as descobertas da equipe na reunião da Ucla. "Essa é a nossa chance de causar impacto", observou.

Mas por que não esperar? – argumentaram alguns outros membros da equipe. O artigo já vai ser publicado. Deixe que a ciência fale por si só.

Filippenko, porém, observou que, se o SCP estava tão perto de anunciar como sua a descoberta, como sugeria a apresentação na reunião da AAS, então aquelas duas semanas poderiam fazer uma diferença crucial em termos de prioridade. "Você pode conferir e voltar a conferir seus resultados para sempre", ele disse, "mas em algum momento deve ter coragem, basicamente, para anunciar seus resultados e dizer: 'OK, aqui está um relato das nossas incertezas. É isso o que sabemos.'"

A discussão começou a patinar nesse ponto. Mas então, alguns dias antes do simpósio da Ucla, Jim Glanz ligou para Filippenko. Este não sabia se Glanz usava aquele velho truque dos repórteres que fingem saber mais do que sabem. Para Filippenko, aquela conversa foi tudo o que ele precisava para convencer a maior parte da equipe High-z. "Glanz vai contar a história, estejamos nela ou não", disse Filippenko, "então, por que não estarmos nela?" Vamos lhe dar as evidências. Vamos lhe dar as citações. Vamos lhe dar o gancho jornalístico.

Faça o anúncio e fale com ele primeiro.

Em 22 de fevereiro, Filippenko sentou-se em sua cadeira no simpósio da Ucla e ouviu Gerson Goldhaber fazer uma apresentação sobre os últimos resultados da equipe do SCP. Depois prestou atenção enquanto Saul Perlmutter mostrou os últimos resultados da equipe do SCP. Até onde

Filippenko podia entender, ninguém estava anunciando uma descoberta; tudo o que ele ouvira é que o SCP tinha "evidências" de lambda.[71]

Ele respirou fundo. Agora era a sua vez de falar. Filippenko se levantou, fez uma pausa e disse: ou você tem um resultado ou não tem. E a equipe High-z tinha um resultado.

O fantasma era real, e era a maior parte do Universo.

9. Duas vezes a Fada do Dente

Mike Turner seguia os passos de David Schramm. Ficava andando por corredores e calçadas, entre os quadros-negros e as mesas de piquenique do Centro de Física de Aspen, retiro de verão para os teóricos, sob um céu incrivelmente azul.[1] Uma olhada nas montanhas, um suspiro profundo, e você logo entendia por que um amante da natureza como Schramm tinha se apaixonado à primeira vista pelo lugar, em 1976, a ponto de fazer de Aspen sua segunda casa.[2] Com o passar do tempo, ele se tornou presidente do Conselho do Centro de Física de Aspen, de 1992 até pouco antes de morrer. Mas Schramm não estava mais lá, e Turner tinha concordado em ocupar seu lugar, em oposição a Jim Peebles, no Debate sobre a Natureza do Universo, no Smithsonian. Então, quando Turner encontrou Peebles no Centro de Física de Aspen, ele tinha uma pergunta a fazer. Por razões logísticas óbvias, os organizadores haviam adiado o evento de abril de 1998 para outubro – e era bom que tivessem feito isso. Turner e Peebles precisavam de um novo tema.

"Você ainda está disposto a debater um Universo não plano?", Turner perguntou.

Peebles deu de ombros.

"Jim, debates têm perguntas objetivas, sim ou não. Me corrija, se eu estiver errado, mas você e Dave deveriam debater se o Universo é plano ou não. Ele achava que era, e você, que não." Turner perguntou novamente. Peebles ainda queria defender publicamente a ideia de que o Universo não era plano?

"Não."

A resposta não surpreendeu Turner. Os dois teóricos sabiam que advogar um Universo não plano no final de 1998 seria como defender o Universo estacionário no fim de 1965. Alguns meses depois da coletiva de imprensa da AAS, na qual Perlmutter revelara as 42 supernovas do SCP, e semanas após a reunião de fevereiro na Ucla, em que Filippenko fizera seu anúncio, um consenso havia surgido na comunidade do big bang, formada por astrônomos, astrofísicos, cosmólogos e teóricos: o Universo não era mais o que costumava ser.

Desde a descoberta de Hubble, das evidências de uma relação direta entre distância e velocidade de recessão, os astrônomos tinham seguido um silogismo: 1) o Universo está se expandindo; 2) o Universo está cheio de matéria que atrai matéria, pela força da gravidade; 3) portanto, a densidade de matéria vai afetar a taxa de expansão. Então: qual a taxa de desaceleração do Universo? Esta era a pergunta que as duas equipes de busca de supernovas haviam se proposto a responder, e elas tinham conseguido: a densidade da matéria não afeta a taxa da expansão.

A expansão não estava desacelerando. No Universo que as duas equipes observavam, as supernovas tipo Ia distantes não eram mais brilhantes do que deveriam ser para aquele desvio para o vermelho em particular, e portanto estavam mais próximas. Nesse Universo, elas eram menos brilhantes, e por conseguinte estavam mais distantes. Não era um Universo que fazia o que um Universo em expansão, repleto de matéria atuando sob a influência da atração gravitacional mútua, devia fazet. Bem ao contrário.

A expansão do Universo estava se acelerando.

James Glanz deu a notícia em primeira mão no número da *Science* de 27 de fevereiro.[3] Mesmo que ele tivesse sugerido a possibilidade de lambda positivo em dois artigos anteriores, de outubro e de janeiro, era tão difícil aceitar o resultado que a comunidade, com razão, tratava aquela possibilidade com o que ele considerou "um marcante ceticismo".[4] Uma concordância entre as duas equipes, porém, poderia mudar aquela dinâmica. Mesmo antes do anúncio de Filippenko na reunião da Ucla, Glanz já tinha começado a recolher algumas citações de membros da equipe High-z. "Para ser honesto", disse Bob Kirshner, "estou muito animado com esse resultado." Adam Riess falou que estava "atordoado". A melhor frase de todas foi a de Brian Schmidt: "Minha própria reação está entre o assombro e o horror." E prosseguiu: "Assombro porque eu simplesmente não esperava esse resultado, e horror porque sei que provavelmente a maioria dos astrônomos não vai acreditar nisso – pois, como eu, eles são extremamente céticos em relação ao inesperado."

No final do dia 27 de fevereiro, data da publicação do artigo de Glanz na *Science*, Riess já tinha aparecido na CNN e na PBS. (Pergunta do entrevistador do programa *NewsHour*: "Por que alguns cientistas reagiram com 'assombro e horror' a essas conclusões?") Artigos em revistas e jornais foram escritos mundo afora na semana seguinte, culminando num texto de 1.600 palavras no *New York Times* ("'Minha própria reação está entre o assombro e o horror', disse o dr. Schmidt, líder da equipe").[5]

No Laboratório Berkeley, a equipe do SCP também estava assombrada e horrorizada. O assombro era porque eles tinham conseguido descobrir nada mais, nada menos que o destino do Universo, e horror porque a própria aceleração era o assunto que agora todos queriam debater – e a equipe High-z estava recebendo todo o crédito. Como Perlmutter disse num comunicado do laboratório à imprensa, as duas equipes apresentavam "uma concordância incrivelmente acentuada".[6]

"Basicamente, eles confirmaram nossos resultados", declarou Gerson Goldhaber ao *New York Times*. "Mas ganharam a primeira luta no campo da publicidade."[7]

"Ei, qual a força mais poderosa do Universo?", perguntava Kirshner naquele mesmo artigo. "Não é a gravidade, é a inveja."*

No começo de março, a equipe High-z enviou o artigo "Observational evidence from supernovae for an accelerating Universe and a cosmological constant" para o *Astronomical Journal*.[8]** Na primeira semana de maio – alguns dias antes de o artigo ter sido aceito oficialmente – o Fermilab organizou uma conferência sobre os resultados das duas equipes de supernovas. Uma votação informal entre os mais de sessenta participantes mostrou que quarenta deles estavam dispostos a aceitar as evidências.[9]

---

* Na verdade, a gravidade é a mais fraca entre as quatro forças. Mas "Não é a força nuclear, é a inveja" não funcionaria, como dizem os comediantes.

** Um golpe e tanto, ou pelo menos uma piada interna; a outra opção seria o *Astrophysical Journal*, mas a equipe High-z queria deixar claro que estava fazendo *astronomia*.

Parte da pressa em atingir um consenso na comunidade era sociológica. A confirmação de qualquer resultado científico sempre é necessária, e se apenas uma das equipes tivesse chegado àquele resultado surpreendente, a resposta da comunidade seria de intenso ceticismo. O fato de duas equipes, de maneira independente, terem chegado à mesma conclusão era notável. Ainda mais que ambas haviam usado dois conjuntos de dados bastante diferentes (muito poucas supernovas estavam nas duas amostras), tinham aplicado vários métodos independentes para a análise (incluindo correção para a poeira) e chegaram a uma conclusão que era o contrário do que esperavam. Mas duas equipes que tinham isso tudo *e* a fama de serem grandes rivais? "A maior ambição deles", disse Turner, "era obter um resultado diferente daquele do outro grupo."[10]

Outra parte da pressa em se atingir um consenso era estética. Tal como a inflação, em 1980, tinha resolvido os problemas da ausência de curvatura e do horizonte, um lambda positivo em 1998 fazia do Universo algo compreensível de novo. Como Turner disse: "Aquilo fazia tudo se encaixar!"[11]

Aquelas medições da constante de Hubble do lado "errado" do 60 que tanto desagradaram a Allan Sandage porque sugeriam um Universo mais jovem que sua estrela mais velha? Problema resolvido. Aquelas estruturas em grande escala de filamentos de superaglomerados que pareciam muito antigos para um Universo jovem? Problema resolvido. O Universo era "muito" jovem apenas se você presumisse que a taxa de expansão estava diminuindo ao longo da história do Universo, ou pelo menos que ela se mantinha constante. Um carro que tivesse acelerado de 50 para 60 quilômetros por hora e agora estivesse alcançando a velocidade de 65 quilômetros por hora precisaria de mais tempo para percorrer a mesma distância que um carro que tivesse mantido a velocidade de 65 quilômetros por hora, ou do que outro, que começara a 70 quilômetros por hora e agora desacelerasse. Se a expansão estivesse com o pé no freio, ela seria *mais rápida* no passado "recente", e, portanto, levaria *menos tempo* para chegar ao presente do que se a expansão fosse constante. Mas uma expansão que estivesse hoje com o pé no acelerador, indo cada vez mais rápido, estaria *menos* veloz no passado recente, levando *mais tempo* para chegar ao presente. Graças à aceleração, a idade do Universo parecia ser de aproximadamente 15 bilhões de anos – seguramente mais velho que suas estrelas mais velhas, velho o bastante para ter filamentos de superaglomerados.

Mas o que fazia dos resultados das supernovas algo esteticamente agradável não era apenas a presença de um lambda positivo, mas seu valor numérico.

Se você fosse Bob Dicke ou Jim Peebles no final dos anos 1970 e quisesse que a observação de uma radiação cósmica de fundo homogênea fizesse sentido, você iria desejar uma explicação teórica para a homogeneidade e a isotropia. E aí uma explicação surgiu: a inflação. Se você fosse Mike Turner ou Rocky Kolb no anos 1980 e quisesse uma teoria inflacionária que funcionasse, ia desejar uma observação que revelasse um Universo plano. E aí a observação surgiu – ou meia observação, pelo menos. O Cobe mostrou que a inflação estava correta, isto é, que o Universo devia ter um ômega igual a 1. Mas muitas outras observações sugeriam que a quantidade de massa no Universo era menor do que a densidade crítica, o que significava que ômega devia ser menor que 1 – muito menor.

Mas agora lambda explicava essa contradição. A quantidade de matéria no Universo não era suficiente para cessar a expansão, mas a quantidade de matéria *e energia* no Universo era. Segundo Einstein, matéria e energia são equivalentes, então, mesmo que a massa, na forma de matéria comum ou matéria escura, fosse muito menor que a densidade crítica, a energia causadora da aceleração – lambda – poderia dar conta da diferença. Uma densidade de massa de mais ou menos 40% mais uma densidade de energia de aproximadamente 60%, juntas, respondiam por 100% da densidade crítica, ou ômega igual a 1.

O Universo tinha, *sim*, baixa densidade de matéria.

O Universo *era* plano.

"Admita", Jim Peebles certa vez provocou Brian Schmidt, "você não fazia ideia do que tinha em mãos. Você nunca tinha ouvido falar da inflação."[12]

"Inflação!", respondeu Schmidt. Ele explicou a Peebles que em Harvard havia dividido a sala com o teórico Sean Carroll enquanto este estava escrevendo "The cosmologial constant", um dos artigos mais influentes pré-1998, que explicava como lambda poderia salvar a inflação. "Alan Guth costumava aparecer por lá uma vez por semana", ele acrescentou.

Um lambda positivo resolvia tantos problemas que, quando Turner foi falar com Peebles em Aspen, em 1998, ele já sabia o que queria debater: "A cosmologia está resolvida?"[13]

Era um debate que Turner já estava maquinando. Naquele mês de março, para um seminário sobre matéria escura em Gainesville, na Flórida, ele deu à sua palestra o nome de "Cosmologia resolvida? Talvez". No mês seguinte, para uma conferência em Kyoto, no Japão, ele descartou o advérbio do título e usou o mais direto "Cosmologia resolvida?". As versões publicadas de ambas as palestras traziam a mesma frase no resumo: "Estes são tempos estimulantes para a cosmologia!" Para o debate do Smithsonian, ele tirou o ponto de exclamação do resumo e o promoveu a título: "Cosmologia resolvida? Muito provavelmente"[14]

Peebles teria de defender a tese do "pouco provavelmente", o que para ele estava bom. Não era de sua natureza discutir apaixonadamente a favor de algum lado num assunto ainda em aberto, nem que fosse porque apenas ter convicções sobre assuntos ainda em aberto não é uma atitude científica. Se ele tinha alguma convicção profunda, era de que, na ausência de fatos, você não deveria ter convicções. Catorze anos depois que ele mesmo usara a previsão da inflação sobre um Universo plano como base para a defesa de lambda, Peebles ainda achava que a acolhida da inflação por parte da comunidade era prematura – "de mau gosto" até.[15] Quando ele pensava em física, dividia seus praticantes entre clássicos e românticos.[16] Os clássicos eram inventivos, mas seguiam as regras; os românticos tinham respeito pelas regras, mas seguiam a intuição. Os românticos, num passe de mágica, chegaram a um Universo homogêneo e isotrópico, e, a partir disso, se tivessem sorte, alguma observação apareceria para testar suas hipóteses e previsões. Um clássico analisaria aquela observação – a que sugeria que o Universo se expandia – e depois faria uma previsão sobre a temperatura da radiação de fundo que as observações poderiam testar. Então era a vez dos românticos de novo, fazendo mágica e invocando inflação e matéria escura, e agora "energia ausente" – explicação que algum clássico teria de inventar para o que quer que existisse no Universo e correspondesse a lambda positivo e provocasse a expansão da aceleração. Jim Peebles gostava de se ver como um clássico.

Mike Turner gostava de ver Jim Peebles como "meio entusiasta, meio ranzinza".[17]

O debate aconteceu numa tarde chuvosa de domingo, em outubro, no Museu Nacional de História Natural, no National Mall, em Washington. O cenário era o Auditório Baird, o mesmo lugar onde os astrônomos Heber Curtis e Harlow Shapley haviam "debatido", em 1920, se a Via Láctea era o Universo todo ou se havia outros "universos-ilhas" fora dela. Naquele tempo, a espectroscopia de Vesto Slipher, mostrando desvios para o vermelho de nebulosas, tinha menos de dez anos. A cosmologia de Einstein tinha só três anos, e ainda considerava o Universo estático, graças à inserção de lambda. As descobertas de Hubble, de que as nebulosas eram universos-ilhas separados, e de que, quando sua distância era plotada contra a velocidade, elas pareciam se afastar, ainda esperariam uma década para se afirmar – e com elas a aparente obsolescência de lambda. Agora, contudo, mais de setenta anos depois, lambda estava de volta. Ao entrar no auditório, a plateia recebia um bóton onde se via "Λ". Se eles não soubessem o que significava aquele símbolo, a ignorância não durava muito.

Como o debate anterior, a versão de 1998 não iria resolver nada; seu objetivo era educar e entreter. No quesito presença de palco, como Peebles devia saber com antecedência, após ter assistido a várias apresentações de Turner, o debate acabou antes mesmo de ter começado. Tudo que Turner teve de fazer para ganhar a plateia foi mostrar uma de suas transparências supercoloridas, com silhuetas dançantes, no melhor estilo Keith Haring:

> COSMOLOGIA É ESTIMULANTE! ... pelo menos pelos próximos vinte anos.
>
> FUNDAÇÕES SÓLIDAS: Modelo do big bang quente.
>
> IDEIAS CORAJOSAS PROFUNDAMENTE BASEADAS NA FÍSICA FUND.: Inflação + CDM.*
>
> ENXURRADA DE DADOS.

* Sigla em inglês para Cold Dark Matter, matéria fria escura (N.T.)

(E tudo que Turner teve de fazer para que Peebles tremesse foi pronunciar as palavras "cosmologia de precisão".)

Quando a plateia foi embora, quatro horas depois, o sereno parecia pontos de exclamação dançando sobre suas cabeças. Mas a pergunta "Cosmologia resolvida?" era, segundo a própria visão de Turner, "ridícula".[18] Como ele reconheceu no fim do debate, estava sendo "deliberadamente provocador".[19] Debates pedem perguntas do tipo sim ou não, mas Turner não podia dizer "sim" e Peebles não podia dizer "não" – sem que parecessem tolos.

De certo modo, seus papéis no palco, ainda que combinassem com suas personalidades, estavam quase perversamente invertidos. Turner argumentou: "Eu acredito, em última análise, que vamos nos referir a 1998 como um momento crucial na cosmologia, tão importante quanto 1964" – ano em que Wilson e Penzias, inadvertidamente, detectaram a radiação cósmica de fundo a uma temperatura que o próprio Peebles já havia previsto. Ele citou o progresso no estabelecimento dos números mais fundamentais da cosmologia – os dois que Sandage sempre citara, mais um terceiro, que a inflação havia introduzido. Os astrônomos convergiam para uma constante de Hubble na casa dos 60. Eles estavam de acordo quanto a uma densidade de matéria de mais ou menos 0,4. E, ainda que isso parecesse deficitário, tinham descoberto evidências observacionais que elevavam a razão entre a densidade *total* e a densidade crítica – entre a densidade de matéria e energia e a densidade necessária para impedir o colapso do Universo – para 1.

Ainda assim, o próprio Turner reconhecia que havia um problema não resolvido com lambda de valor positivo. A cosmologia tinha um novo silogismo: 1) o Universo em expansão estava repleto de matéria atraindo matéria pela força da gravidade; 2) a expansão estava se acelerando; 3) portanto, algo além da matéria, escura ou não, tinha que estar sobrepujando a força da gravidade. Então, o que era?

Cosmologia resolvida? Nem um pouco!

Para os astrônomos, lambda era só um termo arbitrário, um símbolo numa equação. Ele podia ser 0. Ou podia não ser. Mas se você confiasse no uso das supernovas tipo Ia na cosmologia, e se você se satisfizesse com os resultados, então aceitaria seu valor. Brian Schmidt sabia das implicações de um lambda positivo para a teoria da inflação, mas Adam Riess, por exemplo, não.[20] Nos dias seguintes àquele em que o código de computador de Riess lhe dissera que o Universo teria massa negativa, a não ser que o contrabalançasse com um lambda positivo, ele teve de aprender sozinho – e com satisfação – todos os problemas que seriam resolvidos por uma constante cosmológica.

Para os físicos de partículas, porém, lambda positivo não resolvia um problema. Ele criava um problema.

Na perspectiva de um físico de partículas, lambda não era apenas um número. Era uma propriedade do espaço. E o espaço, na física de partículas, não era vazio. Era um circo quântico, uma casa mal-assombrada cheia de partículas virtuais surgindo e desaparecendo. Essas partículas não só existem – como já foi demonstrado por experimentos –, como têm energia.[21] E a energia, na relatividade geral, interage com a gravidade. O resultado do fato de as partículas quânticas possuírem energia que interage com a gravidade é o que os físicos chamam de efeito Casimir, em homenagem ao físico holandês Hendrik Casimir. Coloque duas placas condutoras em paralelo e aproxime-as uma da outra cada vez mais, foi o que Casimir propôs em 1948, e você medirá o aumento da energia do vácuo. Vários experimentos posteriores obtiveram resultados concordantes com essas previsões. Como o matemático Stephen Fulling observou, "nenhum pesquisador na área que une teoria quântica e relatividade geral pode deixar de apontar esse fato com tons de espanto e reverência".[22]

Então energia positiva por si só não era uma surpresa. E os teóricos tinham até dois tipos de energia do vácuo em mente – ou dois nomes para elas, de qualquer forma. Um tipo de energia do vácuo seria constante ao longo do espaço e do tempo, e eles chamaram isso de constante cosmológica. O outro tipo seria variável no espaço e no tempo, e eles chamaram isso de quintessência (o quinto elemento na física da Grécia Antiga). Para ter certeza de que os astrônomos não iam achar que os termos "lambda" e "constante cosmológica" – que todos já estavam acostumados a usar de forma intercambiável – eram a mesma coisa, Turner começou a testar outros termos. "Energia esquisita" foi apresentada numa conferência do Fermilab em maio de 1998, mas ninguém gostou. Sua próxima tentativa – "energia escura", com semelhança deliberada com "matéria escura" – foi um sucesso.

O problema do resultado das supernovas que dizia que o Universo tinha uma densidade de energia positiva, porém, era que a mecânica quântica previa um valor maior do que o 0,6 ou 0,7 que os astrônomos estavam medindo. Muito maior. Dez elevado a 120 maior. Isso é 1.000.000.000.000.000.000.000.000.000.000.000.000.000.000.000.000.000.000.000.000.000.000.000.000.000.000.000.000.000.000.000.000.000.000.000.000.000.000.000.000.000 vezes maior. Como se dizia em forma de piada, essa discrepância era grande até para a cosmologia. O esticamento do espaço sob a influência dessa densidade de energia estrondosamente grande seria tão radical que, como Turner dizia, "você não conseguiria ver a ponta do seu nariz".[23] Não que o Universo se importe muito que seu nariz tenha uma ponta: uma densidade tão grande teria esfriado a radiação cósmica de fundo abaixo de 3K no primeiro 1/100.000.000.000.000.000.000.000.000.000.000.000.000.000 de segundo depois do big bang.[24] Então, se pudéssemos escolher entre uma densidade de energia com valor de 10^{120} e outra com valor de 0,7, a maioria dos físicos de partícula teria ficado contente em presumir que, de alguma maneira, alguém, algum dia, ajeitaria a matemática, ou entenderia como as partículas estavam se aniquilando na proporção exata, de modo a produzir o resultado que todos ficavam felizes em tomar como verdadeiro: $\Lambda = 0$.

Os céticos gostavam de citar um ditado: "Você só pode chamar a Fada do Dente uma vez" – a matéria escura –, "mas agora você tem que chamar a Fada do Dente duas vezes" – a energia escura. Um epíteto se tornou inescapável, ou pelo menos virou lugar-comum no circuito das conferências: epiciclos. Estariam os astrônomos e seus parceiros teóricos da inflação simplesmente salvando os fenômenos, assim como os antigos e suas medidas desesperadas para fazer a matemática concordar com os movimentos celestes?

Era possível citar precedentes modernos. Cientistas no século XIX tinham compreendido que o fenômeno da propagação das ondas de luz através do espaço era similar ao da propagação das ondas na água, mas isso só fazia sentido se houvesse um lago cósmico. O físico escocês William Thomson, que iria se tornar Lord Kelvin, passou toda a sua carreira buscando equações que descrevessem esse "éter". Em 1896, por ocasião de seu jubileu de ouro na Universidade de Glasgow, ele escreveu a um amigo: "Eu não tive um momento de paz ou felicidade em relação à teoria eletromagnética desde 28 de novembro de 1846."[25] Kelvin morreu em 1907, dois anos depois de Einstein estabelecer a teoria da relatividade especial, eliminando a necessidade de um espaço absoluto e, consequentemente, tornando o éter "supérfluo".[26]

Será que as gerações futuras veriam a cosmologia moderna como uma lição similar sobre as limitações das inferências a partir de evidências indiretas? O movimento das galáxias não fazia sentido, a não ser que especulássemos sobre a existência da matéria escura. A luminosidade das supernovas não fazia sentido, a não ser que inferíssemos a existência da energia escura. A inferência podia ser uma ferramenta poderosa: uma maçã cai no chão, e inferimos a gravidade. Mas ela pode ser uma ferramenta incompleta.

A gravidade é...?

A matéria escura é...?

A energia escura é...?

Os astrônomos talvez não fossem capazes de identificar a energia escura, mas alguns teóricos sabiam o que ela era: uma grande inferência. Só porque lambda positivo resolve muitos problemas, isso não quer dizer que ele exista.

"Vocês, astrônomos profissionais", disse um teórico a Alex Filippenko, em 1998, "estão gastando um bocado de tempo valioso do Hubble e do Keck, porque seu resultado deve estar errado. Nós não temos uma teoria compatível com uma energia do vácuo não nula, mas muito pequena" – muito pequena no sentido de que lambda devia ser igual a 0,6 ou 0,7 da densidade crítica, e não 10^{120} –, "e não há uma teoria que seja compatível com isso."[27]

Veja – respondeu Filippenko –, esse é um resultado observacional. Eu só sei em que ponta do telescópio devo encostar o olho. Você é muito mais inteligente do que eu. Porém, com observações adicionais, ou confirmamos isso ou descobrimos que estamos errados – com sorte, por causa de algo sutil, e não porque algum programa de computador disse que 2 + 2 = 5.

Em outras palavras: só porque lambda positivo cria um problema, isso não quer dizer que ele não exista.

No final das contas, a sociologia – o fato de que dois notórios rivais haviam chegado independentemente a um mesmo resultado espantoso – não ia bastar para converter os céticos ou até para convencer os astrônomos mais cautelosos de que eles não estavam cometendo um erro. Nem a estética – se o resultado resolvia ou criava problemas. Nem mesmo a honraria de ter sido a Descoberta do Ano de 1998 da revista *Science*. A mensagem que Filippenko queria passar era que somente a ciência, somente novas observações, poderia testar um valor positivo para lambda.

Então os astrônomos fizeram o que os cientistas fazem nessas circunstâncias: tentaram provar que o efeito não existia. Que fatores eles talvez tivessem ignorado e que poderiam explicar por que supernovas distantes pareciam menos brilhantes do que se esperava? Duas possibilidades se apresentaram de imediato.

Uma era um tipo exótico de poeira. Os astrônomos sabiam que a poeira comum entre as galáxias causava um avermelhamento da luz e sabiam como corrigir esse efeito – em grande parte, mérito de Riess. Seu artigo sobre o método de correção para a poeira MLCS havia recebido o Prêmio Trumpler, honraria atribuída a teses de doutorado recentes com importância incomum para a astronomia. Mas agora os astrônomos diziam que talvez houvesse uma poeira cinza e a situavam entre as galáxias.

"Ninguém nunca viu poeira cinza entre as galáxias", pensou Riess. "Mas", lembrou a si mesmo, "também ninguém nunca viu uma constante cosmológica."[28]

Ou então: será que a aparência menos brilhante das supernovas a grandes distâncias não resultava do fato de as supernovas serem diferentes no passado, quando o Universo era mais jovem e menos complicado? E se a natureza das supernovas tipo Ia tivesse mudado ao longo da existência do Universo, e se a receita para fazer uma supernova tipo Ia próxima fosse diferente da receita para fazer uma tipo Ia distante? Talvez supernovas mais distantes fossem feitas de um coquetel de elementos mais simples, e que as tornava intrinsecamente menos brilhantes, criando a ilusão de que elas estavam mais distantes.

Havia um jeito de descobrir. Se a interpretação das evidências das supernovas estava correta, então estamos vivendo numa época em que a energia escura tem domínio sobre a matéria; a força antigravitacional da energia escura estava ganhando o cabo de guerra com a força gravitacional da matéria. Nesse caso, a expansão do Universo estaria se acelerando, e, como as duas equipes descobriram, supernovas distantes iam parecer menos brilhantes que o esperado.

Em épocas anteriores, o Universo era menor e, portanto, mais denso. Quanto mais remota a época, mais denso era o Universo, e maior era o efeito cumulativo da influência gravitacional da matéria. Se os astrônomos pudessem enxergar longe o suficiente no Universo – longe o suficiente no passado –, eles veriam uma época em que a matéria escura dominava. Naquele momento, a influência gravitacional da matéria escura estaria ganhando o cabo de guerra contra a influência antigravitacional da energia escura. A expansão estaria *desacelerando*, e as supernovas dessa época teriam de parecer *mais brilhantes* do que esperávamos.

Mas isso não valia para as supernovas vistas através da poeira cinza, ou que tivessem um coquetel mais simples de elementos no Universo jovem. Estas continuariam a parecer mais e mais fracas, quanto mais longe olhássemos.

Para separar os dois cenários – energia escura versus poeira cinza ou coquetel diferente –, seria necessário observar uma supernova distante o suficiente, que tivesse explodido durante essa época muito mais remota e distante. Caberia observar uma supernova que tivesse explodido antes que a expansão do Universo tivesse "virado" – antes de o Universo ter feito a transição de desaceleração para aceleração, quando a matéria, e não a energia, estava ganhando o cabo de guerra. Você esperaria que essa supernova fosse mais brilhante do que "deveria". Plote-a no diagrama de Hubble – lá longe, muito além das supernovas próximas do levantamento Calán/Tololo, além das supernovas com grandes desvios para o vermelho que ambas as equipes tinham descoberto –, e o desvio para cima em relação à reta de 45° que a High-z e o SCP tinham obtido também "viraria", assim como o Universo. O desvio seria para baixo.

Se não fosse assim, caberia repensar a energia escura.

Telescópios terrestres, porém, não conseguiam enxergar tão longe assim. O Telescópio Espacial Hubble conseguia, e ele conseguia inclusive descobrir supernovas a essas distâncias. De 23 a 27 de dezembro de 1997, Ron Gilliland e Mark Phillips usaram o HST para tentar provar que se podia fazer justamente isso – detectar supernovas das épocas mais remotas do Universo. Para essa busca, eles escolheram um pedaço do céu bem familiar, até famoso: o Campo Profundo do Hubble.

Dois anos antes, em 1995, o HST tinha feito a imagem mais distante do Universo. Por dez dias o telescópio ficou cavando um buraco no céu, do tamanho de um grão de areia visto a partir de seu braço esticado, absorvendo fótons, enxergando cada vez mais profundamente através do espaço e, portanto, mais longe e mais remotamente no passado. No final, o Campo Profundo do Hubble continha cerca de 3 mil galáxias, algumas de um azul bem fraco e entre as primeiras do Universo. Gilliland e Phillips queriam revisitar a imagem e fazer o que os caçadores de supernovas vinham fazendo desde os anos 1930 – comparar imagens anteriores a uma imagem atual e ver o que havia mudado. Será que algumas daquelas galáxias apresentariam um novo pontinho de luz em 1997 – uma supernova?

Duas delas apresentaram. Aqueles pontinhos foram chamados SN 1997ff e SN 1997fg. Sem observações subsequentes, Gilliland e Phillips não podiam fazer a fotometria que lhes permitiria construir as curvas de luz. Mas eles provaram seus pontos de vista.[29] Era possível usar o HST para descobrir supernovas a distâncias inacessíveis da Terra.

O que você não podia fazer, porém, era aquilo de que os astrônomos precisavam para testar a energia escura: produzir várias imagens de referência e voltar ao mesmo campo semanas depois, na esperança de descobrir a supernova mais distante de todas – e já teriam reservado tempo para observações subsequentes, com semanas ou meses de antecedência. Nada garantia que não se estava desperdiçando o tempo do HST.

Ainda assim, aquelas duas supernovas – SN 1997ff e SN 1997fg – incomodavam Adam Riess. Ele não conseguia parar de pensar nelas.[30] Por volta de 2001, enquanto ainda integrava a equipe High-z, ele era também cientista residente do STScI, de modo que resultados e possibilidades do HST sempre estavam em seus pensamentos. Mas a SN 1997ff e a SN 1997fg eram o lembrete particularmente irritante de uma oportunidade perdida. Elas estavam a uma distância grande o suficiente para testar o período da "desaceleração antes da aceleração" do modelo cosmológico com energia escura – quando a expansão ainda era retardada pela influência dominante da matéria escura, e não quando esta era acelerada sob a influência dominante da energia escura. Se Gilliland e Phillips tivessem feito observações subsequentes de SN 1997ff e SN 1997fg, pensou Riess, a astronomia já poderia ter testado de forma real a ideia de energia escura.

Em 2001, Riess percebeu que podia reformular a pergunta.

E se uma daquelas supernovas *tivesse* sido acompanhada depois? Não deliberadamente por Gilliland e Phillips, mas inadvertidamente, pelo HST, enquanto fazia outra observação?

Então ele abriu a página de busca do HST em seu computador. Digitou as coordenadas. Ascensão reta: 12h36min44,11seg. Declinação: + 62°12'44,8". Ele buscou datas que correspondessem ao período em que a SN 1997ff e a SN 1997fg tivessem alterado seu brilho: de 27 de dezembro de 1997 a 1º de abril de 1998.

Riess entendia que a possibilidade de encontrar o que queria era extremamente remota. O HST cobria uma grande área do espaço. Quais as probabilidades de ele ter mirado aquele exato ponto do espaço profundo durante um período de tempo em especial?

"Ninguém é tão sortudo", disse para si mesmo.

Adam Riess era tão sortudo.

No começo de 1997, astronautas do Ônibus Espacial levaram alguns novos instrumentos para o HST, incluindo a câmera de infravermelho próximo e espectrômetro de multiobjetos, ou Nicmos (na sigla de Near Infrared Camera and Multi-Object Spectometer). Por enxergar em infravermelho, a Nicmos era particularmente sensível a objetos distantes cuja luz estava tão desviada para o vermelho que, quando afinal chegava à nossa região do Universo, já tinha abandonado a parte visível do espectro. A equipe da Nicmos tinha decidido testar o instrumento numa área especialmente distante do espaço, com objetos que se pudessem identificar com facilidade: o Campo Profundo do Hubble.

O programa de observação não começou até 19 de janeiro, mas a câmera fez algumas imagens de teste nesse meio-tempo. E lá estava ela: a 1997ff. Ela estava nos arquivos do HST do teste da Nicmos, em imagens dos dias 26 de dezembro e 2 e 6 de janeiro. Quando a Nicmos começou a operar de verdade, a 1997ff podia ser vista em várias fotos, perto da borda. Algumas vezes ela ficava fora da imagem. Mas em geral estava lá. Riess passou uma parte de 2001 examinando a SN 1997ff, estabelecendo, a partir do desvio para o vermelho, que ela tinha explodido havia aproximadamente 10,2 bilhões de anos – muito antes do período em que a expansão do Universo passou de desacelerada a acelerada. Se, de fato, o Universo *tivesse* passado da desaceleração para a aceleração. Se, de fato, a energia escura existisse.

Toda primavera o STScI organizava um simpósio. Um dos tópicos anteriores fora O Campo Profundo do Hubble; outro tinha sido A Evolução Estelar. O tópico de 2001 era O Universo Escuro: Matéria, Energia e Gravidade. Aquela era a chance que mais de uma centena de astrônomos de todo o mundo tinha de refletir sobre sua missão em aparência redundante – o que Mario Livio, astrofísico e organizador do simpósio, chamava de "astronomia do invisível".[31]

O STScI ocupa um prédio baixo e moderno – e de certa forma modesto, se consideramos que é um órgão da Nasa – numa estrada sinuosa, num canto esquecido do campus da Universidade Johns Hopkins, em Baltimore.*

* Fazendo o check-in num hotel, durante uma visita anterior, perguntei ao atendente onde poderia encontrar o quartel-general do Telescópio Espacial Hubble. Ele sumiu

Parecia que o prédio tinha baixado a cabeça para não bater nas árvores. Na parte de trás do prédio, do lado de fora do auditório do primeiro andar, havia uma parede de vidro que dava vista para um riacho. Nada de "manadas ao redor do acelerador e churrascos para centenas de pessoas", no estilo do Fermilab; queijos e vinhos ou o ocasional surto de cafeína era o máximo que uma reunião do STScI provocava.

Até o mais ardente cético em relação à energia escura já tinha aprendido a aceitar as descobertas de uma série de balões experimentais lançados da Antártida e do deserto de Atacama, no Chile. Os balões tinham subido até uma altitude de 30 mil metros e quase chegaram ao espaço sideral, momento em que os detectores a bordo fizeram medições da radiação cósmica de fundo. O objetivo era refinar os dados do Cobe sobre as diferenças de temperatura entre pontos no céu. Se as diferenças fossem maiores entre pontos separados por menos de 1°, então o Universo era aberto; se a separação fosse maior que 1°, então o Universo era fechado; se o valor fosse 1°, então o Universo era plano. Até então o Universo parecia plano.

Mas dizer que o Universo definitivamente parecia plano não era a mesma coisa que afirmar que a expansão do Universo estava acelerando. Você não podia confiar no argumento da subtração – ômega igual a 1 menos uma densidade de massa de 0,3 é igual a um lambda de 0,7. Aquela matemática mostrava apenas o mesmo aparente paradoxo de antes de 1998: um Universo aparentemente plano visto pelo Cobe e aparentemente aberto em outras observações. Os experimentos com balões fizeram do Universo plano do Cobe um candidato muito mais forte, até o ponto em que um Universo plano se tornava a ortodoxia cosmológica. Mas e a aceleração? Especialmente se você fosse um físico de partículas, aquele resultado ainda não fazia sentido – ainda o estimulava a buscar alternativas.

Entre os observadores que foram ao simpósio estava Vera Rubin, abrindo o evento com uma revisão histórica da matéria escura[32] – ou, na verdade, uma revisão histórica da *ideia* de matéria escura, já que, como

---

numa sala, foi conversar com o gerente, e depois voltou ao balcão. "O Telescópio Espacial Hubble", fez uma pausa e apontou, "está lá em cima."

ela mostrou, até que se saiba o que é matéria escura, você realmente não pode entender sua história.[33] Ela lembrou a todos que, em 1980, previra a descoberta da matéria escura nos próximos dez anos, e disse que tinha se divertido vendo o astrônomo britânico Martin Rees fazer a mesma previsão em tempos mais recentes. Ela disse que sabia o que Fritz Zwicky teria dito sobre o estado atual da cosmologia: "Epiciclos!"

Entre os teóricos presentes estava Michael Turner, exortando a congregação a se entregar à "exuberância irracional" e abraçar a era da "cosmologia de precisão". Para um colega teórico que reclamava sobre o problema de 10^{120}, Turner disse com irritação: "Não podemos ser exuberantes por um tempo?"

Saul Perlmutter também estava lá, vendendo a ideia de um telescópio espacial dedicado às supernovas. E cerca de duas dezenas de apresentadores ali se encontravam para promover seus projetos de pesquisa, relatar suas mais recentes observações e postular possibilidades extravagantes sobre a identidade da energia escura. Mas a grande maioria estava lá para tentar responder à pergunta que Mario Livio tinha escrito numa transparência para sua apresentação e que resumia o simpósio: "Universo Acelerando... Nós Acreditamos Nisso?"

E foi assim que Adam Riess roubou a cena.

Ele coreografou sua apresentação, no terceiro dia de um simpósio de quatro dias, como um striptease. Riess tinha de fazer *alguma coisa* para animar a plateia, já que todos ali sabiam o que ele tinha a apresentar. Dois dias antes, no primeiro dia do simpósio, Riess fora a uma coletiva de imprensa da Nasa em Washington para anunciar sua descoberta. E um dia antes o anúncio fora a primeira página do *New York Times*, bem como de outros jornais ao redor do mundo. Ainda assim, agora era a hora de ele deixar seus colegas cosmólogos examinarem a nova evidência por si mesmos.

Riess usava um retroprojetor. Ele manteve coberta a maior parte da transparência enquanto explicava o que ia mostrar. Era um diagrama de Hubble – desvio para o vermelho contra brilho – das supernovas, tanto as do SCP quanto as da equipe High-z. Os pontos, nesse caso, não representavam uma supernova, mas médias de supernovas com desvios para o vermelho similares.

Riess revelou os primeiros três pontos da transparência: aqui, aqui e aqui, as médias das supernovas próximas do levantamento de Calán/Tololo.

Depois, movendo-se para a direita, os próximos três pontos: aqui, aqui e aqui, as médias das supernovas distantes das pesquisas da equipe High-z e do SCP.

Os pontos começavam a descrever um agora familiar desvio sutil a partir da reta, para cima, em direção a brilhos mais fracos. Com seis pontos, Riess tinha levado a plateia de algumas centenas de milhões de anos-luz de distância pelo Universo para 1 bilhão, depois 2 bilhões, 3 bilhões, 4 bilhões de anos-luz. Agora, disse ele, tinha um ponto que representava a SN 1997ff. Riess determinara seu desvio para o vermelho como 1,7, a supernova mais distante até o momento, a uma distância de cerca de 11 bilhões de anos-luz.

Eles sabiam o que veriam. Mas os quase cem astrônomos do auditório não conseguiam se conter. Eles se ajeitaram em seus lugares. Se inclinaram para a frente. Prenderam a respiração. Cruzaram os braços.

Ali: SN 1997ff.

Um suspiro.

A sutil curva ascendente tinha sumido. Em seu lugar, uma descida abrupta e íngreme. A supernova era duas vezes mais brilhante do que inocentemente se esperava para aquela distância. O Universo tinha mudado, era verdade.

Enquanto Riess seguia sua explicação de que aquele resultado jogava por terra os efeitos hipotéticos da exótica poeira cinza ou de uma mudança na natureza das supernovas com um nível de confiança maior que 99,99%, a evidência continuava exposta na tela atrás dele. A plateia não conseguia tirar os olhos da imagem. Para os astrônomos do invisível, era algo a ser visto.

PARTE IV

Aquém do que a vista alcança

10. A maldição do Bambino

"Eu só vou vigiar isso aqui um pouquinho."

"Por causa do barulho esquisito?"

"Porque andou para trás."

"Isso andou para trás?"

"Andou para trás."

"Andou para trás." Pausa. "Mas isso é impossível."

Os dois estudantes de mestrado estavam vigiando um eixo da espessura de um dedo mindinho – dispositivo que girava engrenagens dentro de um cilindro de cobre que se estendia 4 metros abaixo do solo. O eixo girava, ou "dava passos", em sentido horário, com breves tique, tique, tique. Um passo no sentido anti-horário talvez fosse impossível, mas o primeiro estudante vira com os próprios olhos. Agora ele precisava ver de novo.

Pôs as mãos nos bolsos. Tirou as mãos dos bolsos e cruzou os braços. Em seguida apoiou uma das mãos sobre a pilastra de concreto. Depois pegou uma cadeira giratória e apoiou o joelho no assento. Ele não tirava os olhos do eixo. Outro estagiário passou, perguntou o que eles estavam fazendo e se juntou ao grupo para ver quem piscava primeiro.

O eixo foi o primeiro a piscar. Depois de dez minutos ele andou para trás de novo.

Os três estudantes marcharam para dentro do barracão onde os outros membros da equipe se acotovelavam ao redor do ar-condicionado. A presença deles elevava a lotação do recinto ao máximo: oito pessoas. O primeiro estudante anunciou sua descoberta a Les Rosenberg, um dos coordenadores do projeto. Rosenberg, barbudo e calvo, sorriu, mas não de verdade.

"Isso é impossível", ele disse.

"Ah, é apenas um problema no software", falou outro membro da equipe, sem nem se dar ao trabalho de levantar os olhos da tela do computador.

Ainda assim, Rosenberg tinha de ver com os próprios olhos. Logo, logo quatro físicos, as mãos nos bolsos, estavam de olho no eixo.

Tique. Tique. Tique. Tique. Tique. Tique. Tique.

E assim prosseguiu a busca de matéria escura numa tarde de verão de 2007, num galpão de teto de zinco no deserto da Califórnia, 64 quilômetros a leste da baía de São Francisco – oficialmente designado Prédio 436 do Laboratório Nacional Lawrence Livermore, mais comumente conhecido como "o barracão". A experiência era o estado da arte, apesar de no momento ser mais o estado da bancada. Os estagiários trabalhavam nos diagramas espalhados pelo chão de concreto, com alicates de corte, chaves de boca, brocas de vários tamanhos, martelos e uma serra. Pingos, coisas amassadas e derramadas, flocos e raspas decoravam as mesas e prateleiras de metal. A lista de "por fazer" no quadro branco pendurado próximo à entrada do barracão estava numerada de um a oito, apesar de o oito estar escrito de lado: infinito. Depois do almoço, o cara do software consertou o problema: infinito menos um. A experiência estava sendo projetada há quase vinte anos – essa era a segunda encarnação do instrumento – e ainda tinha mais ou menos uma década a percorrer. Mas no final, depois que a experiência tivesse acabado, o mundo saberia se um dos dois candidatos a matéria escura realmente existia.

Até mesmo enquanto Vera Rubin e seus colegas de medição do movimento das galáxias, nos anos 1970, convergiam para a evidência da "massa ausente" e incentivavam os cosmólogos a perguntar o inevitável "O que é isso?", desenvolvimentos paralelos em física de partículas, de forma coincidente, chegavam a uma possível resposta: *não é a mesma coisa que aquilo de que somos feitos*. Não era o mesmo material que o dos átomos – os prótons e nêutrons, coletivamente chamados de bárions, que vinham formando e reformando a matéria que nos é familiar desde o primeiro instante do Universo. Era outro tipo de coisa, também com origem nos instantes iniciais do Universo, mas que não formava nem voltava a formar nada – nem interagia com ela mesma nem com nenhum outro tipo de matéria. Uma coisa que acrescentava massa ao Universo, porque havia muito dela espalhado, mas que não fazia nada além disso. Os teóricos dos anos 1970 imaginavam essas partículas hipotéticas a rodo, num esforço para resolver problemas no modelo-padrão da física de partículas. E enquanto tentavam imaginar quais propriedades essas partículas teriam, observaram que duas em particular existiram exatamente na proporção certa da quantidade de matéria que "faltava" no Universo.

Uma era o áxion, a partícula que o pessoal do "barracão" tentava descobrir. Se ela existisse, existiria aos trilhões por centímetro cúbico, centenas de trilhões estariam atravessando seu corpo neste exato momento. Os físicos haviam se habituado à noção de partículas atravessando objetos que pareciam sólidos; um neutrino poderia atravessar um ano-luz de chumbo sem entrar em contato com qualquer outra partícula. Mas assim como acontecia com a outra candidata a matéria escura, chamada neutralino, a dificuldade com o áxion era detectá-lo.

Karl van Bibber havia começado a perseguir o áxion em 1989, enquanto ainda não tinha entrado na casa dos quarenta anos.[1] Três anos mais tarde recrutara Rosenberg, ex-aluno de Stanford a quem considerava "gênio absoluto" e "experimentador de mão-cheia", para se juntar a ele no Experimento de Matéria Escura Axiônica (ADMX, na sigla em inglês de Axion Dark Matter Experiment). Van Bibber crescera em Connecticut e era fã dos Boston Red Sox, time de beisebol que não ganhava um campeonato mundial desde 1918. Ele passara a infância escutando histórias de como a venda de Babe Ruth para o Yankees no intervalo das temporadas de 1919-20 havia amaldiçoado o clube. Quando o Red Sox disputou o campeonato mundial de 2004, seu entusiasmo se mostrou contagioso: Rosenberg, que já sentia alguma afinidade com o time graças aos anos passados no MIT, se juntou ao colega para torcer pelo Red Sox. O protetor de tela do computador de Van Bibber em Livermore transmitia notícias flutuantes, com as manchetes de jornal sobre as vitórias do Red Sox em 2004: "Caça-fantasmas!", "ACREDITE!", "NOS VEMOS EM 2090!" Ele e Ronsenberg concordavam que torcer pelo Red Sox era bom treino para um caçador de áxions.

Para ter qualquer esperança de pegar um áxion, eles tinham de construir um receptor de rádio capaz de captar um sinal com uma potência da ordem de 1 trilionésimo de 1 trilionésimo, ou 1/1.000.000.000.000.000.000.000.000 de um watt.[2] Isso era três ordens de magnitude mais fraco que o sinal máximo da sonda Pioneer 10, em 2002, quando ela estava a 11 bilhões de quilômetros da Terra e perto do limite do sistema solar. Mas com a Pioneer 10 pelo menos os cientistas conheciam a frequência do sinal, sabiam para onde girar o botão do rádio.

Karl van Bibber não dispunha desse luxo. Mas tinha uma vantagem sobre os outros caçadores de matéria escura: ele reconheceria sua presa, se a visse.

Mas como você vê alguma coisa que é escura, se por "escura" você quer dizer, como era o caso dos astrônomos a partir dos anos 1970 e 1980, algo "impossível de se ver"? Como fazer uma coisa que, pela nossa própria definição, é inexequível?

Você não faz. Você repensa a pergunta.

Por milhares de anos os astrônomos tentaram compreender o funcionamento do Universo olhando para as luzes no céu. Então, a partir de Galileu, eles aprenderam a procurar no céu outras luzes, aquelas que não podiam ser vistas a olho nu, mas só com a ajuda de um telescópio. Em meados do século XX eles ampliavam sua compreensão sobre a "luz" olhando através de telescópios que "enxergavam" além das partes óticas do espectro eletromagnético – ondas de rádio, radiação infravermelha, raios x etc. Depois de aceitar a evidência da matéria escura, os astrônomos compreenderam que teriam de expandir sua definição de "olhar". Agora, se quisessem compreender o funcionamento do Universo, teriam de aprender a olhar no sentido mais amplo da palavra; de alguma forma, teriam de buscar, de descobrir um jeito de estabelecer um contato. De outro modo, eles só poderiam fazer aquilo que os antigos astrônomos haviam sido compelidos a fazer, na falta de instrumentos que ampliassem seus cinco sentidos: manter as aparências. Pensar. Teorizar.

Antes de mais nada, a matéria escura era teórica. Desde o começo, as evidências de que ela existia eram indiretas. Nós "sabíamos" que ela estava lá pela maneira como afetava tudo à sua volta. A resposta óbvia para ela é que era mais do mesmo – mais da matéria que seríamos capazes de ver se não estivesse tão distante, não fosse ela tão inerentemente escura, de forma que enganava nossos métodos normais de observação. O método da navalha de Ockham apontava para um Universo que consistia apenas em matéria que já conhecemos – matéria feita de bárions –, e não num tipo de matéria que não conhecíamos. Talvez, como dizia Vera Rubin de brincadeira, a matéria escura fosse composta de "planetas frios, estrelas mortas, pedras ou tacos de beisebol".[3]

Em 1986, Bohdan Paczynski, de Princeton, havia sugerido que se esses objetos maciços, que não podíamos ver, existissem no halo de nossa galáxia – onde os astrônomos julgavam residir a maior parte da matéria escura da Via Láctea –, nós poderíamos reconhecer sua presença através de uma técnica chamada lenteamento gravitacional.[4] Em 1936, Einstein havia sugerido que uma estrela em primeiro plano poderia servir como uma espécie de lente para outra estrela atrás dela. A massa gravitacional da estrela da frente deformaria o espaço, e com ele a trajetória da luz da estrela de trás, de forma que, embora a estrela estivesse atrás e fora de nossa linha de visão, ainda assim seríamos capazes de vê-la. "Claro", Einstein escreveu num artigo, "não há esperança de observar esse tipo de fenômeno diretamente." Para o editor da revista onde publicou o texto, ele confidenciou a respeito de seu artigo: "É de pouca valia."[5]

Einstein, contudo, estava pensando pequeno. Ele ainda se via preso ao Universo no qual crescera. Mas o Universo não estava mais fervilhando só com as estrelas de nossa própria galáxia; ele fervilhava também de galáxias. Alguns meses depois que Einstein publicou seu breve artigo sobre o assunto, Fritz Zwicky teorizou que, em vez de uma estrela em primeiro plano, uma *galáxia* em primeiro plano poderia servir de lente gravitacional. E como uma galáxia tinha a massa de bilhões de estrelas, "a probabilidade de encontrarmos uma nebulosa agindo como lente gravitacional é praticamente uma *certeza*".[6]

Em 1979 essa previsão tornou-se realidade quando astrônomos encontraram duas imagens do mesmo quasar graças à intervenção gravitacional de uma galáxia. O advento da tecnologia do CCD e dos supercomputadores, ponderou Paczynski, talvez permitisse aos astrônomos descobrir as lentes gravitacionais que Einstein descrevera, embora sem pensar mais no assunto. Paczynski calculou que se, de nossa linha de visada, um objeto escuro no halo de nossa própria galáxia – um objeto compacto maciço do halo, ou Macho, para Massive Compact Halo Object– passasse em frente a uma estrela de uma galáxia próxima, o efeito gravitacional do objeto escuro em primeiro plano faria o objeto em segundo plano parecer mais brilhante. Em 1993, duas equipes relataram que, depois de monitorar o brilho de milhões de estrelas na Nuvem de Magalhães, haviam observado três desses efeitos – exercício impressionante de astronomia, mas uma taxa nada significativa de descobertas sugerindo que o halo da Via Láctea estava repleto de objetos escuros e maciços feitos de bárions.

Contudo, o problema poderia não ser uma matéria inobservável, mas o efeito a ser observado – a gravidade. Em 1981, Mordehei Milgrom, do Instituto Weizmann, em Rehovot, Israel, chegou à Gravidade Newtoniana Modificada, ou Mond, na sigla em inglês,* fórmula matemática que ele dizia descrever as curvas de luz das galáxias tão bem, e provavelmente até melhor, quanto a presença de algum tipo de matéria misteriosa. Contudo, ela não descrevia muito bem os aglomerados de galáxias.

No entanto, mesmo que ela tivesse descrito, os físicos já haviam reconhecido uma solução menos óbvia, porém paradoxalmente mais persuasiva, do problema da matéria escura, que não envolvia coisas que já conhecíamos ou gravidade modificada: envolvia coisas que não conhecíamos.

Como parte de sua pesquisa em espaço interior/exterior, David Schramm e seus alunos haviam descoberto que o deutério (um isótopo do hidrogênio que tem um nêutron no núcleo, em vez de nenhum) só

* Apesar de o original falar em "gravidade", a ideia de Milgrom, e a sigla Mond comprova isso, era uma "Dinâmica Newtoniana Modificada" (Modified Newtonian Dynamics). (N.T.)

poderia ser destruído numa estrela, e não criado (como podiam ser outros elementos).[7] Dessa forma, todo deutério hoje existente no Universo deve ter estado presente também no Universo mais jovem, e poderíamos concluir que a quantidade atual é pelo menos a mesma que a original. Através de cálculos subsequentes, poderíamos descobrir quanto o Universo primordial deve ter sido recheado de bárions para que a quantidade mínima de deutério tenha sobrevivido àquele período. Quanto mais densa a matéria bariônica, mais abrupta é a queda na taxa de sobrevivência do deutério. Para que pelo menos essa quantidade de deutério tenha existido num Universo primordial, a densidade bariônica deve ter sido, no máximo, uma determinada quantidade. Essa análise, portanto, revelou um limite superior na densidade de matéria bariônica (Schramm e Turner passaram a chamar o deutério de "bariômetro"[8]).

Por meio de cálculos e raciocínios similares, pode-se chegar à densidade mínima da matéria bariônica.[9] O hélio-3 (dois prótons e um nêutron) só poderia ter sido criado em estrelas, e não destruído; é possível deduzir que a quantidade presente hoje é, no máximo, a quantidade primordial. Poderíamos, então, calcular quanto o Universo primordial deve ter sido recheado de bárions para que essa quantidade máxima de hélio-3 tivesse sobrevivido, e por essa quantidade seria possível calcular o limite *mínimo* da densidade da matéria bariônica.

Utilizando a física de partículas para determinar os limites superior e inferior da densidade bariônica no Universo, Schramm e outros convergiram num ômega para a matéria bariônica de aproximadamente 0,1.

Essa quantidade, contudo, não diz nada sobre a matéria não bariônica.* Logo depois, observações "que pesavam" o Universo em escalas diferentes começaram a convergir para outro número – um ômega da ordem de 0,2, ou talvez maior.[10] Só a disparidade – 0,1 de matéria bariônica versus 0,2

* E, portanto, não diz nada sobre o valor de ômega para a quantidade total de matéria. Então, caso se deseje um Universo inflacionário plano tipo ômega igual a 1, o número 0,1 para a taxa de matéria bariônica por densidade crítica não era particularmente preocupante. A taxa da densidade total – de matéria bariônica *e* não bariônica – por densidade crítica ainda poderia ser igual ou maior que 1.

de matéria total – já fornecia prova da existência de outras coisas além de buracos negros e tacos de beisebol no halo das galáxias ou nos aglomerados de galáxias. O Universo precisava de matéria não bariônica. E, num modelo de big bang, essa matéria só poderia vir de um lugar – o mesmo lugar de onde vêm prótons, nêutrons, fótons e tudo o mais no Universo: do plasma primordial.

Mesmo que os físicos de partículas não conhecessem essas partículas, eles sabiam que, como todas as outras que vêm viajando pelo Universo desde o primeiro segundo, elas teriam de ser rápidas ou lentas. Partículas muito leves e que se moviam em velocidades próximas à da luz – velocidades relativísticas – eram chamadas matéria escura quente. Partículas mais pesadas, e portanto mais lentas, se ligando a galáxias e portanto viajando à mesma velocidade que estrelas e gases eram chamadas matéria escura fria. E essas duas interpretações vieram com um teste crucial.

No início dos anos 1980, os astrônomos ainda não haviam detectado as ondulações primordiais na radiação cósmica de fundo que correspondessem a essas chamadas sementes da criação – os campos de reunião gravitacionais que seriam as estruturas que vemos no Universo. Ainda assim, os teóricos sabiam que, se as ondulações existissem, então os dois modelos de matéria escura – quente e fria – as afetariam de maneiras diferentes, levando a dois cenários evolutivos opostos para o Universo.

A matéria escura quente – partículas que se movem em velocidades relativísticas – teria borrado as ondas primordiais em grandes volumes, como uma tempestade faz com um desenho de giz na calçada. Num Universo cheio de matéria se aglomerando em volta desses enormes trechos, estruturas maiores teriam se formado primeiro. Os vastos entulhos de matéria teriam então se quebrado, ao longo do tempo, nos pontos que vemos hoje – as galáxias. O Universo teria uma história de cima para baixo, do complexo para o simples.

A matéria escura fria – partículas que se movem a uma pequena fração da velocidade da luz – teria salpicado as ondulações primordiais de forma muito mais sutil e afetado a evolução de maneira muito mais lenta. A estrutura do Universo teria começado como pontos, ou galáxias, e evoluído gradativamente para estruturas cada vez maiores. O Universo teria uma história de baixo para cima, do simples para o complexo.

As observações do início dos anos 1980, indicando que a Via Láctea era parte de um grupo local, ou que os supergrupos eram separados por grandes vazios, estavam provendo suporte suficiente para o modelo de matéria escura fria, de forma que a maioria dos teóricos abandonou o modelo de matéria escura quente no meio da década. Os astrônomos começaram a usar surveys de desvio para o vermelho (*redshift*) a fim de mapear o Universo em três dimensões, começando no fim de 1980 com a dramática "Grande Muralha" de galáxias do Centro de Astrofísica Harvard-Smithsonian.[11] De 1997 a 2002, o Censo de Desvios para o Vermelho de Galáxias num Campo de Dois Graus (Two-degree-Field Galaxy Redshift Survey), usando o Telescópio Anglo-Australiano, mapeou 221 mil galáxias;[12] começando em 2000, o Sloan Digital Sky Survey (SDSS), utilizava o telescópio de 2,5 metros do Observatório de Apache Point, no Novo México, e mapeou 900 mil galáxias.[13]

Nesses censos e em outros, os astrônomos descobriram que, quanto mais longe no Universo eles olhavam – e portanto mais para trás no tempo –, *menos* complexidade viam. O que é outra maneira de dizer que quanto mais perto do presente eles chegavam, *mais* complexidade viam. As galáxias se formaram primeiro, com desvios para o vermelho de 2 a 4 – ou mais ou menos 9 a 12 bilhões de anos atrás. Então essas galáxias se juntaram em aglomerados, com desvios para o vermelho menores que 1 – ou mais ou menos 6 bilhões de anos atrás.[14] E agora, hoje (no sentido cósmico), esses aglomerados estão se organizando em superaglomerados. A matéria se aglutinou primeiro em estruturas pequenas, e essas estruturas continuaram a se aglutinar. O Universo aparentemente tinha uma história de baixo para cima, do simples para o complexo, consistente com os modelos teóricos de matéria escura fria.

Ainda assim, o que esses censos mapeavam eram fontes de luz. Eles mostravam onde se encontravam as galáxias, deixando aos cientistas a tarefa de inferir onde estava a matéria escura. Em 2006, o Censo da Evolução Cósmica, ou Cosmos (na sigla de Cosmic Evolution Survey), publicou um mapa da matéria escura.[15] Ele estudou 575 imagens do Telescópio

Espacial Hubble, em ocorrências nas quais duas galáxias ou aglomerados de galáxias se alinhavam um atrás do outro. Como na técnica de microlenteamento que os censos à procura de Machos haviam utilizado, o lenteamento gravitacional fraco se apoiava no fato de que uma concentração de massa em primeiro plano distorcia a luz de uma fonte mais distante. Mas, ao contrário do microlenteamento, o lenteamento gravitacional fraco não gravava eventos individuais quando um objeto passava na frente de outro, mas relacionamentos correntes entre objetos que estavam, para todos os efeitos práticos, parados um em relação ao outro – galáxias ou aglomerados de galáxias. A luz de um objeto em primeiro plano dizia aos astrônomos quanta massa *parecia* haver ali. O lenteamento gravitacional no objeto em segundo plano dizia quanta massa *estava* lá. A diferença entre as duas quantidades era a matéria escura.

O mapa do Cosmos não só cobria uma área do céu nove vezes maior que o diâmetro da Lua, como era também tridimensional; ele mostrava profundidade. Isso era como a diferença entre um mapa que só mostra estradas e outro que mostra também montanhas e vales por onde as estradas passam. E como olhar mais profundamente no Universo significa olhar para trás no tempo, o mapa do Cosmos mostrava como a matéria escura evoluiu. De acordo com essa "cosmopaleontologia", como a equipe chamou sua abordagem, a matéria escura colapsava em si mesma antes, e então esses centros de colapso evoluíam em galáxias e aglomerados de galáxias – mais uma vez, uma imagem consistente com a fórmula de baixo para cima da matéria escura fria.

Talvez a evidência mais drástica, e certamente a mais famosa evidência indireta da matéria escura, tenha sido a foto feita em 2006 da colisão entre dois aglomerados de galáxias, conhecidos coletivamente como Aglomerado do Projétil (Bullet Cluster, em inglês). Observando a colisão na faixa dos raios x e através de lenteamento gravitacional, Douglas Clowe, então na Universidade do Arizona, separou o gás visível da matéria invisível. O gás visível (em raios x) de ambos os aglomerados se concentrava no centro da colisão, onde os átomos haviam se comportado como eles costumam se comportar – atraindo uns aos outros e se juntando gravitacionalmente.

Enquanto isso, a massa invisível (detectada por lenteamento gravitacional) parecia emergir de ambos os lados da colisão. Era como se dois vagões-fantasmas de matéria escura tivessem corrido diretamente através de um acidente ferroviário à sua frente.

A fotografia percorreu o mundo, e o Aglomerado do Projétil se tornou sinônimo de matéria escura. A cor falsa ajudava: a Nasa havia colorido o gás visível de rosa e a massa invisível de azul. A manchete do comunicado à imprensa também ajudava: "Nasa encontra prova direta da matéria escura."

Mas isso não era exatamente verdade. Mesmo deixando de lado o questionável uso da palavra "prova", o termo "direta" estava sujeito a debate – e havia sido cuidadosamente analisado durante a redação do comunicado.[16] "Não é direta", admitiu Clowe. "A detecção de matéria escura verdadeiramente direta seria captar uma partícula."

Então, como captar uma partícula? Como captar essa evidência que, como Mike Turner gostava de dizer, "você poderia colocar numa garrafa e trazer para sua tia no Missouri, que iria dizer 'Me mostre'"?[17] Primeiro, você teria de saber exatamente o que "procurar".

No final dos anos 1970, os teóricos haviam finalizado a preparação do modelo-padrão da física de partículas, uma explicação do relacionamento entre três das quatro forças fundamentais do Universo – eletromagnética, interação fraca (ou força nuclear fraca) e interação forte (ou força nuclear forte). As partículas em si vinham em dois tipos, bósons e férmions, as quais, respectivamente, podem e não podem ocupar o mesmo espaço quântico. Alguns cientistas haviam proposto uma "supersimetria" entre bósons e férmions; cada bóson teria um parceiro férmion, e vice-versa. O fóton, por exemplo, teria um superparceiro chamado fotino; o bóson de gauge, o gaugino; o glúon, o gluíno. E o neutrino, o neutralino.

O neutralino – mesmo antes do áxion e do Macho – parecia um candidato atraente a matéria escura. Os cálculos dos teóricos previam quantos desses neutralinos haviam sobrevivido até o Universo atual e haviam previsto a massa do neutralino. Quando juntaram os dois números, a resposta era quase idêntica às melhores estimativas da quantidade de matéria escura. Esteticamente, os físicos gostavam do fato de o neutralino não ser ad hoc; ninguém o tinha inventado para resolver o problema da matéria escura. O neutralino simplesmente estava lá, sua conexão com a matéria escura seria um bônus.

O problema com o neutralino, da perspectiva de um observador, é que ele só interagia através da força nuclear fraca. Daí o nome que Mike Turner deu a essa classe de candidato a matéria escura: Partícula Maciça Fracamente Interativa, ou Wimp (Weakly Interative Massive Particle).* Uma Wimp não poderia interagir pelo eletromagnetismo, isto é, seria impossível vê-la em qualquer comprimento de onda. Ela também não poderia interagir pela força nuclear forte, isto é, raramente interagiria com um núcleo atômico. A palavra-chave, porém, era "raramente".

Essa exceção ocasional era a abertura de que os detetives da matéria escura precisavam. Ela permitia que os pesquisadores pegassem uma evidência que não era acessível a nossos sentidos e a *transformassem* numa evidência acessível. Eles ainda não conseguiriam ver as Wimps, mas seriam teoricamente capazes de ver dois efeitos posteriores de uma interação Wimp-núcleo. O primeiro era uma quantidade minúscula de calor emitido pelo núcleo agitado. O segundo era uma minúscula carga elétrica emitida pelos elétrons chacoalhados. Nenhum dos dois eventos separados seria suficiente para identificar um neutralino. Mas a combinação dos dois num só evento seria uma assinatura específica da partícula.

Contudo, para *procurar* esses eventos, os cientistas teriam de adotar outro tipo de *telescópio*, um novo "telescópio" para a astronomia: o laboratório.

Um dos projetos-piloto do Centro de Astrofísica de Partículas no final dos anos 1980 (junto com o experimento que iria se tornar o Projeto de Cosmologia por Supernovas) era um esforço nesse tipo de detecção, o projeto de Busca Criogênica de Matéria Escura, ou CDMS (de Cryogenic Dark Matter Search). Para estabilizar os átomos-alvo – de germânio, nesse caso –, o detector teria de manter a temperatura de quatro centésimos de 1°C acima do zero absoluto. E para bloquear os raios cósmicos e outras partículas intrusas, o detector devia ser blindado.

---

* Esse acrônimo precedeu e inspirou o Macho. [*Wimp*: em inglês, "fracote".] (N.T.)

Sob a liderança de Bernard Sadoulet, diretor do Centro de Astrofísica de Partículas, o projeto CDMS nasceu num lugar não muito profundo, no campus de Stanford, 21 metros abaixo do solo, mais ou menos o equivalente a algumas curvas fechadas numa longa rampa espiral de estacionamento subterrâneo. O problema não era obter um ping – uma leitura que indicasse interação com um núcleo de um átomo de germânio. Pings eles tinham. A profundidade era suficiente para bloquear os raios cósmicos, mas não os múons, que são uma versão pesada do elétron. Os múons penetravam os 21 metros de rocha, se chocavam contra o detector e geravam nêutrons – que deixam uma assinatura similar à do neutralino, mas não são realmente neutralinos. O problema era captar o tipo certo de ping.

Não havia mais para onde ir a não ser para baixo. Em 2003, o detector seguinte, o CDMS II, começou sua operação sob 800 metros de rocha sólida, numa mina de ferro desativada no norte de Minnesota. Até então, o CDMS já havia inspirado uma geração de detectores semelhantes, embora o custo alto, a grande escala e o longo período de gestação tenham incentivado os pesquisadores a analisar alternativas mais baratas e rápidas. Muitos dos detectores de segunda geração utilizavam gases nobres, como argônio, neônio e xenônio, os quais não precisavam ser resfriados até algo perto do zero absoluto para serem utilizáveis na forma líquida, o que era muito mais barato. Em 2007, o experimento Xenon10, um tanque de 15 quilos de xenônio líquido operando no laboratório subterrâneo de Gran Sasso, na Itália, estabeleceu-se como rival viável, com a publicação de resultados num nível bem mais sensível que qualquer coisa que o CDMS II já tivesse obtido.

Lá atrás, em 1992, Sadoulet havia dito a um jornalista: "Posso estar me gabando, mas acho que estamos próximos." Dezesseis anos, várias trocas de estudantes de pós-graduação e pós-docs, e duas gerações de detectores depois, um grupo de doze membros da equipe do CDMS se reuniu na casa de Sadoulet para aguardar uma análise "cega" de seus dados – um teste que mostraria se os últimos resultados iriam coalescer num resultado quantificável.[18] De acordo com os cálculos, ao longo do ano anterior, o detector de partículas do CDMS devia ter registrado não mais que duas colisões de partículas subatômicas aleatórias de matéria comum. Quanto menos colisões eles viam, mais confiança tinham em eliminar um segmento do espaço de fase das Wimps – o gráfico que mostrava todas as possíveis combinações de tamanho e massa. Como no estabelecimento de uma fronteira pelos pioneiros, a eliminação de cada trilha do gráfico deixava uma região menor a explorar. Precisamente à meia-noite eles se reuniram ao redor do computador de Sadoulet, na sala de estar, "destrancaram" os dados e esperaram a resposta desabrochar no vídeo.

Zero.

A comemoração explodiu – não de todo diferente do aplauso espontâneo que saudou um membro da equipe depois, no mesmo mês, num simpósio sobre matéria escura da Ucla, enquanto ele estava de pé, diante de uma centena de colegas vindos de todas as partes do mundo para recriar, via PowerPoint, a revelação da não detecção. O CDMS II tinha passado à frente de novo, deixando para a equipe do Xenon10 a tarefa de, mais tarde, interromper sua apresentação de PowerPoint e suspirar: "Acho que esse gráfico está obsoleto há 45 minutos."

Aquela era uma indicação do quanto se tornara difícil o problema da Wimp, tanto que até um resultado nulo era digno de comemoração. Depois, ainda no mesmo dia, quando entrava no elevador, um dos membros da equipe aceitou as congratulações pelos esforços de seu grupo: "Claro", acrescentou suavemente enquanto as portas se fechavam, "a detecção teria sido melhor."[19]

Dezenove meses mais tarde, seu desejo se tornava realidade. A próxima "festa de destrancamento" para o CDMS II foi também a última. Nesse ínterim, aquela encarnação do experimento – cinco torres com seis detectores cada – havia sido desativada para dar lugar a um upgrade: o Super-CDMS. Quando a equipe "abriu a caixa" na última leva de dados, todos esperavam obter mais do mesmo, bastante de nada. Porém, em vez disso, encontraram duas "alguma coisa": uma em 5 de agosto e outra em 27 de outubro de 2007.

Um resultado nulo corresponderia a uma declaração definitiva, excluindo mais um espaço de fase de futuras investigações. Duas detecções, contudo, ocupavam o purgatório da física de partículas. Estatisticamente, esse número não era suficiente nem para alegar uma "evidência de", para não mencionar uma "descoberta", que cinco eventos teriam justificado. Se ambos os eventos tivessem sido causados por ruído de fundo, como raios cósmicos ou radiação da própria mina, então você estava sem sorte. Se ambos os eventos fossem de fato um "limite do sinal", e uma equipe competidora, como o Xenon100 (o sucessor do Xenon10 que já estava em funcionamento quando o CDMS II abriu a caixa), descobrisse um número satisfatório de eventos e reivindicasse a descoberta... então você continuava sem sorte. Como disse um estudante de pós-graduação, expressando seu desapontamento ao não obter resultado nulo: "Nós teríamos dominado totalmente!"[20]

"Na verdade, nós estamos no jogo para ver algo", teve de relembrar Jodi Cooley. Coordenadora de análise de dados do experimento, Jodi havia se juntado à equipe como pós-doc de Stanford, cinco anos e meio antes, e já garantira sua primeira posição de docente, como professora assistente na Southern Methodist University, dois meses antes. Pelos padrões de um Bernard Sadoulet, ela era recém-chegada no jogo da matéria escura. Mas também era veterana o suficiente para não celebrar o fato de não terem detectado nada.

Ainda assim, ela sabia o que o estudante de pós-graduação queria dizer. De certa forma, Jodi Cooley dizia para si mesma (mas não para o estudante), um total de duas detecções era o "pior cenário possível".

O grupo passou as semanas seguintes analisando os resultados através de verificações de qualidade. Elas tinham acontecido bem no interior do experimento, onde alguma radiação extraviada teria mais dificuldade de chegar? Sim. A detecção ocorrera durante uma hora em que os instrumentos estavam se comportando normalmente? Sim. A detecção havia ocorrido ao mesmo tempo que outra detecção (uma dupla detecção de Wimp desafiaria a credibilidade...)? Não. As duas detecções haviam acontecido no mesmo detector? Não. No final, a equipe sujeitou os resultados a mais de cinquenta testes, e as duas detecções passaram em todos.

A qualidade dos resultados era boa. A quantidade é que era problemática. A equipe simplesmente não possuía eventos suficientes para mostrar a ninguém o que tinha visto.

Ainda assim, eles haviam visto *algo*. Esse fato, por si só, tornava o resultado mais digno de ser relatado à comunidade científica do que alguma coisa nula. O grupo teria publicado um artigo com os resultados independentemente do que acontecesse, mas esse algo – esses dois algos – merecia uma interação mais direta com a comunidade. A equipe agendou apresentações simultâneas no Fermilab e em Stanford, no mês seguinte, bem como sessões menores em outras instituições. O assunto matéria escura era intrigante o suficiente para que as palestras atraíssem alguma atenção.

Mas eles não faziam a menor ideia.

Em poucos dias, rumores sobre os resultados haviam dominado a fatia da blogosfera dedicada à física de partículas. "Matéria escura descoberta?",[21] "Será que a matéria escura foi finalmente descoberta na Terra?",[22] "Boatos dizem que a primeira partícula da matéria escura foi descoberta",[23] "¿Se ha descubierto la materia oscura en el CDMS?"[24] – eram alguns dos títulos dos posts.

A equipe compreendeu que, ao agendar todas as sessões para o mesmo dia, involuntariamente criara a impressão de que estava para acontecer um daqueles momentos "antes e depois" da ciência. Não estava. Na melhor das hipóteses, haveria um momento "meio que antes e meio que depois, mas nós realmente não saberemos até que outro experimento reforce nossos resultados; e mesmo assim o anúncio de hoje talvez seja visto em retrospecto como, no máximo, uma boa pista das detecções que ainda irão acontecer". Eles então adiantaram em um dia os anúncios no Fermilab e em Stanford, separando-os das sessões comuns, na esperança de com isso diminuir as expectativas.

Tarde demais. "Se eles anunciarem um resultado nulo", escreveu um blogueiro, "os palestrantes da quinta-feira serão destroçados pela multidão enfurecida, e seus ossos serão jogados aos estudantes da graduação."[25] A isso um anônimo adicionou na seção de comentários do mesmo website: "Independentemente dos boatos,* eu sei de fonte segura, de um físico muito famoso do CDMS, que eles vão de fato anunciar a matéria escura amanhã."

* !

A revista *Discover* fez uma transmissão ao vivo via blog da apresentação de Cooley, e antes do seu início já anunciava: "Pessoalmente, eu ouvi boatos de que eles têm zero, um, três ou quatro eventos de sinal."[26]

Bem, não, não, não e não.

"O NÚMERO É DOIS!!!!"

Ou, como Jodi Cooley cuidadosamente explicou: "Os resultados dessa experiência não podem ser interpretados como evidência significativa de interações de Wimps, mas não podemos rejeitar nenhum dos dois eventos como um sinal."[27] Eles não tinham uma detecção. E também não tinham algo nulo. Essa era uma conclusão do tipo "nem um nem outro", ensinando à porção do mundo que se importa com essas coisas uma lição que Jodi Cooley, Bernard Sadoulet e certo estudante de pós-graduação já haviam aprendido da maneira mais difícil.

Se você deixar, a matéria escura irá partir seu coração.

"ESTOU APAIXONADO pelo áxion!"[28]

Les Rosenberg não se importava com quem soubesse daquilo. Quando a vontade batia, ele não tinha medo de declarar seus sentimentos ao mundo. Karl van Bibber – em boa forma, nunca pegava o elevador quando havia escadas disponíveis e parecia Leonard Nimoy* quanto aos aspectos positivos – era um pouco mais discreto; a palavra que ele repetiu diversas vezes sobre seu relacionamento com o áxion era "vidrado". Como o Red Sox – e não como a Wimp –, o áxion parecia inspirar certo tipo de devoção cega e desenvolver um sentido de identidade entre os oprimidos.

O natural casamento matemático entre o neutralino e a matéria escura – a quantidade de neutralinos que havia sobrevivido às condições primordiais multiplicada pela massa prevista do neutralino era igual às melhores estimativas da densidade atual da matéria escura – sempre o tornara o candidato favorito entre os físicos. Quanto mais tempo permanecia sem ser

* Ator americano que interpretava o doutor Spock na série de TV – e nos filmes dela resultantes – *Jornada nas estrelas*. (N.T.)

detectado, contudo, mais a comunidade se sentia propensa a considerar as alternativas. O áxion podia não ser um pretendente tão óbvio, mas, ainda assim, era um pretendente.

Como as Wimps, o áxion era uma partícula hipotética surgida de um ajuste do modelo-padrão. Em 1964, os físicos descobriram a violação de certa simetria na natureza – em resumo, que as leis da física seriam derrubadas se uma partícula e sua antipartícula trocassem de lugar. Em 1975, os físicos Frank Wilczek e Steven Weinberg descobriram, de modo independente, que uma partícula com determinadas propriedades poderia resolver o problema. "Eu chamei essa partícula de áxion, em homenagem ao detergente de roupas", explicou Wilczek certa vez, "porque o som era bonito e parecia nome de partícula, e porque essa partícula em especial resolvia um problema que envolvia correntes axiais."[29]*

Porém, ao contrário das Wimps, o áxion não era uma partícula maciça. O neutralino tinha de cinquenta a quinhentas vezes a massa de um próton; o áxion teria 1 trilionésimo da massa de um elétron, que por sua vez tinha 1/1.836 da massa de um próton. Se os áxions existiam, eles seriam 1 trilhão de vezes mais leves que um elétron, tornando sua chance de interagir – ou se ligar – com a matéria bariônica "infinitesimalmente pequena", como disse Van Bibber.[30] Mas em 1983 o físico Pierre Sikivie descobriu que, enquanto o áxion, ao contrário do neutralino, não podia se ligar à matéria, ele *podia* interagir com o magnetismo. Sob a influência de um campo magnético forte o suficiente, um áxion podia se desintegrar num fóton – e *isso* era perceptível para um detector.

Em 1989 Van Bibber participou de um encontro no Laboratório Nacional de Brookhaven, em Long Island, onde Adrian Melissinos, da Universidade de Rochester, perguntou a uma dezena de físicos se eles gostariam de participar da construção desse tipo de detector.[31] Ele girou ao redor da mesa: "Você está dentro ou fora?" Van Bibber estava dentro. Quando Melissinos acabou sua lista de cientistas, Van Bibber ressaltou que o próprio Melissinos não havia respondido à pergunta. Ele estava dentro ou fora?

---

* Correntes que se movem ao redor do eixo vertical.

"Ah, é trabalho demais", disse Melissinos, "isso é tarefa para gente jovem."

Dessa forma Van Bibber se viu coordenando um experimento que poderia durar mais que sua carreira profissional. O ADMX era uma cavidade ressonante altamente magnetizada. Se os áxions entrassem nela, iriam interagir com o magnetismo e se desintegrar em fótons. Se eles se desintegrassem em fótons, não seriam mais capazes de passar de volta pelo revestimento da cavidade. Em vez disso, ficariam do lado de dentro, quicando nas paredes e emitindo um leve sinal de micro-ondas. O sinal era o que o ADMX devia detectar. Em outras palavras, o ADMX era um receptor de rádio.

Até 1997, Van Bibber e Rosenberg tinham um protótipo pronto e funcionando. No ano seguinte publicaram um artigo que colocou a comunidade de prontidão: era possível realizar o experimento de áxions com o ímã forte e a cavidade ressonante de Sikivie. Sua impressão foi de que o sucesso do protótipo em 1998 havia surpreendido a comunidade; para falar a verdade, ele a aturdiu. Aquele instrumento – um cilindro de cobre da altura da cintura humana média – ainda estava num canto do barracão. Certa vez o Departamento de Relações Públicas de Livermore entrou em contato com Van Bibber sobre a possibilidade de exibir o cilindro no centro de visitantes, e pediram-lhe uma foto. Ele enviou. Nunca mais teve resposta.

Ainda assim, aquilo era uma coisa bela para ele. Quando criança, Van Bibber queria ser cartunista como o pai, Max, que desenhava uma tira de quadrinhos chamada *Winnie Winkle*. Os desenhos de Karl, contudo, eram perturbadores, e seus pais acharam que ele talvez tivesse problemas emocionais, até que descobriram que Karl era daltônico. Ainda assim, o pai influenciou sua escolha profissional. Um dia ele trouxera de Manhattan um livro de ciências, e Karl, então adolescente, fez uma experiência após a outra, até esgotar o livro. Ele estava, digamos, "vidrado".

Para Van Bibber, o ADMX era uma versão de física de baixa energia de um desses experimentos. Em geral, representava a colaboração de dez a quinze pessoas amigas, incluindo meia dúzia de garotos que pegavam no pesado, literalmente. Em física de colisões, milhares de estudantes podiam passar toda a carreira universitária escrevendo softwares para um experimento em que eles nunca chegariam a tocar. Van Bibber os chamava de "buchas de canhão". Mas aqui no barracão os garotos podiam passar o verão de short e camiseta, reclamando do calor. (Certa vez, só por diversão, o grupo foi movendo gradativamente um termômetro escada acima, e a cada degrau a temperatura subia um pouco, até atingir a máxima de 47,7°C). E enquanto trabalhavam podiam descobrir, como Van Bibber, se, apesar de tudo, achavam estimulante fabricar um detector capaz de encontrar um sinal equivalente à radiação cósmica de fundo... mais um fóton.

O ADMX de certa forma era um trabalho feito com amor. Van Bibber amava o fato de o áxion ser uma escolha altamente arriscada para sua carreira. Ele amava o fato de Rosenberg ter o mesmo tipo de espírito que o levara a assumir o mesmo risco. (De sua parte, Rosenberg chamava Van Bibber de Mick Jagger dos áxions: o líder da banda, o vendedor da marca. Em 2006, os dois conseguiram uma capa na revista *Rolling Stone* – ou pelo menos escreveram um artigo sobre a ADMX na *Physics Today*.) Van Bibber amava o fato de sua equipe ser praticamente a única no mundo a procurar o áxion. Ele amava o fato de o custo anual do experimento representar talvez 1% ou 2% dos quase US$ 100 milhões gastos em duas ou três dezenas de experimentos com as Wimps em atividade no globo, num dado momento.

Mais que tudo, porém, Van Bibber amava o fato de o sinal do áxion ser tão incrivelmente fraco. Isso significava que ele estava realizando um feito em aparência paradoxal: "mecânica quântica macroscópica." Ele amava o fato de que, se o áxion estivesse lá, o experimento iria detectá-lo. Não se saberia de antemão a frequência, e isso significava que a busca do espectro de micro-ondas seria tediosamente metódica. Mas quando a Fase II tivesse acabado – a Fase I terminara em 2004 –, eles *saberiam*: o áxion existe ou o áxion não existe.

Como reconhecia Van Bibber, isso certamente era algo que os caçadores de Wimps só poderiam invejar – um deles era seu amigo, da Universidade de Chicago. Juan Collar era parte da geração que havia se juntado à busca de neutralinos nos anos 1990.[32] Desde aquela época ele havia abandonado o protótipo do CDMS. A sigla de seu experimento, Coupp (de Chicago Observatory for Underground Particle Physics), Observatório de Chicago para Física de Partículas no Subsolo, que ficava a 300 metros de profundidade, num túnel no Fermilab, era significativa: os "p" são mudos, como na palavra inglesa "golpe", *coup*. Brandindo os punhos contra um inimigo imaginário, Collar dizia: "A sigla tem a conotação de um terrível golpe para o sistema" – o sistema era a abordagem criogênica como um todo.

O Coupp era menos um avanço tecnológico que o retorno a uma era anterior da física: uma câmara de bolhas. A câmara era preenchida com um líquido pesado superaquecido e equipada com uma câmera; ao contrário de outros experimentos de matéria escura, a equipe do Coupp teria a vantagem de chegar a um resultado visual de verdade: uma bolha. E eles obtiveram bolhas, novamente múons. Uma coisa que preocupava Collar era se sua geração – os físicos de partículas que tinham começado com tanto otimismo nos anos 1990, seguros de que seriam os responsáveis por detectar as Wimps e vencer a corrida pela descoberta da matéria escura – estaria por ali tempo o bastante para ver o tipo certo de bolha, para ouvir o tipo certo de ping. Ele tinha suas dúvidas. Às vezes, em conferências, Collar e seus colegas de "já não mais do lado pródigo dos quarenta anos" se reuniriam no bar e "uivariam para a Lua". E algumas vezes ele se refugiaria num laboratório subterrâneo em Chicago para brincar com um detector que não tinha nada a ver com as Wimps, nem que fosse porque, quando ele o colocava junto a um reator, realmente era possível ver um sinal.

Quando Collar falava sobre sua geração de pesquisadores, ele dizia: "Fica meio chato procurar uma partícula que pode estar lá e sempre obter resultado negativo." O resultado negativo de um experimento, apesar de tudo, não significava que o neutralino não existia. Poderia significar somente que os teóricos não haviam pensado arduamente, ou que os observadores não haviam olhado fundo o suficiente. Collar mantinha um gráfico colado à parede, mostrando a faixa onde ele e outros pesquisadores tinham esperança de que o neutralino estivesse, e algumas vezes se pegava olhando abaixo da folha de papel, para a parede vazia. "Se o neutralino estiver lá embaixo", pensava ele, "nós deveríamos recuar e adorar a Mãe

Natureza. Essas partículas podem existir, mas não iremos vê-las, nossos filhos não irão vê-las e os filhos de nossos filhos não irão vê-las." Nesses momentos, ele pensava em seu amigo lá no deserto da Califórnia e dizia para si mesmo: "Diabos, Karl sabe que vai terminar seu trabalho."

Mas Van Bibber, uma geração mais velho que Collar, já tinha experimentado um tipo diferente de frustração: durante anos ele e seus colegas caçadores de matéria escura haviam pensado que eram os donos do Universo; se ao menos pudessem encontrá-lo. Depois de 1998, eles se deram conta de que talvez fossem donos de ¼ do Universo. Nada mau, mas Van Bibber achava isso "um tipo de rebaixamento grosseiro".[33]

Ainda assim, ele permanecia firme, como alguém ainda apaixonado depois de muitos anos de casamento. Quando chegou à metade dos cinquenta anos e pensou sobre a possibilidade de o ADMX ainda demorar uns dez anos, e que no final poderia não dar em nada, e que talvez fosse o experimento que pusesse fim à sua carreira – que ele passaria a última metade de sua trajetória profissional procurando o áxion, de uma forma ou de outra –, ainda assim achou que valia a pena. Esperava, claro, que seu experimento fosse responsável pela detecção da matéria escura. Mas, algumas vezes, quando ele e seu amigo e colega de longa data Les Rosenberg conversavam, tinham de admitir que, depois que o Red Sox ganhara o campeonato mundial, o beisebol nunca mais fora o mesmo.

11. A Coisa

Eles sabiam para onde estavam indo. Ou pelo menos sabiam para onde achavam que estavam indo, e sentiam-se bem seguros de que pelo menos seguiam na direção geral certa. De vez em quando o vento baixava um pouco, e o véu de neve se abria o suficiente para que vislumbrassem a distância a silhueta do Setor Escuro. Mas então o vento aumentava de novo, a branquidão os engolia e a equipe de verão do Telescópio do Polo Sul (ou SPT, em inglês) baixava a cabeça, todos se enfurnavam dentro dos capuzes forrados de pelo, confiando em que logo estariam subindo as escadas de metal para o laboratório, prosseguindo na busca de pistas sobre a energia escura, missão que havia levado a ciência até os confins da Terra, literalmente.

Bem-vindos ao ambiente mais hospitaleiro do planeta. Era assim que gostava de falar William L. Holzapfel, astrofísico da Universidade da Califórnia em Berkeley e veterano de diversas temporadas no Polo Sul, e não só porque a tempestade de neve era uma exceção e o clima tinha estado excepcionalmente brando.[1] Em outros dias daquela semana – a semana entre o Natal e o Ano-novo, começo do verão no hemisfério sul e no meio do período em que o Sol está sempre no céu do Polo Sul –, as temperaturas mal haviam chegado abaixo de 0°F, ou –17,7°C (um dia chegou a 0°F, marcando o recorde de temperatura máxima para a data), e o vento estava calmo na maior parte do tempo. Holzapfel fazia rotineiramente a caminhada da estação Amundsen-Scott (à distância do percurso de uma bola de neve jogada do Polo propriamente dito, o qual estava marcado, sim, com um poste de metal) até o telescópio vestindo jeans e tênis de corrida. Uma tarde, o sistema de aquecimento do laboratório apresentou problemas, e a equipe teve de abrir as portas para se refrescar. Para aquelas, entre as cerca de 250 pessoas que trabalhavam no Polo, que haviam se lembrado de levar roupas de banho – incluindo Holzapfel –, a tradicional sauna ao ar livre de véspera de Ano-novo era convidativa, como sempre.

Ainda assim, da perspectiva de um astrônomo, o Polo Sul só seria realmente "benigno" quando o Sol se pusesse e ficasse abaixo do horizonte – de março a setembro, outono e inverno austral, quando as temperaturas caíam para −70°C.

Durante seis meses, os telescópios do Polo não tinham feito nada além de engolir o céu e mandar aquilo para o norte, isso tudo operando sob condições impecáveis para a astronomia. A atmosfera é rarefeita. O Polo fica a mais de 2.800 metros de altitude (dos quais os primeiros 2.700, de cima para baixo, são de gelo). A atmosfera ali também é extremamente estável, graças à ausência dos efeitos de aquecimento e resfriamento do sol nascente e poente. E a área não sofre tempestades de neve durante os meses escuros; o Polo tem a menor velocidade máxima de vento – 88 quilômetros por hora – entre todas as outras estações meteorológicas no mundo.* Contudo, o mais importante para o tipo de astronomia praticada no Polo é que o clima é extremamente seco.

Tecnicamente, o Polo tem um clima de deserto. Nevascas são raras (a neve que existe lá é resultado de milhões de anos de acumulação de neve vinda da periferia e do continente). Mãos ressecadas no Polo podem levar semanas para sarar, e o suor não é um problema. O nível de umidade é tão baixo que, se fosse possível pegar todo o vapor d'água na atmosfera em qualquer um dos meses mais frios e comprimi-lo, o resultado seria uma camada de menos de 1 centésimo de milímetro de espessura. Para os astrônomos que trabalham com micro-ondas ou comprimentos de onda submilimétricos – pesquisadores da radiação cósmica de fundo, como Holzapfel –, quanto menos vapor, melhor. Mesmo pequenas quantidades

* Em contraste, o monte Washington, em New Hampshire, 900 metros menos elevado que o Polo Sul, há muito tempo detinha o recorde de vento mais forte detectado na superfície da Terra, com uma velocidade de 370 quilômetros por hora.

de umidade atmosférica podem absorver sinais de comprimento submilimétrico, significando que aqueles fótons da CMB não iriam nem chegar ao telescópio. O mesmo vapor também pode transmitir seu próprio sinal de comprimento submilimétrico, e portanto os observadores acabariam confundindo umidade com história.

Para Holzapfel, o SPT era somente mais um na série de detectores de CMB no Polo.[2] Quando era um jovem estudante de pós-graduação em Berkeley, no final dos anos 1980 e início dos 1990, ele via as simulações computacionais-padrão da CMB e pensava: "Bom, é uma bela história." As simulações mostravam a temperatura que deveria vigorar se a teoria do big bang estivesse correta. Elas mostravam as flutuações de radiação que deviam estar lá e se a taxa de inflação estava correta. Para Holzapfel, essas simulações eram alvos a alcançar – dados ideais que, no futuro, quando os instrumentos fossem sensíveis o bastante, talvez fosse possível detectar.

Então veio o Cobe.

"Incrível", pensou Holzapfel. Esqueça as aproximações. A correspondência com as simulações era praticamente exata, ou pelo menos dentro das (bem) pequenas margens de erro. Não só a CMB tinha uma história, como era uma história que o próprio Holzapfel acabou ajudando a contar. Numa série de buscas de CMB no Polo, a concordância entre dados de simuladores e dados reais tinha ficado tão ajustada que os cientistas não podiam modificar o valor de uma variável sem destruir o Universo. Ajuste a densidade da matéria escura numa simulação de CMB, mesmo que de leve, e ela não corresponde mais aos dados. Deixe a matéria escura quieta e mexa nos dados de energia, e de novo as simulações se afastam dos dados. Faça o mesmo com a densidade dos bárions, ou com a taxa de expansão do Universo, e o mesmo ocorre.

De certa forma, o Telescópio do Polo Sul não passava de mais um estudo sobre CMB. Como as dezenas de outros experimentos surgidos nos últimos anos do século XX, o SPT estudaria como o Universo havia evoluído ao longo do tempo – a evolução de sua estrutura a partir dessas sementes na CMB que observamos hoje. Dessa vez, contudo, a história que Holzapfel gostaria de contar não era só de como o Universo havia sido lá atrás e acabou do jeito que é. Na verdade, a parte da história do Universo que Holzapfel estaria ajudando a reescrever era seu fim.

O destino do Universo? De novo? O Projeto de Cosmologia por Supernovas e a equipe High-z já não tinham resolvido essa questão em 1998?

Não exatamente. O Universo, aparentemente, não era tão simples quanto eles pensavam.

Mesmo enquanto o artigo sobre a aceleração da equipe do Projeto de Cosmologia por Supernovas, "Measurements of Ω and Λ from 42 High-Redshift Supernovae"[3] – enviado ao *Astrophysical Journal* em setembro de 1998 e publicado em junho do ano seguinte –, estava passando por revisões internas e análise dos pares, Saul Perlmutter imaginava o passo seguinte no jogo das supernovas. Como ele poderia obter o maior número de supernovas com o maior desvio para o vermelho possível? A resposta óbvia era um telescópio espacial. O campo de visão do Hubble era pequeno demais para o tipo de caçada de que um projeto como aquele iria necessitar. E conseguir tempo no HST era sempre complicado. Melhor dispor de um telescópio espacial próprio. Então, bem de acordo com a tradição do LBL, Perlmutter, seus colegas e o Departamento de Energia concordaram que eles deviam construir um telescópio.

Nos anos seguintes, eles fizeram projetos e, num hangar gigantesco, nas colinas de Berkeley, construíram modelos de papelão. Enquanto a tecnologia evoluía, eles refaziam alguns designs e melhoravam os modelos. Publicaram folhetos reluzentes e produziram comunicados otimistas à imprensa. Duas vezes julgaram estar só a um telefonema da aprovação final. Mas se a Sonda de Aceleração de Supernovas (Snap, na sigla em inglês para Supernova Acceleration Probe) ia afinal sair do papel, ela teria de contar com a ajuda da Nasa, e a Nasa não tinha o hábito de concordar com uma missão espacial de US$ 600 milhões confiando só na palavra de alguns cientistas que seriam os principais beneficiados com o lançamento.

Em 2004, a Nasa reuniu uma Equipe de Definição Científica para determinar a viabilidade do projeto. Um representante do Departamento de

Energia e outro da Nasa iriam dividir a presidência. Como seu representante, a Nasa chamou Charles L. Bennett, veterano do Cobe e cientista-chefe da Sonda Wilkinson de Anisotropia de Micro-ondas (Wilkinson Microwave Anisotropy Probe, WMAP), satélite sucessor do Cobe, batizado em homenagem a um antigo pupilo de Dicke, David Wilkinson, que havia morrido em 2002.

"Mas eu não sei nada sobre energia escura!", protestou Bennett.[4]

Perfeito, disseram-lhe. Como iria se encontrar com especialistas em energia escura e era completamente ignorante, faria perguntas fundamentais.

No primeiro encontro, Bennett perguntou: "Esta será a última missão de energia escura? Quando vocês voarem nessa missão, irão aprender tudo que precisam ou que podem aprender? Ou essa é só a primeira viagem, e depois vocês vão precisar fazer outra?" A resposta foi apenas o silêncio – fosse porque, para alguém que conhecesse um pouco sobre matéria escura, a resposta óbvia era que não se aprenderia tudo sobre ela em uma só missão, fosse porque, como suspeitava Bennett, nenhum membro da equipe do Snap havia se formulado a pergunta. E isso o deixou nervoso.

No final, ele aconselhou a Nasa a abrir uma "concorrência séria". Abri-la para a comunidade. Ver que outras propostas havia. "O espaço", disse ele, "não é o melhor lugar para ficar apostando."

Em 2005, Bennett trocou a Nasa pela Universidade Johns Hopkins. Lá ele se viu na sala ao lado da de Adam Riess. Bennett disse a Riess que ele achava que Perlmutter parecia ter se "concentrado muito cedo" nas supernovas. A escolha do método fazia sentido em 1999, mas, como ele observara quando ocupara a função de copresidente da Equipe de Definição Científica, outros métodos haviam surgido desde então. "Vamos apagar o quadro-negro e recomeçar", disse a Riess. Eles convidaram outros colaboradores e se autointitularam Adept (Advanced Dark Energy Physics Telescope) – sigla sugestiva da imagem de "pronta para correr riscos" que a astronomia fazia de si mesma, e título que não revelava o tipo de telescópio envolvido, porque os próprios colaboradores ainda não sabiam.

Mas a competição era também indicativa de como a astronomia de energia escura estava mudando. Ela havia entrado numa nova era. Carlton Pennypacker comparara o início da busca de supernovas distantes com *O tesouro de Sierra Madre*, e embora ele não tivesse sobrevivido até o final do filme, seu pó dourado realmente iniciara uma corrida do ouro. Perlmutter e Riess ainda estavam no jogo, trabalhando na mina, mas tinham muitos competidores – cada vez mais garimpeiros chegavam com equipamentos melhores.

No outono de 1999, o Conselho Nacional de Pesquisa havia iniciado um estudo sobre o que a ciência poderia atingir "na interseção entre a astronomia e a física" – tema que fazia justiça à visão de David Schramm um quarto de século antes. Mike Turner presidiu o comitê e dedicou o resultado dos estudos a Schramm: "Conectando quarks ao cosmo: onze questões da ciência para o novo século." A primeira pergunta era "O que é a matéria escura?" Mas a segunda pergunta era: "Qual é a natureza da energia escura?"[5]

Sua *natureza*. Não o que é, mas com que se parece; o que ela faz; como se comporta. Como os astrônomos da matéria escura, os astrônomos da energia escura tinham de se confrontar com uma questão paradoxal: como ver algo que não pode ser visto? E, tal como os astrônomos da matéria escura, eles deviam expandir sua compreensão da palavra "ver" até ela englobar o conceito de "entrar em contato". Mas, ao fazê-lo, eles não podiam se contentar com a possibilidade de um dia captar um neutralino e ouvir um ping, ou converter um áxion num fóton. A energia escura não seria uma partícula. O objetivo não era detectá-la, mas *defini-la*.

Em particular, os astrônomos queriam saber se ela era mesmo uma constante cosmológica – imutável ao longo do tempo e do espaço – ou a quintessência – algo que mudava no tempo e no espaço. Se não mudasse, então, à medida que o Universo se expandisse e a densidade da matéria diminuísse, sua influência só iria crescer, levando a uma aceleração cada vez maior – e o Universo iria involuir para um cenário de big chill (grande resfriamento). Se ela mudasse com o tempo e o espaço, então se tornaria algum tipo de campo dinâmico previamente desconhecido pela física para, até onde sabemos, acelerar ou desacelerar a expansão cósmica no futuro. "Num Universo com energia escura", escreveu Michael Turner em 2001, "a conexão entre geometria e destino é desfeita."[6] "Qual a natureza da energia escura?" pode ter ficado em segundo plano em relação a "O que é a matéria escura?" na lista de perguntas científicas do "Conectando quarks ao cosmo" – talvez ficasse em primeiro, se o assunto não fosse tão novo quando o comitê finalizou a lista de questões, em janeiro de 2002 –, mas, dizia o relatório, "provavelmente ela era a mais embaraçosa".[7]

O embaraço levou a Nasa, a Fundação Nacional de Ciências e o Departamento de Energia a organizar uma força-tarefa. Dessa vez seria o velho parceiro de pizza de Turner, Rocky Kolb, quem presidiria o comitê. A Força-Tarefa de Energia Escura, que publicou os resultados de suas deliberações em 2006, recomendou quatro métodos para investigar a natureza da energia escura.

Um era nosso velho conhecido, supernovas tipo Ia. Nos trinta anos desde que Stirling Colgate projetara sua malsucedida busca com câmeras remotas no deserto do Novo México, e que Luis Alvarez desafiara Rich Muller a triunfar onde Colgate falhara, os astrônomos haviam descido do topo das montanhas. As duas equipes de supernovas dos anos 1990 haviam feito a maior parte de seu trabalho na sala de controle dos telescópios – por exemplo, em Mauna Kea, vulcão inativo na Grande Ilha do Havaí, onde os astrônomos se sentavam ao computador, a cabeça confusa com a altitude de 4 mil metros. No final dos anos 1990, os astrônomos que utilizavam os mesmos telescópios estavam sentados em salas de controle no nível do mar, num prédio de escritórios no distrito comercial de Waimea. Alguns anos depois eles haviam migrado para seus próprios escritórios, de volta para Baltimore, Berkeley, Cambridge, La Serena ou Paris. Na primavera de 2007, o principal pesquisador da Fábrica de Supernovas Próximas (Nearby Supernova Factory) do Laboratório de Berkeley quebrou os dois tornozelos num acidente doméstico e não perdeu uma noite de observação. Ele simplesmente se instalou numa confortável cadeira de couro em sua sala de estar, abriu o laptop e monitorou o telescópio de 2,2 metros da Universidade do Havaí, em Mauna Kea. Fazendo cafuné no cachorro com uma das mãos e teclando com a outra, ele passou as noites estudando listas de supernovas para a posterior análise espectroscópica, enquanto perguntava a si mesmo: "Quais dessas figuras devo manter e quais devo jogar fora?"

Tantas supernovas, tão pouco tempo.

Quem não trabalhava no laptop num aeroporto? Quem não estava conectado à rede "sem fio"? Quem não enviava e-mails para a pessoa a seu lado na cama? Contudo, para quem tinha crescido na época em que a detecção de uma supernova distante era uma emoção sem paralelo, ter doze ou dezessete supernovas no laptop não era algo que se desprezasse.

Nem ter doze ou dezessete supernovas em qualquer lugar, fosse no laptop ou não. Observando três noites por semana, nove meses por ano, a Fábrica de Supernovas Próximas fora projetada para encontrar entre 150 e duzentas supernovas por ano, das quais cinquenta ou sessenta seriam do tipo Ia. E não era a única fábrica em funcionamento. A Pesquisa do Legado das Supernovas (Supernova Legacy Survey), equipe que utilizava o Telescópio Canadá-França-Havaí, em Mauna Kea, havia descoberto quinhentas supernovas tipo Ia durante a década. O censo de supernovas Sloan Digital Sky Survey-II havia descoberto mais quinhentas. O Grupo de Supernovas do Centro de Astrofísica, 185. O Censo de Supernovas do Observatório Lick, mais ou menos oitocentas. O Projeto de Supernovas do Carnegie Institution, perto de cem.

Para alguns propósitos, a quantidade era importante. A premissa da Fábrica de Supernovas Próximas, por exemplo, era de que os astrônomos nunca iriam saber o brilho intrínseco de uma supernova. Para realizar as buscas nos anos 1990, eles haviam inventado métodos para normalizar as supernovas. Mas, para refinar ainda mais suas medições, eles precisariam de uma grande quantidade de supernovas próximas de todos os tipos e variedades, a fim de obter uma base de comparação para qualquer tipo de supernova distante que a natureza lhes apresentasse.

Como, por exemplo, a supernova que Adam Riess estava perseguindo com sua equipe, que agora se chamava Higher-z. Sua apresentação cinematográfica da SN 1997ff no encontro de 2001, O Universo Escuro, ofereceu evidência persuasiva de que, em algum ponto, o Universo tinha "dado uma meia trava" – que a expansão havia passado de decrescente a crescente, e, em lugar de diminuir a velocidade, por causa da atração gravitacional da massa, acelerava-a, sob a força antigravitacional da energia escura.[8] Riess solicitou mais tempo do Hubble para estudar supernovas, e em 2003 sua equipe anunciou que sabia *quando* o Universo tinha dado a "meia trava" – mais ou menos cinco bilhões de anos atrás. Em 2004[9] e 2006,[10] seu grupo produziu evidências de que, mesmo enquanto a energia escura estava perdendo o cabo de guerra contra a matéria, recuando no tempo em algo da ordem de 9 bilhões de anos, a energia escura estava presente no Universo.

Outro método que a Força-Tarefa da Energia Escura recomendou foram as oscilações acústicas bariônicas, ou BAO, na sigla em inglês. Em 1970, Jim Peebles havia notado que, na criação da CMB, as perturbações cosmológicas teriam excitado ondas sonoras ("oscilações acústicas") que viajaram pelo gás primordial, criando picos a intervalos de 436 mil anos-luz.[11] Enquanto o Universo se expandia, o espaço entre esses picos também crescia; hoje a distância era de 476 milhões de anos-luz. E como as galáxias tendem a se formar nos picos dessas monstruosas ondas, os astrônomos poderiam medir a distribuição de galáxias em épocas diferentes, permitindo-lhes ver como a distância entre os picos havia mudado com o tempo – e portanto quão rápido o Universo havia se expandido ao longo do tempo.[12] Enquanto as supernovas tipo Ia se comportavam como velas-padrão, a distância entre os picos se comportava como uma régua. Mas 476 milhões de anos-luz era um bocado de céu, mesmo para a cosmologia. Os astrônomos precisavam de áreas enormes do Universo simplesmente para aplicar essa "régua" ao mapa – o que era tecnicamente impossível até 2005, quando o Sloan Digital Sky Survey mapeou a localização de 46.748 galáxias.

O terceiro era o lenteamento fraco, a distorção da luz de galáxias distantes através da influência gravitacional de aglomerados de galáxias em primeiro plano. Os astrônomos haviam utilizado esse método para "pesar" a matéria escura pela determinação das formas de galáxias a distâncias variadas, o que forneceu uma medida direta para a massa dos aglomerados. Depois de 1998, eles começaram a utilizar o lenteamento fraco para medir o número de aglomerados em relação à evolução do Universo. A taxa de aglomeração dependia de quão rápido o Universo estava se expandindo, e portanto media os efeitos da energia escura em épocas diferentes.

A abordagem final – a que Holzapfel estava usando no Telescópio do Polo Sul – também utilizava aglomerados de galáxias. Era um esforço para detectar o efeito Sunyaev-Zel'dovich (SZ), assim nomeado em homenagem a dois físicos soviéticos que previram sua existência nos anos 1960. Enquanto um próton da CMB faz sua jornada da bola de fogo primordial até nós, ele pode interagir com o gás quente de um aglomerado de galáxias, e esse encontro aumenta sua energia – para fora da banda em que o telescópio estivesse observando. Quando esse próton atinge o SPT, aterrissando num termômetro microscópico no coração de uma teia de aranha ultrafria (0,2K) de ouro, ele aparece como um buraco no CMB. A metodologia era quase um *koan* zen-budista: para ver o que não pode ser visto, torne o visível invisível.

"Muito estimulante!", disse Holzapfel uma tarde, ao entrar no laboratório do Setor Escuro que servia como quartel-general do Telescópio do Polo Sul. Sentada à mesa de controles estava uma estudante de pós-graduação de Berkeley. Ela tricotava. "Posso ver que a agitação aqui está chegando ao máximo", acrescentou Holzapfel.

Ela deu de ombros e disse que preferia girar controles de baquelite e enormes alavancas. Mas não era mais assim que os telescópios funcionavam. "Eu teclo *go* e espero vinte minutos para o programa rodar. Pelo menos dessa forma", e ela ergueu o tricô, "eu fico com a ciência e o suéter."[13]

Os Estados Unidos haviam estabelecido uma presença permanente no Polo em 1956, e o Programa Antártico-Americano da Fundação Nacional de Ciências havia aperfeiçoado seu dia a dia de forma, digamos, científica. Não que o Polo Sul não fosse mais o Polo Sul. O caso de Jerri Nielsen – a médica que, durante o inverno austral de 1998, havia diagnosticado seu próprio câncer de mama, extraído material para biópsia e administrado a quimioterapia – provavelmente não teria acontecido em nenhuma outra parte do mundo. E havia também Rodney Marks, astrofísico australiano que morrera de repente em 12 de maio de 2000; só depois de o sol nascer, vários meses mais tarde, seu corpo pôde ser transportado até a Nova Zelândia, para a autópsia, revelando que a causa da morte fora envenenamento por metanol, o que abria a possibilidade de que um de seus colegas de Polo tivesse cometido o crime perfeito.

Normalmente, porém, os trabalhadores do Polo Sul se referiam à luta pela sobrevivência com ironia, como se eles também pudessem encontrar o tipo de dificuldade enfrentado pela equipe que lutou contra um alienígena no filme *A Coisa*. Não no original de 1952, que era passado no Polo Norte, mas no remake de 1982, de John Carpenter, que se passou dentro do icônico domo geodésico que servira como quartel-general de ciências no Polo Sul desde meados dos anos 1970. No início de 2008 uma nova estação foi oficialmente inaugurada, tomando o lugar do domo geodésico (que continua parcialmente visível acima da neve). Mas a nova estação parece mais um pequeno navio de cruzeiro que um posto avançado remoto. Ela pode alojar duzentas pessoas em acomodações individuais. Através das escotilhas que se enfileiram nos dois andares é possível vislumbrar um panorama tão horizontalmente hipnótico como aquele visto em alto-mar. A nova estação estava acomodada em cima de ascensores que, à medida que a neve se acumulava ao longo das décadas, permitiria a elevação até uma altura equivalente a dois andares. As amenidades incluíam academia de ginástica de última geração, cafeteria 24 horas, estufa, um laboratório de computadores, salas de TV com sofás macios o suficiente para hibernar e acesso à internet durante nove horas por dia, quando os satélites de comunicação estavam acima do horizonte. Como disse um mecânico, olhando pela janela da cafeteria para os foliões de Ano-novo posando em seus trajes de banho, no estilo saída de praia, pregada num poste cerimonial: "Ei, é um continente inóspito, você não sabia?"

Amenidades para as criaturas pressupõem a existência de criaturas, e você não põe criaturas num ambiente que não suporta, literalmente, nenhum tipo de criatura sem um bom motivo. A Fundação Nacional de Ciências achava que tinha um bom motivo: ciência que não podia ser praticada em nenhum outro lugar da Terra. A meio quilômetro do Telescópio do Polo Sul, a construção do Detector de Neutrinos Ice-Cube redefinia o conceito de telescópio ao apontar seus detectores não para os céus, mas para dentro da Terra. Ele iria cobrir 1 quilômetro quadrado e consistia em uma série de mais ou menos oitenta cabos decorados com sessenta sensores cada, e descia (com a ajuda de uma enorme broca de água quente para abrir a passagem) até cerca de 1,5 quilômetro abaixo da neve. Esses sensores seriam capazes de observar os tipos de partículas do espaço que conseguiam atravessar a atmosfera e passar pela superfície do outro lado do planeta, transpondo crosta, manto e núcleo sem interagir com nada – a menos, em alguns raros casos, que eles colidissem com um átomo no gelo puro abaixo da superfície polar. (Não era um experimento de matéria escura, mas algumas daquelas partículas poderiam ser evidências de duas partículas de matéria escura se autoaniquilando.)

Em 1991, a NSF deu início a uma parceria com a Universidade de Chicago e o Centro de Pesquisas Astrofísicas na Antártida (Cara, na sigla em inglês de Center for Astrophysical Research in Antarctica). O objetivo do Cara era estabelecer um observatório no Polo Sul que serviria como base permanente para astronomia milimétrica e submilimétrica – o Setor Escuro, um aglomerado de telescópios, a 1 quilômetro da estação, onde a luz e outras fontes de radiação eletromagnética seriam mantidas no nível mínimo. (Não muito longe dali ficava o Setor Quieto, para pesquisa sismológica, e o Setor de Ar Limpo, de projetos de clima.)

Holzapfel havia feito parte do Cara quase desde o início. Ele chegara da Universidade de Chicago como um pós-doc, em 1996, e apesar de ter retornado a Berkeley como professor em 1998, continuou a colaborar com o Cara, em particular com John Carlstrom, diretor do centro e decano da astronomia antártica. Crescido em Pittsburgh, filho de um contador e de uma professora, Holzapfel havia desenvolvido uma afinidade pela ciência que nem ele mesmo entendia. Em geral era ciência "da forma mais antissocial possível" – muitos acidentes explosivos com alta voltagem e choques elétricos. Mas também era uma ciência sossegada, individual, como na construção de um rádio de cristal, e com dificuldade para acreditar que ele ouvia conversas do outro lado do mundo.

Mais tarde, ainda integrando o Cara, ele teria oportunidade de ouvir o outro lado do Universo. "Muito inquieto", agitado ao extremo, com o tênis tamanho 48 pendurado na ponta do pé, de pernas cruzadas, sempre vibrando como quem ama a inquietação, Holzapfel ajudou a conceber os experimentos, a projetar e fazer funcionar os instrumentos e a interpretar os dados de uma série de telescópios do Centro. Começando no fim dos anos 1990, esses experimentos aprimoraram ainda mais as medições do Cobe, estação após estação, até o projeto que marcou o apogeu do Cara, o Interferômetro de Escala Angular de Um Grau, ou Dasi (de Degree Angular Scale Interferometer).

A princípio, o Dasi não era diferente (em termos gerais) dos outros. Ele procurava padrões na CMB – temperatura, flutuações – e as encontrava. Em abril de 2001, Carlstrom anunciou que o Dasi havia realmente detectado o padrão característico das ondas acústicas previstas pela inflação; assim como uma nota musical possibilita acordes, o grito fetal do Universo deveria ter três picos.

No ano seguinte, contudo, o Dasi mirou a polarização – a direção dos fótons à medida que se separavam da matéria. A temperatura e as flutuações nos diziam onde a matéria estava quando o Universo tinha 400 mil anos; a polarização nos dizia como ela se movia. Mais uma vez, a nova cosmologia encarava um teste. Como disse a equipe do Dasi no PowerPoint de uma de suas apresentações: "SE ELA NÃO ESTIVER LÁ NO NÍVEL PREVISTO, VOLTAREMOS À PRANCHETA." Mas ela estava lá, e no nível previsto. Nenhuma surpresa, mas mesmo assim um alívio.

E então veio a Sonda Wilkinson de Anisotropia em Micro-ondas. Em 2003, a WMAP publicou seu primeiro conjunto de dados: outra foto de bebê do Universo, uma revolta gentil de vermelhos quentes e azuis frios representando as variações de temperatura equivalentes em termos de matéria-energia do DNA do Universo. O casamento entre simulações e dados? Exato, só que ainda mais (se é que isso era possível).

O Telescópio do Polo Sul também procurava radiação de fundo. Mas sua missão não era apenas buscar mais do mesmo. Não era só documentar a radiação do big bang de forma cada vez mais detalhada, definindo margens de erro cada vez menores para que a próxima geração de detectores de CMB ultrapassasse. E não era também utilizar a CMB como um fim em si – um mapa passivo, aberto sobre uma mesa celestial.

Em vez disso, os astrônomos do SPT utilizavam a CMB como meio – uma ferramenta ativa, com a qual iriam investigar a evolução do Universo.

A construção do Telescópio do Polo Sul precisou do envio de 260 toneladas de material,[14] primeiro para Christchurch, na Nova Zelândia (o porto de entrada estabelecido no Tratado da Antártida), de lá para a Estação McMurdo, na periferia do continente, e então, na taxa de 4.500 quilos por LC-130, em 25 viagens até o Polo. E como muito da tecnologia no Polo era singular, não havia economia de escala.[15] Se você era estudante de pós-graduação e tivesse de apertar um parafuso durante a fase de construção, não podia simplesmente pegar uma ferramenta industrial pré-calibrada. Devia tirar as luvas e apertar com a mão, aprendendo o que significava 1/16 de volta.

Os astrônomos gostavam de dizer que, para ter melhores condições de observação, deviam ir ao espaço – e Holzapfel achava que pessoas que passavam o inverno no Polo eram como astronautas. A cada ano, dois estudantes de pós-graduação ou pós-docs "prestavam serviço" no Polo, no SPT. Duas vezes por dia, seis dias por semana, de fevereiro a novembro, os dois "invernistas" se cobriam de camadas térmicas de roupas, lã, flanela, luvas duplas, meias de tripla espessura, agasalhos acolchoados e parcas vermelhas acolchoadas, se mumificando até parecer o boneco da Michelin.[16] Então eles caminhavam na escuridão pelo mesmo platô de neve e gelo que a equipe de verão havia percorrido, em direção à antena de 10 metros do Telescópio do Polo Sul, exceto que, em vez de tentar discerni-lo através de uma tempestade de neve, eles o identificavam pela silhueta que tapava mais estrelas do céu que qualquer astrônomo de quintal já havia observado. O telescópio juntava dados e os enviava para desktops de pesquisadores distantes; os dois invernistas passavam os dias olhando os dados também, analisando-os, como se estivessem em casa. Mas quando o telescópio encontrava algum problema e soava um alarme nos laptops, eles tinham de descobrir qual era a questão, e depressa.

Eles deviam saber o que fazer se – como aconteceu uma vez durante os meses escuros – os instrumentos começassem a fazer barulhos como marretas batendo em aço: sair, escalar o prato e lubrificar um dos rolamentos.[17] Um dos ventiladores também podia quebrar, porque a atmosfera era tão árida que toda lubrificação evaporava. Então, o computador superaquecia, desligava sozinho, de repente o sistema caía e ninguém sabia por quê, e o telescópio perdia tempo de observação, com um custo de milhares de dólares por hora. E se os invernistas não conseguissem consertar o que estava quebrado, aquilo ia ficar quebrado; aviões não voam para o Polo de fevereiro a outubro (o óleo do motor vira gelatina).

O trabalho das equipes de verão, como a de Holzapfel, era preparar os instrumentos para que os "astronautas" – os invernistas – não encontrassem nenhuma surpresa durante sua "jornada espacial" de seis meses. No verão, a equipe levaria para dentro o detector do SPT a fim de fazer uma revisão completa – "dentro" era a sala de controle abaixo do telescópio.

Seria possível imaginar o SPT como uma *matryoshka*. A boneca de fora era um escudo que protegia a antena, para bloquear o máximo possível de luz refletida do solo. A próxima camada era a antena, um prato parabólico de 10 metros. Pairando sobre o prato, ligado a uma vara, ficava a "bota retrátil", um contêiner de metal longo e retangular; dentro dele ficava a cabine do receptor, a qual abrigava o receptor em si; este recebia os fótons da CMB através de uma janela que abria para um espelho secundário; o espelho refletia os fótons em direção a seis *wafers* em forma de fatia, como círculos de uma pizza, cada *wafer* contendo 160 bolômetros, cada bolômetro contendo um detector: a teia de aranha de ouro para pegar os fótons da CMB e, no centro da teia, um filme supercondutor de 30 micrômetros de diâmetro, mais ou menos da espessura de um fio de cabelo.

A estudante de pós-graduação largou seu tricô e digitou no teclado. Para chegar às bonecas mais externas, a equipe primeiro tinha de girar a antena até posicionar a vara retrátil sobre o teto do prédio do laboratório, então abaixar a bota até o receptor se encaixar num painel no topo da sala de controle. Dentro da sala, a equipe de verão abria o teto e, usando correntes e força bruta, extraía o receptor e guiava-o gentilmente até o chão. Depois de aguardar trinta horas para o criostato aquecer até a temperatura ambiente, eles apanhavam suas ferramentas. Naquele ponto, um veterano do Polo virou-se para outro e perguntou: "Você sabe quantos parafusos tem aí?"

"Não, centenas. Mas o mais triste é que eu já coloquei cada um aí três vezes."

Até aquele ponto, o telescópio vinha obtendo dados havia duas estações; logo antes de ir para o Sul, Holzapfel havia assinado um artigo relatando a descoberta providencial de três aglomerados de galáxias utilizando o método SZ.[18] Nesse método, a CMB fornecia um panorama para todo tipo de evolução em primeiro plano do Universo. A maneira como os fótons da CMB haviam alterado sua trajetória pelo Universo diria aos pesquisadores como o Universo tinha mudado. Os aglomerados que Holzapfel e sua equipe haviam descoberto ao identificar essa mudança – eles estavam tentando encontrar mil – seriam então estudados por outros telescópios para determinar seus desvios para o vermelho. Quando os astrônomos encaixassem as abundâncias (determinadas pelo efeito SZ) às distâncias (determinadas pelo desvio para o vermelho) desses aglomerados, esperavam ver a influência da energia escura no crescimento de estruturas de grande escala ao longo da história do Universo – o mesmo cabo de guerra entre energia escura e gravidade que outros métodos para definir a energia escura estavam tentando detectar. E esse passado era apenas o prólogo. O modo como os aglomerados de galáxias haviam crescido ao longo da história do Universo ajudaria os astrônomos a prever qual lado venceria o cabo de guerra no futuro.

Aglomerados de galáxias eram as maiores estruturas conectadas gravitacionalmente do Universo. Já que a gravidade juntava estruturas menores em maiores, e a gravidade estava perdendo o cabo de guerra contra a energia escura, era razoável pressupor que os aglomerados de galáxias seriam também as mais novas estruturas conectadas gravitacionalmente do Universo. E à medida que a energia escura cobrasse um preço cada vez maior, eles seriam as últimas estruturas desse tipo a se formar.

Holzapfel pensou nessas estruturas como os proverbiais canários das minas de carvão.* Se a densidade da matéria escura mudasse, a abundância de aglomerados seria a primeira coisa a refletir a alteração. O Telescópio do Polo Sul deveria ser capaz de registrar essas mudanças ao longo do tempo. Tantos bilhões de anos atrás, quantos aglomerados havia lá? Quantos existem agora? E deveria então comparar isso com suas previsões – as simulações de computador – até que ficassem iguais.

Holzapfel já tinha uma intuição de quando ficariam iguais. Era para onde convergiam todos os métodos para definir a energia escura – as supernovas, o BAO, o lenteamento fraco: para a constante cosmológica. Ele teria de aceitar os dados, seja lá quais fossem, mas não precisava gostar deles. Teria preferido outro final, aquele em que o Universo entra em colapso e quica de volta – um final que fala de renascimentos e nos lembra as estações do ano. Em vez disso, a história do Universo parecia caminhar para a conclusão que se via, metaforicamente, onde quer que se olhasse, no Polo Sul: frio e vazio eternos. Em 100 bilhões de anos, no futuro, nós estaremos só com um aglomerado, nosso grupo local, e sem nenhuma pista sobre o que mais está lá fora.

Como muitos astrônomos, Holzapfel achava esse resultado "deprimente". Não por alguma razão tipo "coitado de mim"; ele já se considerava "existencialmente desafiado". Sentia-se perfeitamente satisfeito em comparar a vida a um romance russo, no qual um futuro deprimente pode ser tão estimulante quanto "viveram felizes para sempre". Sua preocupação era mais profissional. Ele não gostava de uma história do Universo que acabasse com a morte de sua profissão – a cosmologia.

Mas também ninguém jamais havia dito que o Universo tinha de ser bonzinho.

---

* Os mineiros de carvão costumavam levar canários para dentro das minas porque, segundo diziam, enquanto os pássaros cantavam, tudo estava bem; quando se calavam, era sinal de que havia algum vazamento, e então a mina era evacuada. (N.T.)

12. Tem que cair

Eles precisavam de algo para escrever – e rápido. A discussão havia progredido até o ponto em que simples palavras já não bastavam. Eles precisavam de números, símbolos, da força propulsora de símbolos matemáticos voando sobre uma superfície. Toda uma mesa de teóricos levantou-se e juntou-se aos vários outros grupos de teóricos trabalhando no único quadro-negro da sala. Ainda assim, havia espaço para todos. O quadro-negro era "a parede toda", como eles gostavam de dizer no Instituto Perimeter de Física Teórica. Quadros-negros em escritórios eram a parede toda. Quadros-negros em corredores, nas reentrâncias dos corredores, quadros-negros nas áreas externas – todos eles a parede toda. O quadro-negro da lanchonete ia do chão ao teto, de parede a parede. Todos os teóricos davam as costas para as mesas, as janelas, para a vista do pôr do sol sobre as árvores do parque. Aqui e acolá, ao longo da parede, eles se curvavam para examinar de perto os hieróglifos que apareciam no quadro, gesticulando suas preocupações, verbalizando as correções. O novo grupo, contudo, não tinha giz. Não importava. Eles simplesmente se inclinaram perto do quadro e balançaram as mãos, os dedos descreviam arcos no ar. Eles não precisavam de giz. Para eles, as equações estavam lá.

Do outro lado da lanchonete, Brian Schmidt observava. "Eles estão realmente se dedicando", disse para ninguém em particular. Pegou o telefone celular e tirou uma foto.

Como coordenador da equipe High-z original, Schmidt era um dos astrônomos de energia escura cuja descoberta, nove anos antes, tinha colocado os astrônomos no caminho bizantino que levava a esse quadro-negro. Agora ele adentrara a toca dos teóricos. Quando o encontro de uma semana sobre energia escura começou, com uma conferência de quatro dias na Universidade McMaster, na cidade próxima de Hamilton, Ontário, diversos outros astrônomos estavam presentes.[1] Mas hoje o cenário havia mudado 70 quilômetros para noroeste, até o Instituto Perimeter, em Waterloo, Ontário, e o número de astrônomos diminuíra consideravelmente. "Sou o último astrônomo de pé", Schmidt disse para o organizador do evento no Perimeter, que respondeu: "Não, não é. E Rocky?" Schmidt riu. Rocky Kolb era tão astrônomo quanto Schmidt era teórico, e Schmidt havia feito questão, em sua palestra da véspera, de se identificar como "astrônomo de verdade, por dentro e por fora".[2] Em meados dos anos 1990, quando Schmidt delegara a responsabilidade sobre o conjunto de publicações que iriam apresentar os resultados do High-z, um teórico lhe dissera que ele precisaria incluir um artigo sobre algo chamado equação de estado. Schmidt deu de ombros e falou "Ok"; e convidou seu antigo colega de escritório em Harvard, Sean Carroll, para assessorá-lo no assunto. Até então, Schmidt nem sabia o que significava o termo "equação de estado"; agora parecia o assunto mais quente do momento, não só na conferência daquela semana – em maio de 2007 –, mas em todas as outras conferências sobre energia escura.

A cosmologia tinha um novo número. Assim como ômega quantificava a densidade da matéria, a equação de estado quantificava a densidade da energia – especificamente, a razão entre a pressão e a densidade da energia. Cosmólogos chamavam esse número de *w*.* Uma constante cosmológica significaria um *w* exatamente igual a –1; o lambda de Einstein propunha que um dado volume de espaço deveria conter uma quantidade inerente de energia por unidade de volume, e que essa energia transbordava pelo Universo e permanecia constante ao longo do tempo. Um *w* diferente de –1 era a quintessência. Ele faria algo... diferente.

Enquanto o décimo aniversário da descoberta se aproximava, o número de encontros sobre energia escura só crescia. Como residia na Austrália, Schmidt tinha de viajar meio mundo só para chegar a algum lugar;

* Ômega minúsculo. (N.T.)

num jantar, dois dias antes, ele havia brincado com seus colegas: "Minha velocidade média para este ano é de 70 a 80 quilômetros por hora." Mas o cenário quase não importava. Para os participantes, os encontros e a mensagem estavam se tornando sonolentamente similares: o mesmo coro cantando variações sobre o tema – um Mike Turner ou um Saul Perlmutter aqui, um Rocky Kolb ou um Adam Riess ali, todos buscavam respostas em vão: uma pobreza ambulante.

Ainda assim, se você devia participar de uma conferência, o Instituto Perimeter pelo menos tinha um bar com tampo de mármore onde, se você pedisse uma taça de vinho, o garçom lhe entregava a carta de vinhos. Schmidt – que nos treze anos desde que havia ajudado a criar a equipe High-z, em 1994, fora promovido de pós-doc pobretão a proprietário de vinícola – aprovava. O Instituto Perimeter começara sua vida em 2000, com o investimento de U$ 100 milhões de Mike Lazaridis, o fundador da Research in Motion, que criou o Blackberry. O princípio básico, como em vários outros institutos, era prover aos teóricos um local para pensar longe das distrações. A diferença do Perimeter era que a liberdade vinha acompanhada de luxo. O design interior do prédio se alternava entre janelas que se abriam do teto ao chão e o concreto aparente. Um átrio de quatro andares separava administradores e teóricos. Para o almoço, os teóricos podiam ir até o restaurante ou ficar em suas salas e pedir serviço de quarto.

A primeira parte da semana na Universidade McMaster consistira nas usuais apresentações ao estilo conferência: uma palestra depois da outra num auditório com mais ou menos cem participantes. A semana no Perimeter, contudo, seria só de workshops: palestras abertas a interrupções, discussões de grupos menores, do tipo "participa quando pode", e a chance de continuar o debate pelos corredores, em salinhas, no terraço, e sempre durante o lanche, o café e as refeições na lanchonete chamada Black Hole Café. Durante o jantar, na primeira noite no Perimeter, o astrônomo Schmidt e o teórico Christof Wetterich, da Universidade de Heidelberg, embarcaram num debate sobre a distinção que Kolb havia feito antes, de tarde, por ocasião da palestra final na McMaster.

Kolb iniciara com uma meditação sobre como os cientistas pensam a respeito dos modelos cosmológicos. Para os astrônomos da época de Copérnico (porém, não necessariamente para o próprio Copérnico), um modelo cosmológico era a representação de um mundo que fazia sentido do ponto de vista matemático, mas que não tinha necessariamente relação com a realidade. Se o Sol ou a Terra estavam no centro, isso não importava; o que importava era que objeto era matematicamente mais útil no centro do modelo cosmológico. Para os cientistas de hoje não é mais assim. Ao longo dos últimos quatro anos, os cientistas aprenderam que o acúmulo de evidências podia indicar qual modelo era mais correto – aquele com a Terra no centro ou aquele com o Sol no centro. Hoje os astrônomos encaram a criação de um modelo astronômico como a tentativa de captar a "própria realidade", como disse Kolb. "Nós realmente achamos que a matéria escura é uma realidade e que a energia escura é uma realidade." Se de alguma forma elas não existissem, tudo bem. Mas "isso é realmente o que precisamos testar".

Sentado no Black Hole Café, Schmidt sorveu um pouco de vinho, decretou-o palatável e disse que se via obrigado a discordar de Rocky. "Não existe realidade", falou para Wetterich. "Só há previsões."

Wetterich observou que ele tinha de concordar com Rocky. Para provar seu argumento, ele levantou um copo de água. "Se eu soltá-lo, ele vai cair na mesa."

Schmidt balançou a cabeça. Sim, concordou, todos os copos ao longo da história, quando soltos, caíram. "Mas talvez esse não caia", falou. "Você pode prever que irá cair... com um grau alto de confiança", acrescentou.

"Eu acredito que ele cairá", disse Wetterich.

Schmidt deu de ombros. "Tomara que não caia."

O significado da realidade parece um assunto bem melhor quando deixado a cargo dos filósofos, mas, assim como a própria filosofia, isso também sempre foi domínio dos físicos. Os antigos pensavam que não conseguiriam captar a "realidade", por isso aceitavam salvar as aparências. Uma vez que Galileu forneceu evidência empírica de que o sistema heliocêntrico de Copérnico estava correto, e uma vez que Newton codificou a matemática, os cientistas puderam compreender que as equações no papel podiam fazer mais que simplesmente se aproximar da realidade: se você acha algo no céu, pode reproduzi-lo em papel – esse era o aspecto que Kolb tentava transmitir. Então Einstein chegou e reverteu o processo. Se você pudesse representar algo em papel, poderia achá-lo no céu.* Se suas equações lhe dissessem que o tempo passa de forma diferente para dois observadores que se movem um em relação ao outro, ou que a gravidade entorta a luz, então era isso que a natureza fazia. Segundo Einstein, você só teria de testar essas previsões: "A experimentação, claro, continua a ser o único critério de utilidade física para uma construção matemática"[3] – esse era o ponto que Schmidt tentava transmitir para Wetterich. Se você encontrar uma exceção na natureza, ou bem ajusta a teoria ou bem a abandona. Mas Einstein, falando por experiência própria, seguiu argumentando na mesma linha que Wetterich tentava debater com Schmidt: "Eu entendo que o pensamento puro pode captar a realidade, como os antigos sonhavam."[4]

Schmidt e Wetterich não iriam decidir quem vencera o debate. A questão era antiga, era eterna. Para Schmidt, porém, também era pessoal. Em 1998, ele deixara cair o copo, e o copo subira.

Não importa quão transcendente era a descoberta, as repercussões humanas às vezes pesavam sobre os ombros de Schmidt. Essa era uma das ocasiões. Naquela primavera, logo antes dos encontros de McMaster e Perimeter, Schmidt havia recebido notícias da Fundação Peter e Patricia Gruber – entidade filantrópica financiada por alguma fortuna de Wall Street –, dizendo que ele e Saul receberiam naquele ano o Prêmio Gruber de Cosmologia, no valor de US$ 500 mil dólares; eles estavam em excelente companhia. Jim Peebles e Allan Sandage haviam compartilhado o primeiro prêmio desses em 2000, e outros agraciados incluíam Vera Rubin, em 2002, e Alan Guth e Andrei Linde, em 2004. A partilha do prêmio de 2007 era compreensível. De acordo com as regras não escritas da ciência,

* Mais precisamente, Einstein argumentou que essa era a lógica que outros físicos já seguiam; eles só não sabiam disso, ou, em alguns casos, incluindo o próprio Einstein no início da sua carreira, se recusavam a aceitar esse fato.

Brian Schmidt era o maioral da equipe High-z. Mas a equipe buscara deliberadamente reescrever as regras, e Schmidt continuava tentando: durante toda a semana ele negociara com a fundação, solicitando que Adam Riess fosse adicionado à lista de agraciados, porque fora o autor do artigo sobre a "descoberta da aceleração" da equipe High-z.

As nuances eram mais que acadêmicas. Uma vez, durante uma apresentação de Perlmutter numa conferência, Nick Suntzeff virou-se para Bob Kirshner e sussurrou: "Saul acha que há um Prêmio Nobel aí."[5]

Kirshner lançou um olhar para Suntzeff. "E há!"*

De certa forma, o Prêmio Gruber está para o Prêmio Nobel como o Golden Globe está para o Oscar. No ano anterior, 2006, o Gruber de Cosmologia fora concedido a John Mather e à equipe do Cobe. Alguns meses mais tarde, o Prêmio Nobel de Física foi dado a Mather e seu colaborador no Cobe, George Smoot. Ninguém duvidava que a descoberta da aceleração fosse digna de um Nobel. O que se debatia era quem tinha feito a descoberta. "Saul ganhará um Prêmio Nobel", dizia Alex Filippenko, dando de ombros. "Minha única esperança é que o comitê do Nobel faça a coisa certa e dê a premiação a Brian e Adam também. Isso seria o justo. *Certo?*"[6] O "certo" acentuava o final da frase como se alguém o desafiasse – e de certa forma até que desafiava.

As duas equipes havia muito tempo tinham concordado de maneira informal que a descoberta era, digamos, "grande o suficiente para compartilhar".[7] O relato-padrão era de que, no início de 1998, ambas haviam chegado de forma independente à mesma conclusão espantosa – a expansão do Universo parecia se acelerar. Em junho de 2006, Perlmutter, Riess e Schmidt descobriram que haviam ganho o Prêmio Shaw de Astronomia, de US$ 1 milhão de dólares, criado pelo magnata da mídia sir Run Run Shaw, de Hong Kong, em 2002. (Jim Peebles chegara primeiro aqui também, em 2004.) Até aí, tudo bem. Mas, no mês seguinte, julho de 2006, saiu a notícia

* Ou "Prêmio N****", como alguns cientistas, incluindo o próprio Kirshner, preferiam escrever; aparentemente, há um limite a respeito de quanto a ciência pode desfazer as superstições medievais.

de que o Prêmio Internacional Antonio Feltrinelli de Ciências Físicas e Matemáticas, concedido a cada cinco anos pela Accademia Nazionale dei Lince, na Itália, que remonta (apesar de alguns séculos de interrupção) aos dias de Galileu e concede um prêmio de aproximadamente US$ 315 mil, fora dado a Perlmutter… e só a ele.

Membros da equipe High-z interpretaram essa notícia como evidência de que a "máquina publicitária" do LBL fizera seu trabalho. Eles ainda se lembravam de como George Smoot quebrara o acordo de 1992, de não publicar resultados do Cobe antes que houvesse um pronunciamento público; para piorar ainda mais as coisas, como Mather escreveu em seu livro sobre o projeto, o press release do LBL "mencionara a Nasa apenas de passagem, e não citava nenhum outro membro da equipe de ciência do Cobe além do próprio George".[8] Agora, membros da equipe High-z temiam que a assessoria de imprensa do LBL estivesse prestando o mesmo serviço, para além do seu dever (e possivelmente de sua ética), a Saul, fazendo-o "parecer Deus, a melhor coisa desde o pão de forma em fatias", nas palavras de Filippenko.[9] A pressão fora suficiente para persuadir alguém de influência em algum lugar de que, num artigo da revista *Nature* de 1º de janeiro de 1998, ou talvez em 8 de janeiro de 1998, na conferência de imprensa da AAS, ou entre as apresentações de pôsteres do dia 9, o SCP anunciara a descoberta da aceleração cósmica.

Membros do SCP, contudo, já de longa data achavam que a equipe High-z tentava *desacreditá-la*. Em 2001, o relato pessoal de Filippenko, único astrônomo integrando ambas as equipes, apareceu como artigo em *Publications of the Astronomical Society of the Pacific*;[10] no ano seguinte, Bob Kirshner publicou seu próprio relato no livro *The Extravagant Universe*.[11] Depois que Mike Turner fez a resenha do livro de Kirshner para a *Science*, Robert Cahn, do LBL – ainda irado com sua experiência de defender o SCP da recomendação de Kirshner para que o projeto fosse encerrado, seguida da apropriação por parte de Kirshner dos planos de Perlmutter para o Telescópio Espacial Hubble –, disse a Turner: "Bem, eu acho significativo que, depois dos resultados, Saul tenha começado a projetar um experimento no espaço para realmente compreender isso; e que Kirshner tenha decidido escrever suas memórias."[12] Ou, como disse um membro do grupo do SCP, resumindo a resposta da equipe: "Os relatórios do High-z não reconhecem o outro lado do Mississippi."[13] De sua parte, Perlmutter solicitou ao Departamento de Publicidade do LBL que compilasse preventivamente a história da descoberta e que a mantivesse acessível, pois talvez um dia ela fosse útil.

À medida que se aproximava o décimo aniversário da descoberta, as tensões aumentavam. Numa conferência de cosmologia dedicada à "celebração" do aniversário, Gerson Goldhaber revisou a história da descoberta, concentrando-se no seu histograma do outono de 1997. "Estou mencionando as datas", ele disse, "porque a data da descoberta é de alguma importância." Ele também falou sobre o colóquio que Perlmutter havia organizado no mesmo ano. "Agora a questão é: quem se lembra disso tudo?", observou. "Bem, Saul tem a fita de vídeo, e eu tenho a fita de vídeo."

Riess o sucedeu. Ele começou sua palestra desejando feliz aniversário a Goldhaber. Este acenou com a cabeça e aceitou o aplauso da plateia. Então Riess lhe mostrou alguns e-mails da equipe, de janeiro de 1998, e em seguida exibiu um clipe de sua entrevista no programa *McNeil/Lehrer NewsHour*, no dia em que a *Science* publicara um artigo sobre a fala de Filippenko no encontro da Ucla.

Na manhã seguinte foi a vez de Perlmutter. Ele abriu os trabalhos dizendo que não havia planejado se concentrar no passado, mas gostaria de mostrar que, em 9 de janeiro de 1998, sua equipe vivera momento "equivalente a um *McNeil/Lehrer*", com a publicação de um artigo de primeira página do *San Francisco Chronicle* cobrindo a participação deles na conferência de imprensa da AAS; e embora não tivesse os e-mails daquele período, Perlmutter apresentou o "equivalente": as minutas dos encontros da equipe no outono de 1997.

"Caro Saul", começava Bob Kirshner em carta datada de 12 de janeiro de 2007:

> Eu estava pensando sobre 2006, daquele jeito que as pessoas às vezes fazem no último dia do ano.

Como parte dessa bobeira ociosa, dei uma olhada no site do Prêmio Shaw. Eu gostaria de dizer novamente que acho que esse prêmio é o máximo, e estou muito feliz porque a aceleração cósmica está sendo reconhecida. Você tem muito de que se orgulhar, e eu me sinto da mesma forma em relação ao que Adam, Brian e o resto de nós fizeram.

Mas houve um ponto que me chamou atenção, e é isso que eu não consigo tirar da cabeça. E é por isso que estou escrevendo a você.[14]

Ao longo dos anos, Brian Schmidt entendera que a promoção que Kirshner fizera da tese de Schmidt no início dos anos 1990[15] – a despeito da discordância sobre quem devia levar o crédito – integrava uma das funções de todo figurão: espalhar pela comunidade a notícia das conquistas de um de seus subordinados. Agora Kirshner cumpria papel similar em relação às conquistas da equipe High-z, salpicando cartas e e-mails em revistas e jornais com objeções às coberturas que, na opinião dele, favoreciam o SCP.

Nesse caso específico, a objeção era à minibiografia que Perlmutter havia escrito para o website do Prêmio Shaw, em particular esse trecho:

Nós anunciamos esses resultados em janeiro de 1998, durante o encontro da Sociedade Americana de Astronomia. Como ambas as equipes, a nossa e a de Brian – incluindo o coagraciado do Prêmio Shaw, Adam Riess –, anunciaram resultados similares em conferências no início do ano, no fim do ano toda a comunidade científica havia aceito nossas surpreendentes descobertas.[16]

Ao longo de sete páginas escritas em espaço simples, Kirshner citou o press release do LBL, de 8 de janeiro de 1998, artigos da imprensa da mesma época e livros para apoiar sua conclusão de que Perlmutter "*não anunciou*", "*não anunciou*", "*não anunciou*", e para deixar bem claro que ele "*não fez* nenhum anúncio" (grifos do autor) da aceleração em janeiro de 1998.

Como não obtivesse resposta de Perlmutter, Kirshner revisou a carta, retirando as saudações e referências a "você", entre outras modificações, e em 27 de fevereiro de 2007 publicou-a no website da Universidade Harvard, sob o link "Considerações sobre a descoberta da energia escura".[17]

"Caro Bob", respondeu afinal Perlmutter, numa carta datada de 12 de junho de 2007:

> Agora que o semestre letivo acabou, permita-me abordar a carta de nove páginas que você me enviou a respeito de nossa apresentação científica e do press release da AAS de janeiro de 1998. Como mencionei antes em e-mail, fiquei muito surpreso com sua carta; de fato, inicialmente eu pensara em mandar um e-mail para alguns membros da equipe High-z original, para que eles parassem de se referir ao nosso pronunciamento de janeiro como "mais fraco" ou "mais experimental" que o pronunciamento do High-z em Marina Del Rey, visto que acho isso impróprio. Contudo, antes do seu e-mail, eu nunca ouvira a sugestão de que nós não havíamos apresentado *nenhum* resultado substantivo no encontro de janeiro. (Obviamente não se questiona qual artigo de qual grupo foi publicado antes, mas você está fazendo uma alegação mais ampla, que acredito não condizer com os fatos.)[18]

A controvérsia tinha se resumido à definição da palavra "anunciar". Um mês antes, respondendo à carta de Perlmutter, Kirshner se referiu ao assunto diretamente: "Você anunciou ou não anunciou que a expansão do Universo se acelerava, no encontro da AAS em janeiro de 1998? Você diz que 'anunciou' em sua biografia para o Prêmio Shaw. E duas vezes. Isso é o que sua carta tenta mostrar. Depois de lê-la, estou mais que nunca convencido de que isso não é correto."[19] E continuava, por mais sete páginas em espaço simples, citando alguns dos mesmos press releases anteriores, bem como refutando algumas referências que Perlmutter havia incluído em sua carta de junho, entre elas o artigo de primeira página de Charles Petit no *San Francisco Chronicle*, que fora publicado com o título "Universe getting bigger and bigger, faster and faster... forever", e citava: o estudo do SCP "parecia indicar" que a "expansão está começando a acelerar".*

---

* De sua parte, Petit se lembra de sentar-se à sua mesa no dia em que o artigo foi publicado e ler outros jornais e revistas para ver como eles haviam feito a cobertura da notícia; quando não encontrou nada, pensou: "Mas que merda."

Dessa vez Perlmutter não se dignou a responder.

Durante o período anterior ao aniversário da descoberta, as tensões também aumentaram no interior das equipes. Em 2007, mesmo enquanto trocava amenidades desajeitadas com Perlmutter, Kirshner conseguiu afastar alguns de seus colaboradores. Numa palestra intitulada "Supernovas e a aceleração do Universo", no Centro de Física de Aspen, ele apresentou "uma linha do tempo de desenvolvimentos importantes", que, dentre as múltiplas referências ao grupo High-z, incluía apenas uma menção a Brian Schmidt – uma (quase) omissão que só reforçava o sentimento, entre alguns membros, de que Kirshner estava tomando "o crédito para si".[20] A própria equipe do SCP não era imune a essa canibalização. Gerson Goldhaber começou a circular sua versão da descoberta, que passou por diversas revisões a fim de acomodar as reclamações de alguns colaboradores do SCP, que julgavam que ele estava se atribuindo muito crédito. Privadamente, porém, Goldhaber mantinha sua versão: "Minha equipe descobriu primeiro, e eu descobri para minha equipe."[21]

Como parte da preparação do décimo aniversário, o STScI – a "casa" de Riess – patrocinou um dia dedicado à imprensa; Perlmutter chegou da Costa Oeste para a ocasião. Uma semana mais tarde, a *Newsweek* publicou um artigo sobre energia escura que abria com a recriação do cálculo de Riess, de 1997, para um Universo com massa negativa e prosseguia citando Kirshner sobre a constante cosmológica.[22] Perlmutter e o SCP nem haviam sido mencionados, e além disso não havia alusão a nenhum outro descobridor além de Riess (só uma referência a "seus colegas").

Foi a gota d'água. Perlmutter fez contato com o Departamento de Relações Públicas do LBL. Tinha chegado a hora de publicar a versão do SCP a respeito da descoberta da energia escura. Logo depois ela apareceria no website do laboratório, numa série de três artigos. O primeiro começava: "Saul Perlmutter, líder do internacional Projeto de Cosmologia por Supernovas (SCP), com sede no Laboratório de Berkeley, fez o primeiro anúncio público sobre a evidência da aceleração da expansão do Universo em 8 de janeiro de 1998..."[23]

Em Cambridge, num escritório a meio quilômetro da Harvard Square, subindo a Garden Street, uma mão trêmula tocou o teclado.

Esse não era o legado que Schmidt e qualquer um dos membros das duas equipes queriam para si: um bando de cabeças-duras discutindo. E agora não podiam ao menos garantir que haviam feito algo de que sua disciplina se orgulhasse.

"Fundamentalistas da física: por que a energia escura é ruim para a astronomia?".[24] Só o título já garantia que o artigo iria atrair muita atenção. O fato de seu autor ser Simon White, um dos diretores do Instituto Max Planck de Astrofísica da Alemanha, assegurava, além disso, que ele seria levado a sério. E, por conter argumentos que a comunidade estava percebendo como inevitáveis, ele se tornou uma sensação.

O artigo apareceu on-line em abril de 2007, antes de sua publicação no *Reports on Progress in Physics* e logo antes da conferência da Universidade McMaster e do workshop do Instituto Perimeter. Assim como a discussão sobre o Prêmio Gruber, o artigo preocupava Schmidt naquela semana, não só porque todos falavam dele, mas porque o próprio Schmidt era simpático a muitas das ideias apresentadas por White. O cerne do argumento de White era que a astronomia e a física de partículas constituem duas culturas muito diferentes. Os astrônomos, dizia White, são "generalistas", explorando as complexidades do Universo caso a caso. Os físicos de partículas são "fundamentalistas", escavando as complexidades do Universo na esperança de conseguir arrancar uma "peça fundamental" – uma "Verdade". "A energia escura", escreveu ele, "é um elo único entre os dois, refletindo aspectos profundos da teoria fundamental e, ainda assim, aparentemente acessível apenas por meio de observações astronômicas."

No sistema de investigação da natureza formado por teoria/observação e pergunta/resposta que os cientistas haviam aprimorado ao longo dos quatrocentos anos anteriores, o lado escuro do Universo representava uma ruptura. A teoria heliocêntrica de Copérnico antecipara as observações que Galileu fez de Júpiter e Vênus; estas inspiraram a teoria da gravitação universal de Newton; a qual, por sua vez, antecipara dois séculos de luas, estrelas, planetas que inspiraram a teoria geral da relatividade de Einstein; que antecipou as observações do Universo em expansão; que inspirou a teoria do big bang; que antecipou as observações da radiação cósmica de fundo; que inspirou o renascimento da constante cosmológica teórica de Einstein; que antecipou as observações das supernovas tipo Ia; que inspiraram... o quê? Não uma teoria, exatamente. Só o nome de uma teoria – nem chegava a ser uma teoria. Uma prototeoria: a energia escura.

"Estamos desesperados pela sua ajuda", Schmidt havia dito aos teóricos que estavam na plateia em outro encontro de cosmologia, dois anos antes. "Digam-nos do que vocês precisam, e vamos conseguir para vocês."[25]

Para essa pergunta, a resposta mais sucinta foi a de um de seus antigos colegas de sala, o teórico Sean Carroll, em outro encontro de cosmologia: "Não temos a *menor pista*."[26]

Não tinham a menor pista, mas não faltavam ideias. Todos os dias Adam Riess navegava por um site da internet em que cientistas postam seus artigos; ele esperava um artigo que finalmente apresentasse uma "teoria profunda", mas achou todos os que viu "bem amalucados".[27] Saul Perlmutter gostava de começar suas palestras com uma ilustração:[28] artigos sobre energia escura empilhados um sobre o outro até que as pilhas na tela crescessem às dúzias. Schmidt fizera uma consulta on-line de quantos textos citavam o artigo original sobre energia escura e encontrou 3 mil – dos quais 2.500 tinham teorias. Em sua palestra na conferência da Universidade McMaster, ele incluiu uma lista de candidatos a energia escura que um amigo havia compilado na bibliografia recente:

> Quintessência perseguidora, quintessência exp simples, quintessência exp dupla, quintessência do bóson pseudo-Nambu-Goldstone, energia escura holográfica, cordas cósmicas, muros de domínio cósmico, acoplamento áxion-próton, energia escura fantasma, modelo cardassiano, cosmologia de branas (extradimensional), quintessência de Van Der Waals, dílaton, gás Chaplygin generalizado, inflação quintessencial, matéria escura e energia escura unificada, perturbações de super-horizonte, Universo ondulante,

> numerologia variada, quiessência, modelos oscilatórios gerais, modelo Milne-Born-Infeld, essência-k, camaleão, camaleão-k, gravidade f(R), energia escura de fluido perfeito, criação de matéria adiabática, G variante etc., gravidade escalar-tensorial, campo duplo escalar, escalar+spinor, modelo Quintom, campo escalar SO(1,1), cosmologia Ricci de cinco dimensões plana oscilante, energia escura escalonada, rádion, gravidade DGP, gravidade Gauss-Bonnet, táquions, expansão da lei da potência, essência-k fantasma, energia escura vetorial, energia escura dilatônica condensada fantasma, energia escura quintessencial Maldacena-Maoz, superquintessência, metamorfose causada por vácuo.[29]

"Hora de falar sério", dizia, em mais de uma palestra, o slide do PowerPoint, com letras azuis sobre fundo preto, diante da sala cheia de cosmólogos.[30] Sean Carroll havia se incumbido da responsabilidade de entregar os comandos a seus colegas cosmólogos. Os "dias loucos de gerar todo tipo de ideia maluca", como Carroll explicou, haviam acabado – aquele inebriante período pós-1998 em que Mike Turner podia ficar de pé numa conferência e clamar pela "irracionalidade exuberante". Agora era chegada a metafórica manhã seguinte.[31]

Os observadores haviam feito seu trabalho. Eles tinham utilizado supernovas, lentes fracas, BAO, aglomerados de galáxias e radiação cósmica de fundo para encontrar cada vez mais evidências de aceleração até que a comunidade concordasse: o efeito era genuíno. Então, os outros observadores continuaram a fazer seu trabalho, tentando descobrir se a energia escura é a quintessência ou a constante cosmológica. E depois prosseguiram seu trabalho. E continuaram. "A energia escura é a flauta do Flautista de Hamelin", escreveu White, "atraindo os astrônomos para longe de seus territórios a fim de seguir os físicos de partículas no caminho da extinção profissional."

Por mais de vinte anos a física de partículas vinha perseguindo uma presa: o bóson de Higgs, uma partícula hipotética que iria explicar a presença da massa no Universo. O Tevatron do Fermilab havia tentado produzi-lo; logo o Grande Colisor de Hádrons (LHC, de Large Hadron

Collider), em Genebra, também tentaria criá-lo.* Enquanto a descoberta da aceleração cósmica comemorava dez anos de idade, os astrônomos começavam a considerar se eles também estavam praticando ciência em busca de um só resultado: *w*.

Schmidt reconhecia que ele havia feito sua parte ao levar a astronomia para a arena das grandes ciências. Juntas, as duas equipes de busca de supernovas tinham confiado no esforço de mais de cinquenta colaboradores. Porém, as mudanças que a astronomia experimentava iriam acontecer de qualquer maneira. Não só as áreas de estudo estavam se tornando mais especializadas – supernovas, CMB, lentes gravitacionais etc. –, como também as maneiras de estudar essas áreas, as faixas estreitas do espectro eletromagnético. O Telescópio do Polo Sul, por exemplo: o efeito Sunyaev-Zel'dovich exigia que astrônomos utilizassem um comprimento de onda submilimétrico específico para detectar os "buracos" que os prótons deixavam ao sair daquela frequência. No intervalo de uma geração, a astronomia tinha ido de um astrônomo solitário no topo de uma montanha, tirando fotos na faixa de luz visível, até dezenas de colaboradores ao redor do globo dedicando-se a uma série de especializações por meio do estudo de comprimentos de onda cada vez mais estreitos do espectro eletromagnético. Mesmo que as provisões de financiamento ao redor do mundo permanecessem estáveis, a demanda iria se expandir. A crescente especialização em áreas de pesquisa e a progressiva diversificação de métodos de pesquisa criavam uma efetiva escassez de recursos.

E nada demandava mais recursos que a pesquisa em energia escura. O Adept – telescópio espacial que Chuck Bennett e Adam Riess haviam concebido em resposta ao Snap, de Perlmutter – eventualmente adotara oscilações acústicas bariônicas como estratégia principal de observação, apesar de também incorporar supernovas tipo Ia. O Snap expandira sua missão no tipo Ia para abranger também lentes gravitacionais fracas. O custo de qualquer um dos satélites era, no mínimo, de US$ 1 bilhão – só

* O bóson de Higgs foi finalmente encontrado em 2013, no LHC; no mesmo ano, Peter Higgs foi um dos agraciados com o Prêmio Nobel de Física. (N.T.)

que a Nasa havia separado para isso apenas US$ 600 milhões em seu orçamento. "Não vale a pena!", disse um astrônomo a um representante da Nasa na conferência sobre energia escura. "Ou você faz certo ou é melhor não fazer. E se você não vai fazer certo, nos devolva o dinheiro, e nós faremos outras coisas."[32]

"É isso mesmo", concordou Mike Turner de seu assento na fileira da frente do auditório.

Schmidt era casado com uma economista, e ele assumiu uma postura direta e sem remorsos quanto à ideia de um telescópio espacial dedicado à energia escura: será que a missão valia a despesa? Quais eram os *trade-offs*? Quanta ciência boa deixaria de ser feita porque a comunidade se concentrava em energia escura? As respostas seriam mais fáceis se a evidência até ali não indicasse que a energia escura não só era quintessência, como inequivocamente era a quintessência – "à mostra como os testículos de um cachorro", diria Schmidt, adotando uma expressão australiana.[33] Estudar algo que cria muitas mudanças no cosmo, mesmo que tênues, seria muito mais desafiante, recompensador e provavelmente revelador dos segredos do Universo que estudar algo que não muda. Se o número mágico para ômega era 1, então o número não mágico para a equação de estado era –1, porque, como disse Jim Peebles, "então é um número, e não há mais nada a ser feito".[34]

Mas enquanto a primeira década da energia escura chegava ao fim, a evidência parecia apontar para a constante cosmológica. Quanto mais os observadores continuavam seu trabalho, mais perto eles chegavam de –1. A questão tornou-se, como bem descreveu o título de uma das sessões de uma conferência sobre energia escura "Quão precisos devemos ser?" – como em "Quão perto precisamos chegar de w igual a –1 antes de concordarmos que w é igual a –1?".[35] Lawrence Krauss, teórico e participante dessa sessão, resumiu seus argumentos num slide de PowerPoint:

> A previsão teórica mais razoável é $w = -1$.
> Observações sugerem $w = -1$.
> Logo, medir w aproximadamente igual a –1 não nos diz nada.

Então, os observadores não deveriam estar caçando *w*? Errado. "Quão precisos devemos ser?", indagou Krauss, ecoando o título da sessão.

> O máximo possível! Precisamos fazer melhor do que jamais faríamos para que possamos fazer isso durante o tempo de vida das pessoas nesta sala, acredito eu, experimentalmente. E a vida é assim. A despeito do fato de que provavelmente vocês passarão o resto da vida medindo algo que não nos dirá o que queremos saber, vocês devem continuar. Mas estejam preparados para ter um modelo-padrão que, durante mais ou menos vinte ou trinta anos, vocês não irão compreender.

Falando em nome dos teóricos, ele se dirigia basicamente aos observadores: *Continuem fazendo seu trabalho. Nós os alcançaremos.*

E até que eles o fizessem (pressupondo que o fizessem!), a ciência estava fadada a invocar um termo que Carroll havia popularizado em seus artigos, palestras e no blog: "Universo absurdo." Era um Universo que tinha a aparência do casamento perfeito entre teoria e observação – o funcionamento do céu e as equações no papel. Pegue as observações das supernovas e da radiação cósmica de fundo, aplique a teoria geral da relatividade, e você tem um Universo em que a conta fecha e no qual o número mágico de ômega é 1. Mas também é um Universo onde as contas não fecham. Pegue as observações das supernovas e da radiação cósmica de fundo, aplique outro fundamento da física do século XX, a teoria quântica, e o resultado é lixo – uma resposta errada em 120 ordens de grandeza.

Isso não significava que a matéria escura e a energia escura eram equivalentes aos epiciclos ou ao éter. Mas significava que os teóricos tinham de confrontar os mesmos problemas que haviam consumido Einstein nas três décadas finais de sua vida: como conciliar a física do muito grande – relatividade geral – à física do muito pequeno – mecânica quântica.

Os teóricos poderiam usar as duas teorias ao mesmo tempo, por exemplo, na radiação de Hawking – a ideia de Stephen Hawking de que enquanto a mecânica quântica ditava a existência de pares de partículas virtuais no horizonte de um buraco negro, a relatividade geral determinava que às vezes um desses pares iria deslizar para dentro do buraco negro e o outro seria rebatido de volta para o "nosso" Universo. Mas os teóricos ainda não haviam conseguido imaginar uma maneira de fazer as duas teorias funcionar juntas, de realizar uma observação de 0,7 consistente com uma previsão de 10^{120}. O que tornava as duas previsões incompatíveis – ali onde a física dava defeito – era justamente a pedra fundamental dos últimos quatro séculos de física: a gravidade.

Em física, a gravidade é uma inferência. Até Newton admitira que ele fora inventando as coisas enquanto progredia. Numa de suas cartas para Richard Bentley sobre a estabilidade do Universo operando sob a influência da gravidade, ele escreveu que a noção de existência de uma força de atração entre objetos distantes é "um absurdo tão grande que nenhum homem dotado, entre suas habilidades filosóficas, da capacidade de pensar irá acreditar nisso". Quase dois séculos depois, o filósofo-cientista alemão Ernst Mach escreveu: "A teoria da gravitação de Newton, em sua aparência, perturba qualquer investigador da natureza, porque ela foi fundamentada numa ininteligibilidade incomum." Agora, prosseguia Mach, "ela se tornou uma ininteligibilidade *comum*". Einstein dotou a gravidade de inteligibilidade ao defini-la não como uma força misteriosa entre dois objetos, mas como uma propriedade do espaço, e refinou as equações de Newton de tal forma que a presença da matéria e a geometria do espaço eram interdependentes. A maior parte das interpretações sobre matéria escura e energia escura surgiu do lado direito da equação da relatividade geral, o lado em que Einstein colocou matéria e energia. Mas há dois lados na equação, e, nesse caso, o que estava do outro lado era a gravidade.

No início dos anos 1980, a maioria dos astrônomos havia descartado a Gravidade Newtoniana Modificada, ou Mond (da sigla em inglês para Modified Newtonian Gravity*), como explicação para a matéria escura. Depois do press release de 2006 sobre os dados do Aglomerado do Projé-

* Apesar de o original falar em "gravidade", a sigla Mond quer dizer Modified Newtonian Dynamics, ou "Dinâmica Newtoniana Modificada". (N.T.)

til – a fotografia que "mostrou" a matéria escura se separando da matéria comum durante a colisão de dois grupos de galáxias –, mesmo seus defensores começaram a se afastar dela.[36] Os dados do Aglomerado do Projétil podiam acomodar a Mond, mas você ainda precisaria de algum tipo de matéria escura para acomodar o resto. Nesse ponto, a Mond começou a perder sua principal atração, que era a simplicidade.

Só porque a Mond não era válida isso não significava que a relatividade geral também o fosse. Nos anos 1950, Bob Dicke havia organizado o Grupo da Gravidade em Princeton, em parte para colocar as teorias de Einstein à prova, e seus esforços ajudaram a inaugurar uma nova geração de experimentos. A descoberta da evidência de alguns fenômenos ligados à relatividade geral, como buracos negros, pulsares e lentes gravitacionais, só tinha acelerado esses esforços. A matéria escura e a energia escura, porém, os dotara de um sentido de urgência.

Os físicos testavam a gravidade na escala do muito grande. Nas montanhas Sacramento, no Novo México, a Operação de Apontamento Laser para a Lua do Observatório de Apache Point (Apollo, na sigla em inglês de Apache Point Observatory Lunar Laser-ranging Operation) disparava um pulso de laser em direção à Lua vinte vezes por segundo. Se uma nuvem passasse na frente, um ponto verde aparecia, como um "bat-sinal", no anoitecer violáceo de Alamogordo. Senão, o raio traçava uma linha direta até seu alvo, a 383 mil quilômetros de distância: um dos três espelhos do tamanho de uma maleta que os astronautas da missão Apollo haviam deixado na Lua especificamente para facilitar esse tipo de experiência. Em cada pulso, alguns poucos fótons rebatiam na superfície refletora e completavam sua jornada de volta até o Novo México. Tempo total da viagem de ida e volta: 2,5 segundos, mais ou menos.

Esse "mais ou menos" fazia toda a diferença. Calculando o tempo de ida e volta, os pesquisadores estavam medindo a distância entre a Terra e a Lua instante a instante e mapeando a órbita da Lua com extrema precisão. Como na história apócrifa sobre Galileu, que atirou esferas da Torre de Pisa para testar a universalidade da queda livre, a Apollo tratava a Terra e a Lua como duas bolas caindo no campo gravitacional do Sol. Se a órbita da Lua exibisse o menor desvio em relação às previsões de Einstein, os cientistas teriam de repensar as equações.

Os físicos também testavam a gravidade numa escala bem pequena. Até a virada do século XXI, os pesquisadores não tinham tecnologia para medir a gravidade em faixas menores que 1 milímetro,[37] em parte porque testar a gravidade não é simplesmente colocar dois objetos próximos um do outro e medir sua atração. Todo tipo de influência externa pode exercer atração gravitacional sobre o sistema. Numa série de experimentos dentro de caixinhas pequenas, na Universidade de Washington, pesquisadores tiveram de levar em conta: os instrumentos metálicos ao redor; o solo do outro lado da parede de concreto que cercava o laboratório; a mudança no nível de água do solo depois de uma chuva (já que os experimentos estavam acontecendo em Seattle, isso estava mudando sempre); o lago próximo; a rotação da Terra; a posição do Sol; a matéria escura no centro de nossa galáxia. Dessa forma, conseguiram aprimorar as medições da atração gravitacional até uma distância de 56 mícrons, ou cerca de 5 centésimos de milímetro.

Até então Einstein resistia – tanto pelo Universo quanto sobre a mesa. E com o aumento da precisão nas faixas em que Einstein poderia estar errado, outra hipótese morria, e o slide de PowerPoint de Brian Schmidt perdia mais um nome esotérico. Mesmo que Einstein não se sustentasse, os pesquisadores teriam primeiro que eliminar outras possibilidades – como erros na medição, a massa da Lua ou do Sol, o nível de água no lençol freático após a chuva – antes de admitir que a relatividade geral precisava ser corrigida.

Ainda assim, os astrônomos sabiam que eles aceitavam a gravidade sem questionamento por sua própria conta e risco. Por que ela era tão fraca? Por que – num exemplo que os cientistas gostavam de citar – o campo gravitacional de todo o planeta Terra sobre um clipe de papel podia ser facilmente contrabalançado por um ímã de papelaria?

Porque, para alguns cientistas, a gravidade era a relíquia de um Universo paralelo. Os teóricos comumente chamavam esses Universos de "branas", como em membranas. Se duas branas estivessem próximas o suficiente uma da outra, ou até mesmo ocupando o mesmo espaço, elas poderiam interagir por gravidade. A gravidade estaria na escala das outras três forças se nós tivéssemos acesso a esses outros Universos. O que era uma força poderosa num Universo paralelo poderia ser a fonte da matéria escura e da energia escura no nosso Universo. O problema dessas teorias, pelo menos do ponto de vista dos astrônomos, era como testá-las. Uma teoria precisa de previsões testáveis, senão não é uma verdadeira teoria científica; sua validade deve ser posta à prova através de observações. Mas como observar um Universo que não o nosso?

Os cientistas estão sempre dolorosamente cientes de que são prisioneiros de suas próprias percepções. Por exemplo, era verdade que, se a energia escura era a constante cosmológica, então, daqui a 100 bilhões de anos, os cosmólogos só veriam um punhado de galáxias. Mas também era verdade que nós não tínhamos que esperar 100 bilhões de anos para nos confrontar com um obstáculo de percepção similar. A inflação já garantia que alguns vestígios das condições iniciais do Universo estariam para sempre fora de nosso alcance.

Essas condições deixariam até as branas com vergonha, em termos de desafiar nossa percepção. Se a inflação pode fazer brotar um Universo quântico, por que não muitos? De fato, de acordo com a teoria quântica, ela deveria fazer isso. Ela *iria fazer isso*, se a inflação realmente acontecesse. Nesse caso, nossa bolha de inflação seria uma num conjunto de 10^{500} bolhas inflacionárias, cada qual no seu próprio Universo. Isso são 100.000 Universos. Nosso Universo seria um só, com um valor de lambda conveniente o bastante para o surgimento de criaturas capazes de contemplar sua existência hipercopernicana.

Esse cenário, de certa forma, era uma extensão lógica do argumento que Vera Rubin havia formulado em sua dissertação de mestrado. A Terra está girando, o Sol está girando, a galáxia está girando. Por que não o Universo? De forma similar, a Terra acabou sendo só mais um planeta ao redor do Sol, e o Sol, só mais uma estrela num universo-ilha, e o universo-ilha, só mais uma galáxia no Universo. E o Universo?

Já em 1973 os cientistas chamaram essa ideia de princípio antrópico – e de maneira geral eles a odiavam. Diziam a "palavra começada por 'a'". Não se dignavam nem a debatê-la. Se qualquer especulação científica, não importa quão maluca, devia acabar, em última análise, em alguma previsão, então que previsão o princípio antrópico poderia fazer? Como provar que não havia um número incalculável de Universos fora do nosso? Se você não pode provar, diziam os críticos, então deve arquivar a ideia sob a categoria de metafísica – ignorando, talvez, que a metafísica da cosmologia de meados do século XX lhes dera um Universo com lambda-CDM-mais-inflação.

A resistência contínua ao princípio antrópico logo após a descoberta de lambda foi similar ao desconforto das eras anteriores com o Universo homogêneo e isotrópico, que se seguiu à descoberta da radiação cósmica de fundo. Mas, na ocasião, a homogeneidade e a isotropia tinham uma justificativa: a inflação. Um Universo que havia sofrido um período de extraordinário crescimento deveria parecer o mesmo para onde quer que se olhasse.

O princípio antrópico era igualmente ad hoc. E daí? "Você tem uma ideia melhor?", escreveu nada mais, nada menos que uma autoridade de início resistente à ideia de Universo homogêneo e isotrópico: Jim Peebles, em 2003.[38] "Eu ouço reclamações de que esse princípio antrópico foi introduzido ad hoc, para salvar o fenômeno. Mas o mesmo vale para Λ. A constante cosmológica hoje é vista como salvadora de bom número de fenômenos." E outra explicação para o baixo valor de lambda: "Algo talvez apareça." Mas nem era necessário. A própria inflação havia elevado a homogeneidade e a isotropia do Universo para fora do ad hoc e para dentro do inevitável. Talvez a inflação fizesse o mesmo para os 10^{500} outros Universos.

Isso não significava o que os críticos do princípio antrópico muitas vezes o acusavam de representar: o fim da física. Enquanto a inflação podia prever uma cornucópia de Universos, ela não explicava o mecanismo pelo qual lambda podia variar de Universo para Universo.[39] Os teóricos ainda teriam que desvendar a física para essa compreensão da existência.

E *este* seria o seu legado – o legado de Brian Schmidt, Saul Perlmutter, Adam Riess e outras dezenas de descobridores da aceleração do Universo. Não seria uma ofensa pessoal, nem mudanças na sociologia de sua profissão. Seria uma revolução no pensamento exigida pela energia escura. Quase com certeza essa revolução demandava a tão longamente aguardada união entre relatividade geral e física quântica. Poderia até envolver mudanças nas equações de Einstein. E poderia conter Universos paralelos, sobrepostos, ou um número infinito de Universos virtuais.

Mas o que quer que essa revolução fosse ou fizesse, ela precisaria daquilo que todos os oradores de todas as conferências já sabiam, adotando a mesma atitude blasé e a gratidão que o grupo de Dicke demonstrou quando descobriu que fora inadvertidamente ultrapassado por Penzias e Wilson; ou Vera Rubin, quando descobriu que a astronomia ignorava a maior parte do que estava lá fora: uma "nova física".

Que legado maior um cientista poderia deixar para o Universo?

Epílogo

A FANFARRA DOS INSTRUMENTOS musicais começou, e então veio a procissão.[1] Pelo corredor central da sala de conferências da Universidade de Cambridge, os líderes das duas equipes de supernovas que descobriram evidências da energia escura marchavam entre uma fila de dignitários. Do outro lado do pátio ficavam as salas que Newton havia usado quando era aluno. Ali perto ficava o observatório onde Eddington planejara a expedição do eclipse que comprovara a relatividade geral de Einstein. Para a maioria dos encontros científicos, a sede não importava. Mas não neste caso, na entrega do Prêmio Gruber de Cosmologia de 2007. Dez anos depois de perceber algo estranho nos dados das supernovas, Saul Perlmutter e Brian Schmidt, bem como todos os participantes da equipe High-z e do SCP começavam a entrar para a história.

Eles já tinham o reconhecimento. Sempre que a descoberta das evidências da aceleração cósmica aparecesse numa publicação referenciada ela seria acompanhada por duas citações: Riess, A.G. et al. 1998, *AJ*, 116, 1009; Perlmutter, S. et al. 1999, *ApJ*, 517, 565. Mas, para os ganhadores deste Prêmio Gruber de Cosmologia, a cerimônia de entrega em Cambridge não dizia respeito apenas à posteridade. Aquilo era história, e a história era algo muito maior. A história é a posteridade em movimento.

Schmidt havia entrado num acordo com a Fundação Gruber sobre a descoberta de Adam Riess: a honra caberia a todos – todos os 51 membros da equipe High-z e do SCP. Os dois projetos dividiriam o prêmio de US$ 500 mil; Schmidt e Perlmutter ficariam com metade dos US$ 250 mil das respectivas equipes, e os US$ 125 mil restantes seriam divididos igualmente por todos os integrantes dos grupos. Descontados os impostos, os prêmios individuais talvez não chegassem a US$ 2 mil, mas 35 membros pagaram do próprio bolso a ida para a cerimônia em Cambridge. Talvez aquela fosse a primeira vez em que tantos estivessem no mesmo lugar e ao mesmo tempo, e provavelmente seria a última. Talvez fosse a comemoração adequada para celebrar um Universo cuja maior parte faltava, porque Perlmutter e Schmidt haviam incluído em sua apresentação conjunta um slide que reconhecia o pioneirismo frequentemente ignorado da pesquisa de supernovas no Chile, no começo dos anos 1990 – com o nome e a foto de José Maza, o mentor de Mario Hamuy que em 1995 se desligou do programa.

"Decerto nossas equipes eram famosas nos Estados Unidos por sua rivalidade", declarou Schmidt numa coletiva de imprensa em Londres, um dia antes da cerimônia de entrega do prêmio. "O Universo acelerado foi a primeira coisa com a qual concordamos", acrescentou, com Perlmutter sentado a seu lado, rindo. Os dois haviam debatido extensamente sobre como apresentar uma frente unida, e haviam pensado numa coreografia para o fim de semana. Para a palestra que deram no dia seguinte ao da cerimônia, eles simularam um "pega-pega" intelectual; se alternaram para contar a história da cosmologia moderna, por vezes um terminando a frase do outro.

A história da cosmologia moderna. A história de algo que seria filosoficamente risível para Jim Peebles em 1964, ou profissionalmente arriscado para Michael Turner em 1978, ou fisicamente duvidoso para qualquer cientista pré-Cobe. Perlmutter e Schmidt eram tão jovens quanto o Universo – aquele que surgiu ao longo de uma conversa telefônica em 1965 em que a teoria se encontrou com a observação e um fenômeno no céu se encaixou com cálculos num pedaço de papel. E mesmo aquela cosmologia já havia se tornado um paradigma.

Quando o décimo aniversário chegou, previsivelmente, as festividades se concentraram no passado. "Vamos refletir por um segundo sobre como somos fantasticamente afortunados, sobre o estágio que a cosmologia atingiu", disse John Peacock, da Universidade de Edimburgo, no Simpósio do Instituto de Ciência do Telescópio Espacial em 2008, chamado

Uma Década de Energia Escura.[2] "Um pobre soldado que tenha morrido nas trincheiras de 1914 sabia tanto de cosmologia quanto um homem das cavernas." Aquele militar vivia num Universo tão vasto quanto as estrelas, porém, não mais que isso, e que era imutável. No século XX, no entanto, nosso conhecimento cresceu de um universo-ilha para centenas de bilhões de galáxias, de movimentos eternamente cíclicos para a evolução estrutural através do tempo. E agora tínhamos outro *mais*: a escuridão.

Por isso, as comemorações não se concentravam somente no quanto havíamos avançado, mas também em quanto ainda faltava avançar. "Não é comum", disse o diretor do STScI, Matt Mountain, naquele simpósio, "que a astrofísica traga desafios para a física moderna ou fundamental. Talvez se possa contar nos dedos de uma das mãos, talvez das duas, quando isso aconteceu nos últimos quatrocentos anos. Bem, a descoberta da aceleração do Universo, há uma década, deu a essa geração uma dessas oportunidades."

Desde a invenção do telescópio, quatro séculos antes, os astrônomos tinham conseguido entender o funcionamento do Universo somente observando o céu e usando a matemática, e vice-versa. Tome a descoberta de luas, planetas, estrelas e galáxias, aplique as leis de Newton, e você tem um Universo que funciona como um relógio. Pegue as modificações que Einstein introduziu na física de Newton, junte à descoberta da expansão do Universo, e você tem o big bang – o que Saul Perlmutter definia como "uma caricatura intencional e ridiculamente simples".

Ele estava na sala de George Smoot, no campus de Berkeley.[3] Três dias antes, Smoot havia sido informado de que ganhara o Prêmio Nobel de Física de 2006, por seu trabalho com o Cobe. Barba por fazer, agitado, olhos revirando por conta da adrenalina e da falta de sono, ele se recostou na cadeira. Perlmutter se inclinou para a frente.

"Todas as vezes", gritou Smoot, "o Universo acabou se revelando simples."

Perlmutter concordou prontamente. "É tipo... por que conseguimos entender o Universo em nosso nível?"

"Isso. Perfeito! É um Universo para principiantes! *O Universo para idiotas!* Nós simplesmente tivemos muita sorte quando nossa primeira tentativa deu tão certo."

Será que nossa sorte vai continuar? Cientistas gostam de dizer que a física está precisando é do "próximo Einstein". Mas se levarmos a sério a raridade da revolução do Universo escuro – e temos todas as razões para fazê-lo –, então a analogia não se sustenta. Einstein foi nosso Copérnico, descobrindo as equações que poderiam ou não representar o Universo verdadeiro – ou "verdadeiro". Os descobridores da matéria escura e da energia escura eram nosso Galileu, fazendo observações que validavam o Universo, mas mostrando que ele era muito mais elaborado e misterioso do que podíamos supor. O que a ciência precisa agora não é do próximo Einstein, mas do próximo Newton – alguém (ou "alguéns", ou uma equipe, ou uma cadeia entrelaçada de gerações e gerações de novas ideias) para decifrar a matemática desse novo Universo; para unificar a física do muito grande com a física do muito pequeno, exatamente como Newton unificou a física celeste com a terrestre. Alguém para pegar as observações e dar algum sentido ao nosso Universo, tudo de novo, de uma maneira que nem conseguimos imaginar, mas que definiria nossa física e nossa filosofia – nossa civilização – pelos próximos séculos.

Foi essa perspectiva que levou os cosmólogos a encarar as descobertas originalmente perturbadoras de um Universo além dos nossos sentidos com fascinação e otimismo, enxergando a aparente limitação humana como fonte de liberação intelectual. "Os problemas realmente difíceis são ótimos", observou Michael Turner, "porque sabemos que eles demandam uma ideia nova e meio amalucada."[4] Ou, como um astrônomo disse a seus colegas na palestra da Universidade McMaster sobre energia escura: "Se você me apresentar uma linha do tempo da história da ciência bem na minha frente, e eu puder escolher qualquer época e qualquer assunto, era exatamente aqui onde eu gostaria de estar."[5]

Então. Faça-se a escuridão. Faça-se a dúvida, mesmo entre a certeza. *Especialmente* entre as certezas – as provas que, no intervalo de uma geração, transformaram a cosmologia, de metafísica em física, de especulação em ciência.

No começo de 2010, os resultados de sete anos do WMAP chegaram trazendo maior refinamento dos números que definem nosso Universo. Ele tem 13,75 bilhões de anos. Sua constante de Hubble vale 70,4, e sua equação de estado (*w*), –0,98, ou, dentro da margem de erro, –1. E o Universo é plano, contendo 72,8% de energia escura, 22,7% de matéria escura e 4,56% de matéria bariônica (aquilo de que somos feitos) – descrição espantosamente precisa do tamanho de nossa ignorância. Como essa história termina? Isso ainda é um mistério, pelo menos por ora, possivelmente para sempre. Os astrônomos que se propuseram a escrever o capítulo final da história do Universo tiveram de se contentar com uma conclusão mais modesta: *ela continua*.

"De um modo muito concreto", escreveu Vera Rubin, "a astronomia recomeçou."[6] Em 1992, o Departamento de Magnetismo Terrestre se mudou para um novo endereço. A fotografia de Andrômeda veio junto com Vera, e lhe prometeram que a colocariam no teto, mas isso nunca foi feito. Ela não se importou: *o mundo muda*.[7] Além disso, a sala antiga tinha um pé-direito baixo. Lá, a M31 parecia estar perto o suficiente para ser tocada. Em sua sala nova, ela estaria fora de alcance. "A alegria e a felicidade de se entender o Universo", prosseguia Vera em seu texto, "nós as legamos aos nossos netos... e aos netos deles."

"Eu tenho uma filha de três anos em casa", falou Perlmutter, sentado na sala de Smoot, "e nós chegamos àquela fase em que ela nos pergunta 'Por quê?'. É bem óbvio que ela sabe que aquilo é um jogo. Ela sabe que qualquer coisa que lhe dissermos ela sempre poderá responder 'Sim, mas por quê?'" Ele riu.

> Eu tenho impressão de que a maioria das pessoas não se dá conta de que aquilo que leva um físico para a física geralmente não é o desejo de entender o que já sabemos, mas o desejo de flagrar o Universo fazendo coisas realmente estranhas. Nós *amamos* o fato de que nosso senso comum sobre o mundo pode estar enganado, e que o mundo pode agir estranhamente, e que você pode simplesmente explicá-lo e explicá-lo mais uma vez. "Faça isso de novo! De novo!"

Smoot concordou. "Eles estão sempre testando os limites. E é isso que estamos fazendo. Somos as criancinhas do Universo, e estamos testando seus limites."

Se nossa sorte se confirmar e um novo Newton aparecer, e o Universo se mostrar simples mais uma vez, de uma forma que não imaginávamos antes, a filha de Saul Perlmutter ou os netos dos netos de Vera Rubin não estarão vendo o mesmo céu que eles, porque não pensarão o Universo da mesma maneira que seus antecessores. Eles verão as mesmas estrelas e irão se maravilhar com as centenas de bilhões de galáxias além da nossa. Mas também irão sentir a escuridão. E, para eles, essa escuridão representará um caminho rumo ao conhecimento – rumo ao tipo de descoberta que todos nós um dia chamamos, com compreensível inocência, de luz.

Notas

Nas notas que se seguem, as entrevistas são citadas pelo sobrenome do entrevistado composto em grifo (por exemplo, *Jones*). O autor agradece às seguintes pessoas por partilharem seu tempo e seu conhecimento, e se desculpa por qualquer omissão.

Eric Adelberger; Daniel Akerib; Greg Aldering; Elena Aprile; Steve Asztalos; Jonathan Bagger; Bradford Benson; Blas Cabrera; Robert Cahn; John Carlstrom; Sean Carroll; Douglas Clowe; Juan Collar; Jodi Cooley; Tom Crawford; Robert P. Crease; Abigail Crites; Richard Ellis; Alex Filippenko; Ann K. Finkbeiner;* Brenna Flaugher; W. Kent Ford; Josh Frieman; Peter Garnavich; Neil Gehrels; Elizabeth George; James Glanz; Gerson Goldhaber; Ariel Goobar; Don Groom; Alan Guth; Mario Hamuy; Gary Hill; Steve Holland; William L. Holzapfel; Isobel Hook; Michael T. Hotz; Wayne Hu; Per Olof Hulth; Alex Kim; Darin Shawn Kinion; Robert P. Kirshner; Stuart Klein; Edward W. Kolb; Mark Krasberg; Andrey Kravtsov; Robin Lafever; Bruno Leibundgut; Michael Levi; Eric Linder; Mario Livio; Robert Lupton; Rupak Mahapatra; Stephen P. Maran; Stacy McGaugh; Jeff McMahon; Russet McMillan; Mordehai Milgrom; Richard Muller; Robert Naeye; Heidi Newberg; Peter Nugent; Jeremiah Ostriker; Nikhil Padmanabhan; Robert J. Paulos; P. James E. Peebles; Carl Pennypacker; Saul Perlmutter; Mark Phillips; Paul Preuss; Oriol Pujolas; Adam Riess; Natalie Roe; Leslie Rosenberg; Rob Roser; Vera Rubin; Bernard Sadoulet; Allan Sandage; Kathryn Schaffer; David Schlegel; Brian Schmidt; Lee Smolin; George Smoot; Steph Snedden; Helmuth Spieler; Nicholas Suntzeff; Karl van Bibber; Keith Vanderlinde; Rick van Kooten; Christof Wetterich; Hongsheng Zao.

As seguintes entrevistas gravadas são citadas pelo último nome do entrevistado seguido pelas letras "AIP" (sigla do American Institute of Physics, Instituto Americano de Física) ou "NLA" (sigla da National Library of Australia, Biblioteca Nacional da Austrália); por exemplo, "Jones AIP".

---

* Algumas das citações de Finkbeiner são material inédito de anotações e entrevistas suas. O autor faz um agradecimento especial por essa cortesia extraordinária.

Richard Ellis por Ursula Pavlish, Arquivos e Biblioteca Niels Bohr, College Park, MD, 27 jul 2007, AIP;

Sandra M. Faber por Patrick McCray, 31 jul 2002, AIP; disponível em: http://www.aip.org/history/ohilist/25489.html;

Alex Kim por Ursula Pavlish, 31 jul 2007, AIP; Robert Kirshner por Ursula Pavlish, 3 ago 2007, AIP; Eric Linder por Ursula Pavlish, 1º ago 2007, AIP; P. James E. Peebles por Christopher Smeenk, 4 e 5 abr 2002; disponível em: http://www.aip.org/history/ohilist/25507.html; Vera Cooper Rubin por David DeVorkin, 9 maio 1996, AIP; disponível em: http://www.aip.org/history/ohilist/5920_2.html; Brian Schmidt por Ragbir Bhatal, 15 jun 2006, Projeto História Oral dos Astrônomos Australianos, NLA.

Prefácio (p.9-12)

1. *Cooley, Mahapatra*.
2. Lawrence Krauss, "New views of the Universe: extra dimensions, dark energy, and cosmic adventures". Harris Theater, Chicago, 12 dez 2005.

1. Faça-se a luz! (p.15-38)

1. Haper et al., p.3.
2. *Peebles*.
3. Wilkinson, p.204.
4. *Peebles*.
5. Peebles, 2009, p.191.
6. Ibid., p.151.
7. Wilson, 1992, p.463.
8. Penzias, 2009, p.146.
9. Ibid., p.147.
10. Wilson, 2009, p.164.
11. Ibid., p.475.
12. Bernstein, p.215.
13. Wilson, 1992, p.475.
14. Ibid., p.475.
15. Weinberg, p.47.
16. Penzias, 2009, p.151.
17. Ibid.
18. O'Connor, p.93.

19. Peebles, AIP.
20. Ibid.
21. Crowe, p.21-5.
22. Ibid., p.42-9.
23. Bondi e Gold, p.252.
24. Hoyle, p.372.
25. Peebles, AIP.
26. Peebles, 2009, p.185.
27. Peebles, AIP.
28. Lightman e Brawer, p.218.
29. Happer et al., p.7.
30. Pais, p.273.
31. *Finkbeiner*.
32. Lightman e Brawer, p.218.
33. *Peebles*.
34. Lightman e Brawer, p.219.
35. Ibid., p.217.
36. *Peebles*.
37. Peebles, 2009, p.185.
38. *Peebles*.
39. Lightman e Brawer, p.216.
40. Peebles, 2009, p.185.
41. Einstein, 1917.
42. Peebles, 2009, p.186.
43. Tolman, p.332.
44. Peebles, 2009, p.185.
45. Lightman e Brawer, p.217.
46. Kragh, p.348.
47. Weinberg, p.45-8.
48. *Peebles*.
49. Peebles, 2009, p.191.
50. Ibid., p.191.
51. K. Turner, p.184.
52. Burke, p.180.
53. Penzias, 2009, p.150.
54. Burke, p.181.
55. Ibid., p.180.
56. Ibid., p.181.
57. Penzias, 2009, p.151.
58. Dicke et al.; Penzias e Wilson.
59. Wilson, 1992, p.476.
60. Walter Sullivan, "Signals imply a 'Big Bang' Universe", *New York Times*, 21 mai 1965.

61. Penzias, 2009, p.152.
62. *Peebles*.
63. Penzias, 1992, p.454-6.
64. Gamow, 1948, p.680.
65. Alpher e Herman, p.775.
66. Bernstein, p.217.
67. Ohm, p.1045.
68. Wilson, 2009, p.169.
69. Doroshkevich e Novikov, p.111.
70. Penzias, 1992, p.454-5.
71. *Peebles*.
72. Overbye, 1992, p.139.
73. Ann K. Finkbeiner, "Once upon the start of time", *The Sciences*, set-out 1992.
74. Overbye, 1992, p.131.
75. Peebles, 2009, p.192.
76. Ibid., p.191.
77. Ibid., p.191-2.
78. Penzias, 2009, p.154.
79. Lightman e Brawer, p.218.

2. O que há lá fora (p.39-55)

1. Lightman e Brawer, p.286-7.
2. Rubin, AIP.
3. Rubin, 1997, p.203.
4. Rubin, AIP.
5. Lightman e Brawer, p.286.
6. Rubin, AIP.
7. Lightman e Brawer, p.286.
8. Rubin, AIP.
9. Gamow, 1946.
10. Rubin, AIP.
11. Rubin, 1951, p.47.
12. Rubin, AIP.
13. Irion, p.960.
14. Rubin, AIP.
15. Rubin, 1951.
16. Rubin, AIP.
17. "Young mother figures center of creation by star motions", *Washington Post*, 31 dez 1950.
18. Rubin, AIP.
19. Gamow, 1946.

20. Rubin, AIP.
21. *Rubin*.
22. Lightman e Brawer, p.289.
23. Rubin, 1997, p.187.
24. Rubin, AIP.
25. *Rubin*.
26. Ibid.
27. Rubin, 1997, p.189.
28. Gingerich.
29. Lightman e Brawer, p.294.
30. Rubin, AIP.
31. Rubin, 1997, p.198.
32. Ibid., p.199.
33. De Vaucouleurs, p.30.
34. Rubin, AIP.
35. Rubin, 1954.
36. Rubin, 1997, p.87.
37. Rubin, AIP.
38. Rubin, 1997, p.116.
39. Ibid., p.157.
40. *Rubin*.
41. Ibid.
42. Ibid.
43. Ibid.
44. Ibid.
45. Bartusiak, p.208.
46. Rubin, 2006, p.8.
47. Lightman e Brawer, p.295.
48. Ibid., p.295-6.
49. Rubin, 1997, p.1.
50. Ibid., p.89.
51. Ibid., p.131-2.
52. Faber, AIP.

3. A escolha dos halos (p.56-70)

1. Peebles, 1970, p.15.
2. Overbye, 1992, p.142.
3. *Finkbeiner*.
4. Peebles, 1970, p.13.
5. Peebles, 1999, p.1067.

6. Dicke e Peebles.
7. Ibid., p.419.
8. Ibid., p.460.
9. *Peebles*.
10. Dicke e Peebles, p.419.
11. Ibid., p.442.
12. Ibid., p.454.
13. Peebles, 1965.
14. Boynton, p.303.
15. Peebles, 1969, p.20.
16. Peebles, 1965, p.1317.
17. *Peebles*.
18. Peebles, 1974, p.vii.
19. Peebles, AIP.
20. Peebles, 1974, p.x.
21. Ibid., p.xi.
22. *Ostriker*.
23. *Peebles*.
24. Zwicky, 1933.
25. Smith, p.23.
26. Rubin, 2003, p.2.
27. *Peebles*.
28. Ostriker e Peebles, p.467.
29. Ostriker et al., p.L1.
30. *Rubin*.
31. *Peebles*.
32. Lightman e Brawer, p.275.
33. Rubin et al., 1973, p.L111.
34. Ibid., p.L111.
35. Rubin et al., 1976a, 1976b.
36. *Rubin*.
37. Lightman e Brawer, p.305.
38. *Rubin*.
39. *Ford*.
40. Rubin et al., 1978.
41. Rubin, 2003, p.5.
42. Bosma.
43. *Peebles*.
44. Lightman e Brawer, p.303.
45. Faber e Gallagher, p.135.
46. Ibid., p.182.
47. Rubin, 2003, p.3.

48. Ibid., p.3.
49. Overbye, 1992, p.307.
50. Rubin, 1983, p.1344.

4. Entrando no jogo (p.73-95)

1. *Sadoulet.*
2. Ver http://www.gutenberg.org/files/10350/10350-8.txt.
3. Newton, p.940.
4. Einstein, 1917, p.26.
5. Ibid., p.24.
6. Baade, p.287.
7. Ver http://www.lbl.gov/Science-Articles/Research-Review/Magazine/1981/.
8. *Muller.*
9. Ibid.
10. Colgate et al., p.565-6.
11. Ibid., p.572.
12. Ibid., p.572.
13. *Muller.*
14. Ibid.
15. *Perlmutter.*
16. Raup e Sepkoski.
17. Davis et al., 1984.
18. Perlmutter, 1986.
19. *Perlmutter.*
20. Kare et al.
21. *Muller.*
22. *Newberg.*
23. Perlmutter et al., 1995b, p.2.
24. *Perlmutter.*
25. Kirshner, p.168-70.
26. *Perlmutter.*
27. Newberg, p.23.
28. *Newberg.*
29. Newberg, p.18.
30. *Perlmutter.*
31. Ibid.
32. *Muller.*
33. *Goobar.*
34. Kim, AIP.
35. *Goobar.*

36. *Pennypacker.*
37. *Muller.*
38. *Perlmutter.*
39. *Pennypacker.*
40. *Perlmutter.*
41. *Ellis.*

5. Mantendo-se dentro do jogo (p.96-119)

1. *Suntzeff.*
2. *Schmidt.*
3. *Suntzeff.*
4. *Schmidt.*
5. *Garnavich.*
6. *Ellis.*
7. Kirshner, p.170-1.
8. Ibid., p.185.
9. Ibid., p.185.
10. Ibid., p.180-1.
11. Ibid., p.178-80.
12. Sandage, 1987, p.3.
13. Walter Sullivan, "A yardstick for the Universe", *New York Times*, 9 out 1984.
14. Kirshner, p.37-8, 160-2.
15. *Kirshner.*
16. Uomoto e Kirshner.
17. Newberg, p.13.
18. Kirshner, p.167.
19. Ibid., p.183.
20. Ibid., p.190.
21. *Suntzeff.*
22. Ibid.
23. Sandage, 1970.
24. Hubble, 1936, p.20.
25. Overbye, 1992, p.27.
26. *Suntzeff.*
27. *Sandage.*
28. *Suntzeff, Phillips.*
29. *Hamuy.*
30. *Leibundgut.*
31. *Phillips.*
32. *Schmidt.*

33 *Leibundgut.*
34. *Schmidt.*
35. *Leibundgut.*

6. O jogo (p.120-40)

1. *Perlmutter.*
2. Perlmutter et al., 1995b, p.4.
3. Newberg, p.105.
4. Kirshner, p.183.
5. Joel Primack, Ucla Eighth International Symposium on Sources and Detection of Dark Matter and Dark Energy in the Universe, Marina Del Rey, 20-22 fev 2008.
6. *Phillips.*
7. *Perlmutter.*
8. Perlmutter et al., 1995, p.4.
9. *Kirshner.*
10. Ibid.
11. Riess et al., 1996, p.90.
12. *Leibundgut.*
13. *Suntzeff.*
14. *Schmidt.*
15. *Suntzeff.*
16. *Riess.*
17. *Leibundgut.*
18. Leibundgut et al.
19. *Suntzeff.*
20. Ibid.
21. *Hamuy.*
22. Hamuy et al., p.1.
23. Riess et al., 1995, p.L17.
24. *Hamuy.*
25. Overbye, 1992, p.188.
26. *Suntzeff.*
27. Overbye, 1992, p.278.
28. *Suntzeff.*
29. *Hamuy.*
30. *Phillips.*
31. *Suntzeff.*
32. Riess et al., 1995b.
33. *Suntzeff.*
34. Ibid.

35. *Kirshner*.
36. *Schmidt*.
37. *Leibundgut*.
38. *Suntzeff*.
39. *Perlmutter*.
40. Kirshner, p.203.
41. *Perlmutter*.
42. *Kirshner*.
43. *Perlmutter*.
44. *Kirshner*.
45. *Kirshner, Phillips, Suntzeff*.
46. *Suntzeff*.
47. *Cahn*.
48. *Garnavich*.
49. Perlmutter et al., 1997.
50. *Goldhaber*.
51. *Riess*.

7. A Sociedade do Universo Plano (p.143-65)

1. Rex Graham, "Deep-dish cosmologists", *Astronomy*, jun 2001.
2. *Kolb, Turner*.
3. Graham, op.cit.
4. *Turner*.
5. Graham, op.cit.
6. *Turner*.
7. *Kolb*.
8. *Turner*.
9. Anton, p.103.
10. *Perlmutter*.
11. David H. Freeman, "Particles hunters", *Discover*, dez 1991.
12. *Turner*.
13. Steve Nadis, "The lost years of Michael Turner", *Astronomy*, abr 2004.
14. *Turner*.
15. Nadis, op.cit.
16. *Turner*.
17. Ibid.
18. David Overbye, "Remembering David Schramm, gentle giant of cosmology", *New York Times*, 10 fev 1998.
19. *Turner*.
20. Guth, 1998, p.223.

21. Idem.
22. *Turner*.
23. Guth, 1998, p.223.
24. Ibid., p.167-87.
25. Ibid., p.12-4.
26. Tryon, p.396-7.
27. Guth, 1998, p.15.
28. Ibid., p.167-87.
29. Smoot e Davidson, p.161.
30. *Guth*.
31. Guth, 1981, p.347-56.
32. Wilczek, 1985, p.475.
33. Guth, 1998, p.202-10.
34. Overbye, 1992, p.111-5.
35. Guth, 1998, p.211.
36. Ibid., p.211, 215-8.
37. Ibid., p.223.
38. Ibid., p.232.
39. *Turner*.
40. Ibid.
41. Guth, 1998, p.231.
42. *Turner*.
43. K. Turner, p.12.
44. Burbidge et al.
45. Kolb et al., quarta capa.
46. Ibid., p.2.
47. Overbye, 1992, p.214.
48. Kolb et al., p.626.
49. Ibid., p.622.
50. Ibid., p.625.
51. Kolb e Turner, p.498.
52. Ibid., p.xix.
53. Graham, op.cit.
54. Smoot e Davidson, p.117-43.
55. Davis, p.111.
56. Geller e Huchra.
57. Davis et al., 1982, p.423.
58. Mather e Boslough, p.225.
59. Glanz, 1995.
60. *Turner*.
61. Eric Pace, "David Schramm, 52, expert on the Big Bang", *New York Times*, 22 dez 1997.
62. *Turner*.

8. Olá, lambda! (p.166-92)

1. Anton, p.115.
2. *Perlmutter*.
3. Perlmutter et al., 1998.
4. Kathy Sawyer, "Universe will keep expanding forever, research teams say", *Washington Post*, 9 jan 1998.
5. *Perlmutter*.
6. Anton, p.116.
7. *Turner*.
8. Ver http://www.supernova.lbl.gov/
9. Dennis Overbye, "Remembering David Schramm, gentle giant of cosmology", *New York Times*, 10 fev 1998.
10. Bondi e Gold, p.263.
11. Petrossian et al.
12. Gunn e Tinsley.
13. *Turner*.
14. Wilczek, 1985, p.479.
15. Ibid., p.480.
16. M. Turner et al., 1984.
17. *Turner*.
18. Finkbeiner, p.320.
19. Ann K. Finkbeiner, "Once upon the start of time", *The Sciences*, set/out 1992, p.10.
20. Ibid., p.8; *Peebles*.
21. Davis e Peebles.
22. *Peebles*.
23. Davis e Peebles.
24. Peebles, 1984, p.444.
25. Finkbeiner, p.319; *Turner*.
26. Ibid., p.319.
27. Ibid., p.320.
28. *Peebles*.
29. Carroll et al., p.501.
30. Ostriker e Steinhardt.
31. Krauss e Turner.
32. Glanz, 1996, p.1168.
33. Kirshner, 2002, p.193.
34. Kim et al., p.4.
35. Perlmutter et al., 1995a, p.L42.
36. Goldhaber et al., p.7.
37. Goobar e Perlmutter.
38. *Goobar*.

39. *Perlmutter.*
40. Overbye, 1996, p.1428.
41. Overbye, "Remembering David Schramm".
42. *Glanz.*
43. James Glanz, "Accelerating the Cosmos", *Astronomy*, out 1999.
44. Perlmutter et al., 1997.
45. *Perlmutter.*
46. *Nugent.*
47. Perlmutter et al., 1998.
48. Garnavich et al., p.L53.
49. *Goldhaber.*
50. "SCP Meeting Notes", 8 out 1997.
51. *Goldhaber.*
52. *Perlmutter.*
53. *Riess.*
54. *Schmidt.*
55. *Riess.*
56. Michael Anft, "Chasing the great beyond", *Johns Hopkins Magazine*, fev 2008.
57. *Riess.*
58. *Schmidt.*
59. *Riess.*
60. *Filippenko.*
61. Ibid.
62. Ibid.
63. *Riess.*
64. *Garnavich.*
65. *Riess.*
66. Sawyer, op.cit.
67. Glanz, 1995.
68. Glanz, 1997.
69. Glanz, 1998a.
70. *Filippenko.*
71. Anton, p.117.

9. Duas vezes a Fada do Dente (p.193-211)

1. *Turner.*
2. Dennis Overbye, "Remembering David Schramm, gentle giant of cosmology", *New York Times*, 10 fev 1998.
3. Glanz, 1998b.
4. *Glanz.*

5. John Noble Wilford, "Wary astronomers ponder an accelerating Universe", *New York Times*, 3 mar 1998.
6. "Supernova Cosmology Project named in *Science* magazine's breakthrough of the year", 17 dez 1998; disponível em: http://www.osti.gov.news/releases98/decpr/pr98192.htm.
7. John Noble Wilford, "In the light of dying stars, astronomers see intimations of cosmic immortality", *New York Times*, 21 abr 1998.
8. Riess et al., 1998.
9. Os editores, "Revolution in cosmology", *Scientific American*, jan 1999.
10. *Turner*.
11. Ibid.
12. Ibid.
13. M. Turner, 1998a.
14. M. Turner, 1998b.
15. John Noble Wilford, "New findings help balance the cosmological books", *New York Times*, 9 fev 1999.
16. Ibid.
17. Ibid.
18. *Turner*.
19. M. Turner, 1999.
20. *Riess*.
21. Carroll et al., p.503-4.
22. Ibid., p.504.
23. *Turner*.
24. Carroll et al., p.503.
25. Thompson, p.1065.
26. Stachel, p.124.
27. *Filippenko*.
28. *Riess*.
29. Gilliland et al.
30. *Riess*.
31. Dennis Overbye, "From light to darkness: astronomy's new Universe", *New York Times*, 10 abr 2001.
32. "The dark Universe: matter, energy, and gravity", Instituto de Ciências do Telescópio Espacial, Baltimore, 2-5 abr 2001.
33. Rubin, 2003, p.1.

10. A maldição do Bambino (p.215-36)

1. *Van Bibber*.
2. Van Bibber e Rosenberg, p.31.
3. Rubin, 1997, p.128.

4. Paczynski, 1986a, 1986b.
5. Gates, p.71.
6. Ibid., p.72.
7. Riordan e Schramm, p.81.
8. Turner, 1999.
9. Riordan e Schramm, p.81-3.
10. Ibid., p.85-6.
11. Geller e Huchra.
12. Peacock et al.
13. Abazajian et al.
14. Finkbeiner, 1996.
15. Massey et al.
16. *Clowe*.
17. *Turner*.
18. *Mahapatra*.
19. *Cabrera*.
20. *Cooley*.
21. Ver http://monkeyfilter.com/link.php/17049.
22. Ver http://www.popsci.com/science/article/2009-12/evidence-dark-matter-emerges-worlds-most-sensative-detector.
23. Ver http://greenteabreak.com/2009/12/08/rumor-has-it-that-the-first-dark-matter-particle-has-been-found/.
24. Ver http://www.migui.com/ciencias/fisica/¿se-ha-descubierto-la-materia-oscura-en-el-cdms.html.
25. Ver http://resonaances.blogspot.com/2009/12/little-update-on-cdms.html.
26. Ver http://blogs.discovermagazine.com/cosmic-variance/2009/12/17/dark-matter-detected-or-not-live-blogging-the-seminar/.
27. Ver http://titus.stanford.edu/public/movies/vmt6ud.mov.
28. *Rosenberg*.
29. Wilczek 1991.
30. *Van Bibber*.
31. Ibid.
32. *Collar*.
33. *Van Bibber*.

11. A Coisa (p.237-53)

1. *Holzapfel*.
2. Ibid.
3. Perlmutter et al., 1999.
4. *Bennett*.

5. National Research Council, p.2.
6. Michael S. Turner, "Dark energy and cosmology"; disponível em: http://supernova.lbl.gov/~evlinder/turner.pdf.; jan 2002: National Research Council, p.184.
7. National Research Council, p.144.
8. Riess et al., 2001.
9. Riess et al., 2004.
10. Riess et al., 2007.
11. Peebles e Yu.
12. Eisenstein et al.
13. *George*.
14. William Mullen, "Dark energy in the spotlight", *Chicago Tribune*, 31 dez 2007.
15. *Crawford, McMahon*.
16. *De Vanderlinde*.
17. *Crawford, McMahon*.
18. Staniszewski et al.

12. Tem que cair (p.254-76)

1. "Origins of dark energy", Origins Institute, Universidade McMaster, Hamilton, Ontário, 14-17 mai 2007; Perimeter Institute, Waterloo, Ontário, 18-20 mai 2007.
2. *Schmidt*.
3. Einstein 1934, p.274.
4. Idem.
5. *Suntzeff*.
6. *Filippenko*.
7. *Riess*.
8. Mather e Boslough, p.236.
9. *Filippenko*.
10. Filippenko, 2001.
11. Kirshner.
12. *Cahn*.
13. *Groom*.
14. *Schmidt*.
15. Schmidt, NLA.
16. Ver: http://www.shawprize.org/en/laureates/2006/astronomy/Perlmutter_Riess_Schmidt/autobiography/Perlmutter.html.
17. Ver: http://www.cfa.harvard.edu/~rkirshner/whowhatwhen/Thoughts.htm.
18. *Perlmutter*.
19. *Kirshner*.
20. *Filippenko*.
21. *Goldhaber*.

22. Sharon Begley, "In 'dark energy', cosmic humility", *Newsweek*, 1º out 1998.
23. Ver http://newscenter.lbl.gov/news-releases/2007/12/12/dark-energys-10th-anniversary-2/.
24. White.
25. Reunião da American Astronomical Society, Minneapolis, 29 mai-2 jun 2005.
26. Reunião da American Astronomical Society, Washington, D.C., 6-10 jan 2002.
27. *Riess*.
28. *Perlmutter*.
29. Glazebrook.
30. Simpósio New Views of the Universe, Chicago, 8-13 dez 2005.
31. *Carroll*.
32. "A decade of dark energy", Space Telescope Science Institute, Baltimore, 5-8 mai 2008.
33. *Schmidt*.
34. *Livio*.
35. "A decade of dark energy", op.cit.
36. *McGaugh*.
37. *Adelberger*.
38. Peebles, 2003, p.4.
39. John Peacock, "A decade of dark energy".

Epílogo (p.277-82)

1. Vídeo, Peter e Patricia Gruber Foundation, Nova York.
2. "A decade of dark energy", op.cit.
3. *Smoot*.
4. *Turner*.
5. Andreas Albrecht, "Origins of dark energy", Universidade McMaster.
6. Rubin, 1997, p.129.
7. Rubin.

Referências bibliográficas

Abazajian, Kevork N. et al. *Astrophysical Journal Supplement*, n.182, 2009, p.543-58.

Alcock, C. et al. "Possible gravitational microlensing of a star in the large Magellanic Cloud". *Nature*, n.365, 1993, p.621-3.

Alpher, R.A. e R.C. Herman. "Evolution of the Universe". *Nature*, n.162, 1948, p.774-5.

Anton, Ted. *Bold Science: Seven Scientists Who Are Changing Our World*. Nova York, W.H. Freeman, 2001.

Aubourg, E. et al. "Evidence for gravitational microlensing by dark objects in the galactic halo". *Nature*, n.365, 1993, p.623-5.

Australian Astronomers Oral History Project. Entrevista com Brian Schmidt, realizada por Ragbir Bhathal, 15 jun 2006, Australian National Library.

Baade, W. "The absolute photographic magnitude of supernovae". *Astrophysical Journal*, n.88, 1938, p.285-304.

Bartusiak, Marcia. *Through a Universe Darkly: A Cosmic Tale of Ancient Ethers, Dark Matter, and the Fate of the Universe*. Nova York, HarperCollins, 1993.

Bernstein, Jeremy. *Three Degrees Above Zero*. Nova York, New York American Library, 1986.

Bernstein, Jeremy e Gerald Feinberg (orgs.). *Cosmological Constants: Papers in Modern Cosmology*. Nova York, Columbia University Press, 1986.

Bondi, H. e T. Gold. "The steady-state theory of the expanding Universe". *Monthly Notices of the Royal Astronomical Society*, n.108, 1948, p.252-70.

Bosma, A. *The Distribution and Kinematics of Neutral Hydrogen in Spiral Galaxies of Various Morphological Types*. Tese de doutorado, Universidade de Groningen, Holanda, 1978.

Boynton, Paul. "Testing the fireball hypothesis". In P. James E. Peebles et al. *Finding the Big Bang*. Nova York, Cambridge University Press, 2009.

Burbidge, E. Margaret et al. "Synthesis of the elements in stars". *Reviews of Modern Physics*, n.29, 1957, p.547-650.

Burke, Bernard F. "Radio Astronomy from the first contacts to the CMBR". In Peebles, Page Jr. e Partridge, op.cit.

Carroll, Sean M. et al. "The cosmological constant". *Annual Review of Astronomy and Astrophysics*, n.30, 1992, p.499-542.

Colgate, Stirling A. et al. "A fully automated digitally controlled 30-inch telescope". *Publications of the Astronomical Society of the Pacific*, n.87, 1975, p.565-75.

Crowe, Michael J. *Theories of the World from Ptolemy to Copernicus*. Nova York, Dover, 1990.

Davis, M. "Galaxy clustering and the missing mass". *Philosophical Transactions of the Royal Society of London, Series A, Mathematical and Physical Sciences*, n.307, 1982, p.111-9.

Davis, M. et al. "A survey of galaxy redshifts, II: the large scale space distribution". *Astrophysical Journal*, n.253, 1982, p.423-45.

Davis, Marc e P.J.E. Peebles. "A survey of galaxy redshifts, V: the two-point position and velocity correlations". *Astrophysical Journal*, n.267, 1983, p.465-82.

Davis, Marc et al. "Terrestrial catastrophism: nemesis or galaxy?". *Nature*, n.308, 1984, p.715-7.

De Vaucouleurs, Gérard. "Evidence for a local supergalaxy". *Astronomical Journal*, n.58, 1953, p.30-2.

Dicke, R.H. e P.J.E. Peebles. "Gravitation and space science". *Space Science Reviews*, n.4, 1965, p.419-60.

Dicke, R.H. et al. "Cosmic black-body radiation". *Astrophysical Journal*, n.142, 1965, p.414-9.

Doroshkevich, A.G. e I.D. Novikov. "Mean density of radiation metagalaxy and certain problems in relativistic Cosmology". *Soviet Physics Doklady*, n.9, 1964, p.111.

Einstein, Albert. "Cosmological considerations on the general theory of relativity". In Jeremy Bernstein e Gerald Feinberg (orgs.). *Cosmological Constants: Papers in Modern Cosmology*. Nova York, Columbia University Press, 1986 [1917].

____. "On the method of theoretical Physics". In Carl Seelig. *Ideas and Opinions*. Nova York, Bonanza Books, 1954 [1934].

Eisenstein, Daniel et al. "Detection on the baryon acoustic peak in the large-scale correlation function of SDSS luminous red galaxies". *Astrophysical Journal*, n.633, 2005, p.560-74.

Faber, S.M. e J.S. Gallagher. "Masses and mass-to-light ratios of galaxies". *Annual Review of Astronomy and Astrophysics*, n.17, 1979, p.135-87.

Filippenko, Alexei V. "Einstein's biggest blunder? High-redshift supernovae and the accelerating Universe". *Publications of the Astronomical Society of the Pacific*, n.113, 2001, p.1441-8.

Finkbeiner, Ann. "Cosmologists search for a dubious panacea". *Science*, n.256, 1992, p.319-20.

Gamow, G. "Rotating Universe?". *Nature*, n.158, 1946, p.549.

____. "The evolution of the Universe". *Nature*, n.162, 1948, p.680-2.

Garnavich, Peter M. et al. "Constraints on cosmological models from Hubble Space Telescope observations of High-z supernovae". *Astrophysical Journal*, n.493, 1998, p.L53-L57.

Gates, Evalyn. *Einstein's Telescope: The Hunt for Dark Matter and Dark Energy in the Universe*. Nova York, W.W. Norton, 2009.

Geller, Margaret J. e John P. Huchra. "Mapping the Universe". *Science*, n.246, 1989, p.897-903.

Gibbons, G.W. et al. (orgs.). *The Very Early Universe*. Cambridge, Cambridge University Press, 1985.

Gilliland, Ronald L. et al. "High redshift supernovae in the Hubble deep field". *Astrophysical Journal*, n.521, 1999, p.30-49.

Gingerich, Owen. "The Summer of 1953: a watershed for Astronomy". *Physics Today*, n.47, 1994, p.34-40.

Glanz, James. "To learn the Universe's fate, observers clock its slowdown". *Science*, n.269, 1995, p.756-7.

____. "Debating the big questions". *Science*, n.273, 1996, p.1168-70.

____. "New light on the fate of the Universe". *Science*, n.278, 1997, p.799-800.

____. "Exploding stars point to a universal repulsive force". *Science*, n.279, 1998a, p.651-2.

____. "Astronomers see a cosmic antigravity force at work". *Science*, n.279, 1998b, p.1298-9.

Glazebrook, Karl. "The WiggleZ Survey". Apresentação de PowerPoint, 2006.

Goldhaber, Gerson. "Discovery of the most distant supernovae and the quest for omega". *Lawrence Berkeley National Laboratory*, LBNL Paper, LBL-36361, 1994.

Goobar, Ariel e Saul Perlmutter. "Feasability of measuring the cosmological constant Λ and mass density Ω using type Ia supernovae". *Astrophysical Journal*, n.450, 1995, p.14-8.

Gunn, James E. e Beatrice M. Tinsley. "An accelerating Universe". *Nature*, n.257, 1975, p.454-7.

Guth, Alan H. "The inflationary Universe: a possible solution to the horizon and flatness problems". *Physical Review D*, n.23, 1981, p.347-56.

____. *The Inflationary Universe: The Quest for a New Theory of Cosmic Origins*. Nova York, Basic Books, 1998.

Hamuy, Mario et al. "A Hubble diagram of distant type Ia supernovae". *Astronomical Journal*, n.109, 1995, p.1-13.

Happer, W. et al. "Robert Henry Dicke, 1916-1997". *Biographical Memoirs*, n.77. Washington, D.C., National Academy Press, 1999.

Hemingway, Ernest. "Indian camp". In ____. *The Short Stories of Ernest Hemingway*. Nova York, Charles Scribner's Sons, 1966.

Hewitt, Adelaide et al. (orgs). *Observational Cosmology. Proceedings of the 124th Symposium of the International Astronomical Union*, Beijing, 25-30 ago 1986. Dordrecht, D. Reidel, 1987.

Hoyle, F. "A new model for the expanding Universe". *Monthly Notices of the Royal Astronomical Society*, n.108, 1948, p.372-82.

Hubble, Edwin. *The Realm of the Nebulae*. New Haven, Yale University Press, 1936.

Irion, Robert. "The bright face behind the dark sides of galaxies". *Science*, n.295, 2002, p.960-1.

Kare, Jordin T. et al. "The Berkeley Automated Supernovae Search". Trabalho apresentado à conferência sobre supernovas da Otan e do Advanced Study Institute. Cambridge, Inglaterra, 28 jun-10 jul, 1981.

Kim A. et al. "K corrections for type Ia supernovae and a test for spatial variation of the Hubble constant". Trabalho apresentado à conferência sobre supernovas termonucleares da Otan e do Advanced Study Institute. Aiguablava, 20-30 jun 1995.

Kirshner, Robert P. *The Extravagant Universe: Exploding Stars, Dark Energy and the Accelerating Cosmos*". Princeton, NJ, Princeton University Press, 2002.

Kolb, Edward W. e Michael S. Turner. *The Early Universe*. Reading, Mass., Addison-Wesley, 1993.

Kolb, Edward W. et al. *Inner Space/Outer Space: The Interface between Cosmology and Particle Physics*. Chicago, University of Chicago Press, 1986.

Kragh, Helge. *Cosmology and Controversy: the Historical Development of Two Theories of the Universe*. Princeton, NJ, Princeton University Press, 1996.

Krauss, Lawrence M. e Michael S. Turner. "The cosmological constant is back". *General Relativity and Gravitation*, n.27, 1995, p.1137-44.

Leibundgut, B. et al. "Discovery of a supernova (SN 1995K) at a redshift of 0.478". *ESO Messenger*, n.81, 1995, p.19-20.

Lightman, Alan e Roberta Brawer. *Origins: The Lives and Worlds of Modern Cosmologists*. Cambridge, Mass., Harvard University Press, 1990.

Livio, Mario (org.). *The Dark Universe: Matter, Energy and Gravity*. Cambridge, Cambridge University Press, 2003.

Massey, Richard et al. "Dark matter maps reveal cosmic scaffolding". *Nature*, n.445, 2007, p.286-90.

Mather, John C. e John Boslough. *The Very First Light: The True Inside Story of the Scientific Journey Back to the Dawn of the Universe*. Nova York, Basic Books, 2008.

National Research Council of the National Academies. *Connecting Quarks with the Cosmos: Eleven Science Questions for the New Century*. Washington, D.C., National Academy Press, 2003.

Newberg, Heidi Jo Marvin. "Measuring q_0 using Supernovae at $z \approx 0.3$". Tese de doutorado, Universidade da Califórnia, Berkeley, Laboratório Lawrence Berkeley, 1992.

Newton, Isaac. *The Principia: Mathematical Principles of Natural Philosophy*. Berkeley, University of California Press, 1999.

O'Connor, Flannery. "Writing short stories". In: _____. *Mysteries and Manners*. Nova York, Farrar, Straus & Giroux, 1979.

Ohm, E.A. "Receiving system". *Bell System Technical Journal*, n.40, 1961, p.1045.

Ostriker, J.P. e P.J.E. Peebles. "A numerical study of the stability of flatened galaxies: or, can cold galaxies survive?". *Astrophysical Journal*, n.186, 1973, p.467-80.

Ostriker, J.P. et al. "The size and mass of galaxies, and the mass of the Universe". *Astrophysical Journal*, n.193, 1974, p.L1-L4.

Ostriker, J.P. e Paul J. Steinhardt. "The observational case for a low-density Universe with a non-zero cosmological constant". *Nature*, n.377, 1995, p.600-2.

Overbye, Dennis. *Lonely Hearts of the Cosmos: The Scientific Quest for the Secret of the Universe*. Nova York, Harper Perennial, 1992.

_____. "Weighing the Universe". *Science*, n.272, 1996, p.1426-8.

Paczynski, Bohdan. "Gravitational microlensing at large optical depth". *Astrophysical Journal*, n.301, 1986a, p.503-16.

_____. "Gravitational microlensing by the galactic halo". *Astrophysical Journal*, n.304, 1986b, p.1-5.

Pais, Abraham. *'Subtle is the Lord…': The Science and the Life of Albert Einstein*. Oxford, Oxford University Press, 1997.

Peacock, John A. et al. "A measurement of the cosmological mass density from clustering in the 2dF Galaxy Redshift Survey". *Nature*, n.410, 2001, p.169-73.

Peebles, P.J.E. "The black-body radiation content of the Universe and the formation of galaxies". *Astrophysical Journal*, n.142, 1965, p.1317-26.

_____. "Cosmology". *Journal of the Royal Astronomical Society of Canada*, n.63, 1969, p.4-31.

_____. "Structure of the coma cluster of galaxies". *Astronomical Journal*, n.75, 1970, p.13-20.

_____. *Physical Cosmology*. Princeton, NJ, Princeton University Press, 1974.

_____. "Tests of cosmological models constrained by inflation". *Astrophysical Journal*, n.284, 1984, p.439-44.

_____. "Penzias and Wilson's discovery of the cosmic microwave background". *Astrophysical Journal*, n.525C, 1999, p.1067-8.

_____. "Open problems in Cosmology"; disponível em: http://arxiv.org/pdf/astro-ph/0311435v1, 2003.

_____. "How I learned physical Cosmology". In P. James E. Peebles et al. (orgs.), op.cit.

Peebles, P.J.E. et al. (orgs.). *Finding the Big Bang*. Nova York, Cambridge University Press, 2009.

Penzias, Arno. "The origin of elements". In Stig Lundqvist. *Nobel Lectures in Physics, 1971-1980*. Cingapura, World Scientific Publishing Co, 1992.

_____. "Encountering Cosmology". In P.J.E. Peebles et al. *Finding the Big Bang*, op.cit., 2009.

Penzias, A.A. e R.W. Wilson. "A measurement of excess antenna temperature at 4080 Mc/s". *Astrophysical Journal*, n.142, 1965, p.419-21.

Perlmutter, Saul. *An Astrometric Search for a Stellar Companion to the Sun*. Tese de doutorado. Laboratório Lawrence Berkeley e Universidade da Califórnia, Berkeley, 1986.

Perlmutter, S. et al. "A supernova at $z = 0.458$ and implications for measuring the cosmological deceleration". *Astrophysical Journal Letters*, n.440, 1995a, p.L41-L44.

Perlmutter, S. et al. "Scheduled discoveries of 7+ High-Redshift supernovae: first cosmologic results and bounds on q_0". Trabalho apresentado à conferência sobre supernovas termonucleares da Otan e do Advanced Study Institute de Princeton. Aiguablava, 20-30 jun, 1995b.

Perlmutter, S. et al. "Measurements of the cosmological parameters Ω and Λ from the first seven supernovae at $z \geq 0.35$". *Astrophysical Journal*, n.483, 1997, p.565-81.

Perlmutter, S. et al. "Discovery of a supernova explosion at half the age of the Universe". *Nature*, n.391, 1998, p.51-4.

Perlmutter, S. et al. "Measurements of Ω and Λ from 42 high redshift supernovae". *Astrophysical Journal*, n.517, 1999, p.565-86.

Petrossian, V. et al. "Quasi-stellar objects in Universes with non-zero cosmological constant". *Astrophysical Journal*, n.147, 1967, p.1222-6.

Phillips, M.M. "The absolute magnitudes of type Ia supernovae". *Astrophysical Journal*, n.413, 1993, p.L105-L108.

Raup, David M. e J. John Sepkoski Jr. "Periodicity of extinctions in the geologic past". *Proceedings of the National Academy of Science USA*, n.81, 1984, p.801-5.

Riess, Adam G. et al. "Using type Ia supernova light curve shapes to measure Hubble constant". *Astrophysical Journal Letters*, n.438, 1995a, p.L17-L20.

_____. "Determining the motion of the local group using SN type Ia light curve shapes". *Astrophysical Journal Letters*, n.445, 1995b, p.L91-L94.

_____. "A precise distance indicator: type Ia supernova multicolor light-curve shapes". *Astrophysical Journal*, n.473, p. 88-109.

Riess, Adam G. et al. "Observational evidence from supernovae for an accelerating Universe and a cosmological constant". *Astronomical Journal*, n.16, 1998, p.1009-38.

Riess, Adam G. et al. "The farthest known supernova: support for an accelerating Universe and a glimpse of the epoch of deceleration". *Astrophysical Journal*, n.560, 2001, p.49-71.

Riess, Adam G. et al. "Type Ia supernova discoveries at $z > 1$ from the Hubble Space Telescope: evidence for past deceleration and constraints on dark energy evolution". *Astrophysical Journal*, n.607, 2004, p.665-87.

Riess, Adam G. et al. "New Hubble Space Telescope discoveries of type Ia supernovae at $z >= 1$: narrowing constraints on the early behavior of dark energy". *Astrophysical Journal*, n.659, 2007, p.98-121.

Riordan, Michael e David N. Schramm. *The Shadows of Creation: Dark Matter and the Structure of the Universe*. Nova York, W.H. Freeman, 1991.

Rubin, Vera Cooper. "Differential rotation of the inner metagalaxy". *Astronomical Journal*, n.1190, 1951, p.47-8.

_____. "Fluctuations in the space distribution of the galaxies". *Proceedings of the National Academy of Sciences*, n.40, 1954, p.541-9.

_____. "The rotation of spiral galaxies". *Science*, n.220, 1983, p.1339-44.

_____. *Bright Galaxies, Dark Matters*. Woodbury / Nova York, AIP Press, 1997.

_____. "A brief history of dark matter". In Mario Livio (org.). *The Dark Universe: Matter, Energy and Gravity*. Cambridge, Cambridge University Press, 2003.

_____. "Seeing dark matter in the Andromeda galaxy". *Physics Today*, n.59, 2006, p.8-9.

Rubin, Vera C. et al. "Kinematic studies of early-type stars, I: photometric survey, space motions, and comparison with radio observations". *Astronomical Journal*, n.67, 1962, p.491-531.

Rubin, Vera C. et al. "A curious distribution of radial velocities of Sc I galaxies with $14.0 \leq m \leq 15.0$". *Astrophysical Journal*, n.183, 1973, p.L111-L115.

Rubin, Vera C. et al. "Motion of the galaxy and the local group determined from the velocity anisotropy of distant Sc I galaxies, I: the data". *Astronomical Journal*, n.81, 1976a, p.687-718.

Rubin, Vera C. et al. "Motion of the galaxy and the local group determined from the velocity anisotropy of distant Sc I galaxies, II: the analysis for the motion". *Astronomical Journal*, n.81, 1976b, p.719-37.

Rubin, Vera C. et al. "Extended rotation curves of high-luminosity spiral galaxies, IV: systematic dinamical properties, SA $\rightarrow$ SC". *Astrophysical Journal*, n.225, 1978, p.L107-L111.

Sandage, Allan. "Cosmology: the search for two numbers". *Physics Today*, n.23, 1970, p.34-41.

_____. "Observational Cosmology 1920-1985: an introduction to the Conference". In Adelaide Hewitt et al. (orgs.). *Observational Cosmology. Proceedings of the 124th Symposium for the International Astronomical Union*, Beijing, 25-30 ago 1986. Dordrecht, D. Reidel, 1987.

Smith, Sinclair. "The mass of the Virgo cluster". *Astrophysical Journal*, n.83, 1936, p.23-30.

Smoot, George e Keay Davidson. *Wrinkles in Time: Witness to the Birth of the Universe*. Nova York, Harper Perennial, 1994.

Stachel, John (org.). *Einstein's Miraculous Year: Five Papers that Change the Face of Physics*. Princeton, Princeton University Press, 1998.

Staniszewski, Z. et al. "Galaxy clusters discovered with a Sunyaev-Zel'dovich effect survey". *Astrophysical Journal*, n.701, 2009, p.32-41.

Thompson, Silvanus P. *The Life of William Thomson, Baron Kelvin of Largs*. Londres, Macmillan and Co., 1910.

Tolman, Richard C. *Relativity, Thermodynamics, and Cosmology*. Nova York, Dover, 1987.

Tryon, Edward P. "Is the Universe a quantum fluctuation?". *Nature*, n.246, 1973, p.396-7.

Turner, Kenneth C. "Spreading the word, or How the news went from Princeton to Holmdel". In P.J.E. Peebles et al. op.cit.

Turner, Michael S. "Cosmology solved? Maybe"; disponível em: http://arxiv.org/abs/astro-ph/9811366, 1998a.

_____. "Cosmology solved?"; disponível em http://arxiv.org/abs/astro-ph/9811447, 1998b.

_____. "Cosmology solved? Quite possibly!". *Publications of the Astronomical Society of the Pacific*, n.111, 1999, p.264-73.

_____. *David Norman Schramm, 1945-1997: A Biographical Memoir*. Washington, D.C., National Academy of Sciences, 2009.

Turner, M.S. et al. "Flatness of the Universe: reconciling theoretical prejudices with observational data". *Physical Review Letters*, n.52, 1984, p.2090-3.

Uomoto, A. e R.P. Kirshner. "Peculiar type Ia supernovas". *Astronomy and Astrophysics*, n.149, 1985, p.L7-L9.

Van Bibber, Karl e Leslie J. Rosenberg. "Ultrasensitive searches for the Axion". *Physics Today*, n.59, ago 2006, p.30-5.

Weinberg, Steven. *The First Three Minutes: A Modern View of the Origin of the Universe*. Nova York, Basic Books, 1993.

White, Simon D.M. "Fundamentalist Physics: why dark energy is bad for Astronomy". *Reports on Progress in Physics*, n.70, 2007, p.883-97.

Wilczek, Frank. "Conference summary and concluding remarks". In G.W. Gibbons et al. *The Very Early Universe*. Cambridge, Cambridge University Press, 1985.

_____. "The birth of Axions". *Current Contents*, n.22, 1991, p.8-9.

Wilkinson, David T. "Measuring the cosmic microwave background radiation". In P.J.E. Peebles et al. (orgs.), op.cit.

Wilson, Robert W. "The cosmic microwave background radiation". In Stig Lundqvist (org.). *Nobel Lectures in Physics, 1971-1980*. Cingapura, World Scientific Publishing Co., 1992.

_____. "Two astronomical discoveries". In P.J.E. Peebles et al. (orgs.), op.cit.

Zwicky, Fritz. "Die Rotverschiebung von extragalaktischen Nebeln". *Helvetia Physica Acta*, n.6, 1933, p.110-27.

_____. "On the masses of Nebulae and of clusters of Nebulae". *Astrophysical Journal*, n.86, 1937, p.217-46.

Agradecimentos

O autor expressa seu profundo agradecimento a Amanda Cook, pela habilidade editorial extraordinária e também por sua paixão genuína pelo lado negro do Universo; a Henry Dunow, que, com a sabedoria de sempre, juntou a equipe autor-editora; a Katya Rice, por seu olhar especializado; a Katherine Bouton, por se arriscar com a ciência e encomendar um artigo sobre esse tema; à Fundação Memorial John Simon Guggenheim, ao programa Artistas Antárticos da Fundação Nacional de Ciências e à Fundação Nova-Iorquina para as Artes, pelo apoio generoso e essencial; e a Gabriel e Charlie (que dizem que sabem do que a matéria escura e a energia escura são feitas, mas se recusam a contar para o pai deles, que os ama assim mesmo).

Índice remissivo

ESTA OBRA FOI COMPOSTA POR LETRA E IMAGEM EM DANTE PRO
E IMPRESSA EM PROCESSO SOB DEMANDA PELA UM LIVRO SOBRE
PAPEL OFFWHITE PARA A EDITORA SCHWARCZ A PARTIR DE 2025

FSC
www.fsc.org
MISTO
Apoiando o manejo florestal responsável
FSC® C128038

A marca FSC® é a garantia de que a madeira utilizada na fabricação do papel deste livro provém de florestas que foram gerenciadas de maneira ambientalmente correta, socialmente justa e economicamente viável, além de outras fontes de origem controlada.